U0226046

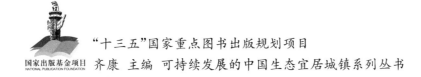

"十三五"国家重点图书出版规划项目

国家出版基金项目
NATIONAL PUBLICATION FOUNDATION

齐康 主编 可持续发展的中国生态宜居城镇系列丛书

中国城市设计控制研究

周妍琳 著

东南大学出版社

·南京·

丛书总序

  党的十九大胜利召开,这是全国人民的一件大事。我们在以习近平同志为核心的党中央领导下,在各个方面都取得了长足的进步。在新的征途上,我们还有大量的工作要做,到两个一百年我们将会成为一个富强、民主、文明、和谐的社会主义现代化国家。

  我们今天仍是发展中国家,在建设中尚有许多贫困地区需要扶持,在农村中存在孤寡老人、留守儿童需要关照。随着全球气候变暖,有的地区雾霾等恶劣气候影响着人们的健康生活;在发展农村经济时,切忌盲目发展,要保持青山绿水。

  我们尚处在转型阶段,在这个关键时期我们不能松懈。我们要做的事还有很多,主要是:

  传承——把历史上的优秀文化传承下来,剔去糟粕。

  转化——在转型阶段向新阶段转化,如新型城镇化的开拓发展。

  创新——我们的目的是要不断地创新,探索永无止境。

  科技是第一生产力,我们的教育就是要培养忠于人民、为人民服务的有文化、有理想、有技术、有道德的人才,为中华民族的伟大复兴做出贡献。

  近年来,我们的团队在以习近平同志为核心的党中央领导下,教学科研工作取得了一些成绩,尤其在研究可持续发展的中国生态宜居城镇方面做了一些探索。在党的十九大精神指引下,我们深感前途是光明的、任务是艰巨的。我相信,只要大家团结在以习近平同志为核心的党中央领导下,努力工作,尤其在新型城镇化建设中努力探究和开拓,一定会取得新成果。

  本课题是“十三五”国家重点图书出版规划项目,也是国家出版基金项目,感谢新闻出版广电总局的大力支持及给予的肯定,相信在大家的共同努力下,在东南大学出版社的支持与编辑的辛勤工作下,我们一定能够顺利完成本套丛书的出版。

齐　康

2017 年 11 月

目　　录

1　绪论 ………………………………………………………………………… 1

　1.1　课题综述 ………………………………………………………………… 1

　　1.1.1　研究背景 …………………………………………………………… 1

　　1.1.2　研究对象 …………………………………………………………… 5

　　1.1.3　研究意义 …………………………………………………………… 7

　1.2　国内外城市设计概念分析 ……………………………………………… 8

　　1.2.1　国外学者对城市设计的概念定义 ………………………………… 8

　　1.2.2　我国学者对城市设计的概念认识 ……………………………… 14

　1.3　城市设计存在的相关环境 …………………………………………… 18

　　1.3.1　学科环境 ………………………………………………………… 21

　　1.3.2　实践环境 ………………………………………………………… 29

　1.4　研究内容与研究方法 ………………………………………………… 34

　　1.4.1　研究内容 ………………………………………………………… 34

　　1.4.2　研究方法 ………………………………………………………… 35

2　城市设计控制思想的历史演变 …………………………………………… 37

　2.1　城市建设历史中的控制思想 ………………………………………… 37

　　2.1.1　"经控制"与"未经控制" ……………………………………… 40

　　2.1.2　主动控制——作为权力统治工具 ……………………………… 44

　　2.1.3　被动控制——作为城市治理工具 ……………………………… 51

2.2 我国城市设计控制体系的现状与问题⋯⋯⋯⋯⋯⋯⋯⋯ 57

 2.2.1 我国城市设计控制体系现状 ⋯⋯⋯⋯⋯⋯⋯⋯ 57

 2.2.2 存在的问题 ⋯⋯⋯⋯⋯⋯⋯⋯⋯⋯⋯⋯ 65

2.3 现代发达国家城市设计控制的比较与启示⋯⋯⋯⋯⋯⋯ 67

 2.3.1 英国的经验 ⋯⋯⋯⋯⋯⋯⋯⋯⋯⋯⋯⋯ 67

 2.3.2 美国的经验 ⋯⋯⋯⋯⋯⋯⋯⋯⋯⋯⋯⋯ 74

 2.3.3 德国的经验 ⋯⋯⋯⋯⋯⋯⋯⋯⋯⋯⋯⋯ 81

 2.3.4 总结与启示 ⋯⋯⋯⋯⋯⋯⋯⋯⋯⋯⋯⋯ 83

3 城市设计控制系统的理论建构⋯⋯⋯⋯⋯⋯⋯⋯⋯⋯⋯ 87

3.1 认知前提⋯⋯⋯⋯⋯⋯⋯⋯⋯⋯⋯⋯⋯⋯⋯⋯ 87

 3.1.1 城市设计的公共性 ⋯⋯⋯⋯⋯⋯⋯⋯⋯⋯ 87

 3.1.2 城市设计的制度性 ⋯⋯⋯⋯⋯⋯⋯⋯⋯⋯ 98

 3.1.3 城市设计的交互性 ⋯⋯⋯⋯⋯⋯⋯⋯⋯⋯ 106

3.2 核心目标⋯⋯⋯⋯⋯⋯⋯⋯⋯⋯⋯⋯⋯⋯⋯⋯ 114

 3.2.1 空间关系 ⋯⋯⋯⋯⋯⋯⋯⋯⋯⋯⋯⋯⋯ 115

 3.2.2 行动管理 ⋯⋯⋯⋯⋯⋯⋯⋯⋯⋯⋯⋯⋯ 117

3.3 方法引入⋯⋯⋯⋯⋯⋯⋯⋯⋯⋯⋯⋯⋯⋯⋯⋯ 120

 3.3.1 控制论概念引入 ⋯⋯⋯⋯⋯⋯⋯⋯⋯⋯⋯ 121

 3.3.2 控制论方法应用 ⋯⋯⋯⋯⋯⋯⋯⋯⋯⋯⋯ 134

3.4 概念模型⋯⋯⋯⋯⋯⋯⋯⋯⋯⋯⋯⋯⋯⋯⋯⋯ 145

 3.4.1 模型的构成结构 ⋯⋯⋯⋯⋯⋯⋯⋯⋯⋯⋯ 145

 3.4.2 模型的应用范畴 ⋯⋯⋯⋯⋯⋯⋯⋯⋯⋯⋯ 151

3.5 价值预估⋯⋯⋯⋯⋯⋯⋯⋯⋯⋯⋯⋯⋯⋯⋯⋯ 154

 3.5.1 实践价值预估 ⋯⋯⋯⋯⋯⋯⋯⋯⋯⋯⋯⋯ 154

 3.5.2 专业价值预估 ⋯⋯⋯⋯⋯⋯⋯⋯⋯⋯⋯⋯ 158

4 城市设计控制系统的全局梳理 ················· 160

4.1 城市设计运作环境 ····················· 160

4.1.1 城市开发过程 ················· 160

4.1.2 城市规划体系 ················· 162

4.1.3 城市设计过程 ················· 168

4.2 控制系统要素分析 ····················· 180

4.2.1 情境资源 ····················· 180

4.2.2 施控主体 ····················· 186

4.2.3 受控主体 ····················· 188

4.2.4 控制目标 ····················· 190

4.2.5 信息传达 ····················· 193

4.2.6 比较器 ······················· 196

4.2.7 反馈机制 ····················· 198

4.3 控制系统框架重构 ····················· 201

5 城市设计控制系统的机制优化 ················· 204

5.1 注重目标建立——设计决策 ··············· 205

5.1.1 问题反思 ····················· 205

5.1.2 良好的公共政策引导 ············· 206

5.1.3 关注城市空间发展 ············· 211

5.2 强化施控主体——行政管理 ··············· 214

5.2.1 问题反思 ····················· 214

5.2.2 提高控制主体技术性 ············· 214

5.2.3 设置城市设计管理处 ············· 215

5.3 优化信道环境——政策执行 ··············· 216

5.3.1 问题反思 ····················· 216

5.3.2 建立总设计师负责机制 ··········· 217

5.3.3 优化控制系统外部环境 ··········· 224

5.4　优化反馈机制——公众参与 ·· 225

　　5.4.1　问题反思 ··· 225

　　5.4.2　鼓励公众参与机制 ··· 226

结语··· 230

参考文献·· 233

1 绪 论

1.1 课题综述

1.1.1 研究背景

城市化和全球化带来的双重挑战使得我国的社会经济发展在结构和形式上都发生了深刻的历史转变。在城市爆炸式的变化和城市建设的狂热中,人、环境和城市之间的复杂平衡关系被打破,城市在集权与资本的媾和下形成的外貌,导致了文化和价值观的解体。在过去10~20 年间,我国每年的城市化规模以及城市建设固定资产投资规模增长速度惊人,城市化率也在盲目地以西方作为标杆迅猛递增,从而导致了最优质地区的土地城市发展和人口密度的超负荷。罗杰·特兰西克(Roger Trancik)在《找寻失落的空间》(*Finding Lost Space*)中指出:美国及一些欧洲国家在二战后对城市的大规模改造与重建,导致了城市公共空间的缺失和环境品质的下降,然而 20 世纪 80 年代开始的公共空间营造的强化,特别是以创造更多的地方联系性为重点的规划政策和实践尝试迎来了城市公共空间的复兴和再生①。但我国的城市建设,不可避免地或多或少地重复西方战后大规模发展时犯的错误。

我国自改革开放以来,城市建设已由传统的单一式政府指令模式转向多元参与模式,传统的规划与管理方式面临巨大挑战,种种未曾出现的问题开始显露。市场决策多元化的特征和需求,削弱了政府原有的控制作用。各地区的城市建设出现了不同程度的失控,出现了大面积的"推倒重来"式的开发与城市化现象,给当代城市带来了巨大的挑战和发展的代价。

---

① 罗杰·特兰西克. 寻找失落的空间——城市设计的理论[M]. 朱子瑜,等译. 北京:中国建筑工业出版社,2008.

如今我国主要城市已完成由生长期到成熟期的过渡，对城市建设的要求已由外延式"量"的扩张逐渐转向内涵式"质"的提升，开始了城市精细化建设。城市发展由垂直传达关系转变为平行竞争关系，各级政府常常需要面对大量竞争性的问题，原有的计划性导向模式减弱。同时，城市规划设计在时间上的连贯性经常缺失，使得政府必须随时应对新的问题和新的动态，进行适时的方向调整。这对政府旧有的惯性思维和城市管理运作提出巨大的挑战。

在这一过程中，政府和社会开始意识到城市规划的作用和影响力，规划部门和学术界大力呼吁要对城市建设加强管理和控制，注重建设高质量的城市环境和公共空间。城市设计的地位和作用开始越来越受到关注和重视，各个城市掀起了一股提高规划设计水平的运动，呈现出繁荣的设计现象。城市设计竞赛和招标不断推出，各国设计师纷纷推出最新的城市设计理念、概念规划，对于很多政府管理者而言，似乎高水平的设计师和新理念就能带来城市的精细化建设。在如此欣欣向荣的设计现象中，政府部门对城市设计呈现出前所未有的支持和干预。然而事实是，城市建成环境质量仍然备受诟病：交通环境拥堵、缺乏公共空间和绿地空间、建筑群体无序杂乱、建筑单体形象不符合大众审美等。近年来，越来越多大型公共建筑和城市地标受到媒体的关注和公众的质疑。在 2014 年 10 月 15 日召开的中央文艺座谈会上，习近平主席强调了"不要搞奇奇怪怪的建筑"。这种看似温和的不带有明确标准的批判引起了全社会的强烈反响，以及业内外人士对城市建成环境的重新审视和思考，这对建筑和规划从业人员和政府决策者敲响了新的审美和价值评判警钟。

1. 设计建筑还是设计城市

也许在城市设计的日常实践中，建筑师的工作是大量的。物质形态的部分内容逐渐占据了突出的地位，作为物质形态背后更为本源的东西被人们渐渐淡忘。然而，"最根本的社会和经济的力量，它是形成我们环境的最重要因素，任何成功的城镇设计，必须以他们的社会和经济力量为出发点"[①]。现在的人们特别是专业人士已经认识到城市设计不仅仅是狭义的美化城市景观的手段，不只是一种静态的目标形式，而是对城市环境形成控制和指导的动态过程，从简单到复杂，且覆盖的学科面越来越广。许多建筑师也看到了，"在当代条件下，建筑继续存在于城市中，是城市的一部分，使城市生活的某些空间得以物质化。然而，今天更胜于过去者，就是我们意识到城市要多出于它的建筑物和建筑学……所有这些，都不仅

---

① 鲍尔. 城市的发展过程[M]. 倪文彦，译. 北京：中国建筑工业出版社，1981.

是完全跳出了建筑师日常职业实践的范围,而且,我们习以为常的分析手段和建造项目都无法对这些条件提供答案"①。因此,城市不仅仅是当下展现出来的物质形态和表象,城市的表象必须在其历史变迁的大轮廓中才能被完整理解,城市的基础设施、地质地貌、经济运作、政策制度等条件对城市发展起到了决定性的作用。对设计师来说,不得不排除自身的价值观念、专业素养和知识架构,对形成我们城市纷繁复杂表象之后的原因进行思考。一项面向实施的设计背后仍然受到社会环境、政治经济环境、文化环境以及制度政策等多方面影响,这些隐藏的复杂性犹如一个若隐若现的网络,设计师只能在这个复杂的网络体系中拿出自己的最优方案,这很大程度决定了设计的成果以及成果的实施。就规划设计本身的领域来说,这个复杂的网络即是以规划管理部门作为控制主体,以一定的控制机制整合资源配置而形成的整体性系统,这种整体性包含着社会性和城市性的特质。美国城市规划师乔纳森·巴奈特(Jonathan Barnett)的名言"设计城市而非设计建筑(Designing cities without designing buildings)"②,即是对本书研究视角的概括。

2. 城市设计过程中的元素缺失

城市设计作为城市规划的延伸和深化,在多数情况下常常被看作是城市规划的一部分。在大多数国家,城市规划管理部门的两个主要任务职责便是制定政策和实施设计。规划设计要发挥作用,必须有政策和规范作为实施依据和审查依据,而规划设计对城市建设的规范作用也体现在设计的实施过程之中。这些所谓的规范政策,即是规划管理部门作为联系规划与实施的操作主体介入设计的控制规则,其目的是为了保证设计实施的良好秩序,以使得城市的环境建设能取得理想的效果。

然而在这个过程中,城市设计区别于"详细规划"的特殊性,没有受到足够的重视,往往只是被作为一个独立的项目和过程,将具体方案设计的文本和图纸表达作为城市设计的完成。城市设计的技术人员也不会完整地参与城市设计的整个过程中,扮演不了城市设计的主导者。有些城市的规划管理部门,甚至为了借城市设计提升和宣扬区域的竞争力,不惜重金邀请国外高水平的规划设计咨询机构或城市设计师来参加重大的城市设计竞标活动。殊不知,仅仅是漂亮的图纸和前期的城市策划和运营炒作,不能代表城市设计实施的可能性,

---

① 张钦楠. 现在与未来:城市中的建筑学[J]. 建筑学报,1996(10):6-11.
② Barnett J. 开放的都市设计程序[M]. 舒达恩,译. 台北:尚林出版社,1983.

更不能保证其显著改善城市环境和提升城市公共领域价值的有效性。

究其背后的原因,一个重要的事实常常被忽略:城市设计并不是直接控制物质形式的环境和空间,而是通过"控制相关项目的设计"来影响城市建设,换句话说,城市设计的直接控制对象是人与人的相互作用,间接控制对象是人与环境的相互作用。设计和实施中间的环节常常被人们忽视,人们理所当然地认为设计的成果出来以后,按照图纸或文本所表达的规划实施就能创造理想的建成环境,或是有些人过分夸大了城市设计师的作用,认为城市的空间形态就是设计师直接控制和设计的结果,忽略了设计背后诸多复杂的影响因素。事实上,城市设计成果和指导实践中间的过程仍需经过一个精心的过程"设计"控制,这里的"设计"并不是技术性或物质空间形式的设计,而是对"设计秩序"的设计控制。因此,城市设计是技术性与管理性相结合的过程。我国目前很多城市设计领域出现的问题确实违背了其原本的目标和初衷,仅靠引进国外的先进理论远远不能帮助我国城市设计质量的整体提升,必须要结合我国具体的实际情况,改良我们城市设计运作程序和过程控制系统。

本书的研究正是有感于我国城市设计过程中这些元素的缺失而着手探讨,笔者认为,一个技术合理、过程高效、公平民主的城市设计过程控制系统是好的设计产生的关键因素,同时也是设计管理最主要的内容。基于目前我国城市设计运作程序的实践情况,在以下领域中存在一些值得思考的现状和问题:

(1)城市设计的定位问题。在我国,城市的开发管理和运营是政府的义务和职责,因此首先关注和委托编制城市设计的责任方是各级政府,其成果通常是以设计政策和控制要求等形式贯彻到总体城市设计和局部城市设计两个层级中,依托并贯穿整个城市规划体系。自2000年以后,随着市场经济体制的深化,专门的开发机构也开始关注城市设计。对开发机构而言,为赢得开发机会,城市设计也成为其反馈政府管束和引导策略、阐述开发建设项目在兼顾城市利益和自身利益的前提下达到效益最佳的思想策略和技术方案,以及最终赢得市场的主要技术手段。可见,城市设计对政府部门和开发机构都具有重要意义。然而,由于城市设计性质的偏主观性和偏定性化,城市设计在定位和操作上均具有一定的难度,因而在大部分城建体系中,城市设计不具有法定的地位。在这样的大环境下,城市设计极易形成片面强调"编制技术"和"管理行政",而导致空喊口号的局面,也常常止步于美观而肤浅的效果图表现的图式化成果。

(2)城市设计成果转化问题。尽管目前城市设计还未成为城镇建设明确的法定环节,但许多沿海地区的大中型城市正自觉地将城市设计作为落实规划成果的重要技术环节和手段,从而达到控制城市形态和整体开发建设的效用。城市设计从20世纪末鲜有人知到现在的众所周知,至少反映了如今城市设计理论和方法被关注和普遍接受,其发展速度已经使得我国的城市设计在技术控制环节的完整性上与发达国家达到了一致。然而在理论和实践的具体环节中,我国的研究学者和设计师仍缺乏对国外城市设计理论和实践引进的完整性进行思考和反省,以及对本国国情的消化和整合的研究,导致出现纯理论答案或形而上答案的城市设计形式,不能有效地解决问题,造成设计成果与实际操作的脱节。由于我国城市设计科学属性的模糊性,其过程的可操作性以及编制与实施的体系尚不完善,导致了城市设计普遍存在编制过程随意、内容缺乏评判标准、成果形式繁多的现象,在花费大量人力物力之后,成果却常常面临权威性和有效性的质疑,导致好的设计方案被实施得面目全非。

(3) 整体性与适应性城市设计的需求。随着地区之间竞争压力的增强,城市规划和设计在时间上的连贯性经常缺失,使得政府必须随时应对新的问题和新的动态,进行适时的方向调整。这些现象在许多规划部门的城市管理运作中,对旧有的惯性思维提出了巨大挑战:在宏观层面上,为了防止市场的无序,必须要强调集中管理,加强控制,然而过分的集权常常导致政府官员的个人偏好成为社会引导,过分的放权又会导致发展方向上的紊乱。城市的复杂特征导致许多城市管理问题都是相互关联的,这需要大量的制度创新、政策比较与选择。但是,在新的历史环境中,许多城市政府部门对规划设计过程管理缺乏明确的思路和方法;在微观层面上,城市政策研究的困难性经常使得许多地方政府在面对复杂的政策过程中无所适从。低技能的政策操作,高额的政策风险,使许多城市政府部门在原本应当做出积极而审慎判断的决策层面上畏缩不前,而倾向于选择细微琐碎的工作。

1.1.2　研究对象

从认识论的角度,城市设计实质是人和城市环境之间的一种互动:人作为主体,人类生活的环境是客体,人类通过(城市设计)活动改变环境,而环境同时也影响人类。因此,城市设计包含了三方面的要素:人(主体)、环境(客体)、人和环境之间的相互作用(过程)。当代不同领域西方城市设计理论的研究对象都包括在这三方面之内①。早期(19世纪末20世纪

---

① 张剑涛. 简析当代西方城市设计理论[J]. 城市规划学刊,2005(2):6-12.

初)的城市设计研究领域,如景观——视觉领域和类型——形态领域中的大部分研究方向的研究对象都是单一的城市设计的客体,即城市环境。之后随着城市设计理论的逐步发展以及与其他理论研究领域的交融,特别是受到当代社会科学发展的影响,其研究对象逐步扩展到了城市设计的主体、人与群体。这体现在始于1950年代至1960年代的认知——意象领域和环境——行为领域的城市设计理论中。之后,随着城市设计理论的进一步发展,从1970年代开始,城市设计理论的研究对象又扩展到城市设计的主体和客体之间的相互关系和相互作用(城市设计过程)。这体现在社会领域、功能领域和程序——过程领域的城市设计理论的发展过程中。

随着人们对城市设计理解的深入,程序——过程理论研究逐渐成了主要研究对象。20世纪90年代,美国学者乔治(George R. V.)从更贴近现代城市设计师工作方法与过程的角度出发,提出"城市设计是一种二次订单设计(Second-order Design)"①。在二次订单设计意义表征中,城市设计师与设计对象——城市物质环境之间没有直接的创构关系,他们对设计对象的控制是通过向直接设计物质环境的一次订单设计者施加影响而间接实现的。即由城市设计师先行立足于地域整体发展的构架,对城市物质环境开发做出合理的预期,为片段性实施的单体项目建设提供设计决策环境,其后再由物质环境的直接创构人员,以确立的设计决策环境作为再次创作的初始条件对城市进行直接塑造(图1-1)。也就是说,一次订单设计的研究对象是人与环境的相互作用,二次订单设计的研究对象是人与人的相互作用。

20世纪60年代以及70年代初,物质形态规划的失败所带来的后果使规划实践和理论重又折回到公共政策、政治经济等一些本质性问题上。重点的转移,加上城市的更新,为规划领域开辟了新的视点或训练内容——城市设计。从近年来城市设计领域的发展可以看到,人们正试图给传统的实体或土地使用规划注入新的方法和明确新的范围,这已逐渐发展到符合更广泛的城市政策框架的要求。城市需要一个能体现设计政策、规则、纲要和方针的城市设计过程。哈米德·雪瓦尼(Hamid Shirvani)也认为:"城市设计过程需要寻求制定一个政策性的框架,在其中进行创造性的物质设计,这个设计应涉及城市构成中各主要要素之间关系的处理,它们在时间和空间两方面同时展开,也就是说城市的诸组成部分在空间进行排列配置,并由不同的人在不同的时间进行建设。在这个意义上,城市设计和城市物质开发

---

① George R V. 当代城市设计诠释[J]. 金广君,译. 规划师,2000(6):98-103.

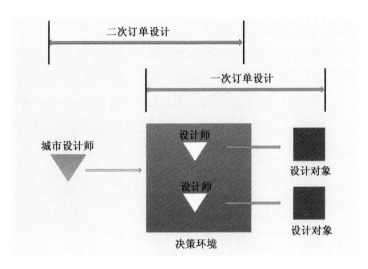

图 1-1 二次订单设计方法示意图

（城市设计师与设计对象的关系）

图片来源:笔者自绘

的管理有关,这种管理的艰难在于业主是多种多样的,计划是不确定的,以及控制是不完全的和缺乏一定的描述完成状态的标准。"[1]因此,城市设计不仅要研究人与环境的关系,更要研究设计过程中不同参与者(或者更为准确地说是利益攸关者之间)的相互作用。

基于此,本书的研究对象为对城市设计过程进行资源整合和秩序控制的系统,目的在于厘清城市设计过程中人与环境、人与人两种相互作用之间内在的、本质的联系,并将这种关系控制在一个合理的运行系统之内,通过一个合理的控制运作程序来完成目标的实现,并以信息的反馈为参照不断调整控制系统来增强系统的适应性。本书将在控制论原理的基础上,建立城市设计运作过程的控制系统,并以此来审视我国的城市设计运作管理现状,提出优化思路。

1.1.3 研究意义

本书对城市设计控制系统及其系统模型的研究,将从认识和方法层面为城市设计整体性作用发挥提供一个途径和载体,对我国城市设计实践具有指导意义。

---

① 雪瓦尼. 都市设计程序[M]. 谢庆达,译. 台北:创兴出版社,1990.

（1）以整体性和系统性思维重新认识城市设计

城市设计控制系统是一种整体性和系统性的城市设计认识途径和操作方法，一方面从城市设计运行过程的整体角度出发，识别系统结构性主导要素；另一方面，从城市设计运行效率出发，利用控制系统模型可以对城市设计运行过程各主要参与要素施加控制，防止管理缺位而导致的城市建设无序。对城市设计系统控制概念与原理的探讨和研究，能够从方法的角度提供重新审视城市设计及其价值的平台，在理论上给予和还原城市设计整体性作用的发挥空间。

（2）统筹配置城市空间资源和城市设计过程

"我国目前的城市设计不是在城市的整体范围内、在统一策略的指导下有重点、分层次、全面性的开展，而是投入于城市局部地块、街道景观环境设计中，在很多情况下，只顾及为城市重点形象工程服务，甚至与景观整治、环境改造联系在一起，成为城市中掩丑遮蔽、装点修饰的重要手段，沦为城市美化设计。"①城市设计控制系统正是处理这一问题的城市设计工具，它把城市发展政策与相关城市设计与过程管理联系起来，做到城市或地区在一定范围内、一定时期内城市空间资源的统筹配置，使城市设计与城市整体发展紧密地结合在一起，更有效地实现城市设计价值。

（3）有效连接城市设计的设计与实施过程

城市设计控制系统通过系统中结构性要素的分析，既有效地把握了城市设计运行过程中的关键要素，又能有效地帮助组织空间发展中参与进来的相关利益主体，把城市设计的产品与过程统一在一个具有合理性和适应性的运作系统内，因此能够有效地连接城市设计的设计与实施过程，更加明确了城市设计的起点与方向。

1.2 国内外城市设计概念分析

1.2.1 国外学者对城市设计的概念定义

城市设计的思维传统由来已久，在历代城市建设中都有所体现。工业革命以后，人们希

---

① 司马晓,杨华.城市设计的地方化、整体化与规范化、法制化[J].城市规划,2003(3):63-66.

望通过物质环境的改善解决工业化带来的城市问题。1953 年,西班牙建筑师约瑟普·路易斯·赛特(Josep Luis Sert)从他自己的观点出发,第一次将城市设计定义为"工程设计"①。他只是为了战后城市建设的需要而将城市设计划分为单独的领域,而不是作为学科的科学定义,缺乏对于控制社会和空间的特质的深刻理解。所以,事实上,赛特通过限定城市设计的领域,将其与工程设计混为一谈。这正是城市设计意欲摆脱的困境。

早在 20 世纪初以"城市美化运动"(City Beautiful)为代表的市政设计(Civic Design)就开始提出美化城市环境的要求,不过关注的重点是标志性建筑。20 世纪 50 年代后期"城市设计"(Urban Design)再次出现于北美,取代了含义较窄而且过时的市政设计,从对建筑单体及其围合的空间的关注,到更为广泛的城市公共领域,从内在、先验的审美需求出发,对人的知觉心理和社会文化层面给予重视,从而导致了对公众领域——物质的和社会文化——及其如何生产公众所享受和使用的空间的关注。

如今现代城市设计的兴起,则是基于城市规划职能向经济与社会等综合领域的转变,是作用于城市规划与更加注重建筑形态与空间形体设计的建筑学之间的公共领域,提升城市环境品质,研究主体人与客体城市环境之间的互动关系。现代城市规划运动和现代主义建筑运动为现代城市设计的发展提供许多宝贵的思想。1965 年,美国建筑师协会(American Institute of Architects)出版的《城市设计:城镇的建筑学》(*Urban Designs: the Architecture of Towns and Cities*)中写道:"建立城市设计概念并不是要创造一个新的分离的领域,而是要恢复对一个基本的环境问题的重视。"②

从认识论来看,概念是思维和分析的基本工具,具有统一的、界定明确的、逻辑结构严谨的概念体系是一门学科成熟的标志。然而,到底什么是城市设计? 直到 1988 年,时任英国皇家城市规划学会(RTPI)主席的弗兰克·梯波特(F. Tibbalds)就曾指出,"关于城市设计,至今没有简单的、单一的、广为接受的定义"。尽管 20 世纪 70 年代以后,研究城市设计已经成为独立的学术领域且发展势头迅猛,但就如唐纳德·阿普亚德(Donald Appleyard)所认为的,"城市设计永远不会,也不应只存在单一的视角",研究的广泛性使得各学者对城市设计的定义众说纷纭。不同的学者和实践者对"城市设计"的理解也存在着相当大的分歧。

---

① 亚历山大·R. 卡斯伯特. 新城市设计:建筑学的社会理论? [J]. 文隽逸,译. 新建筑,2013(6):4-11.
② 刘苑. 城市设计概念发展评述[J]. 城市规划,2000(12):15-21.

从城市设计的关注重点来看,国外学者对城市设计的定义主要有以下几类:

(1) 城市设计作为结果或是过程

城市设计作为结果的定义强调了三维空间和视觉艺术的城市设计思想,注重总平面抽象规划的结构性和现实性,以及城市空间的视觉质量,但容易忽略社会、文化、经济、政治等因素。卡米洛·西特(Camillo Sitte)的《美学原则下的城市规划》(*City Planning According to Artistic Principles*)和《城市建设艺术》(*The Art of Building Cities*)详细阐述了近代城市设计理论与传统建筑学和形态艺术之间的紧密联系。吉伯德(F. Gibberd)认为住宅花园的视觉组合优先于居民个人的审美趣味[①]。戈登·库伦(Gordon Cullen)认为视觉组合在"城镇景观"中处于绝对支配地位,强调设计师对城市环境的个人审美回应[②]。

对城市设计三维空间的理解也具有较长的历史传统。沙里宁(E. Saarinen)认为"城市设计是三维的空间组织艺术"[③]。梯波特领导的英国城市设计小组(Urban Design Group)在一份报告中提到,城市设计是"为了人民的工作、生活、游憩而随之受到大家关心和爱护的那些场所的三维空间设计"。直到40多年后的今天,城市三维空间依旧是城市设计的主要对象,只不过更加注重城市生活和社会意义。更有学者引用不同领域的理论思想,例如,兰恩(J. Lang)在《城市设计:美国的经验》(*Urban Design:The American Experience*)中加入了时间维度,强调了城市设计的动态发展观,认为"城市设计关注人类聚居地及其四维的形体布局"[④]。古德(B. Goodey)在1987年也提出:"城市设计是在城市环境中创造三维的空间形式。城市设计相对于传统城市规划,偏重三维的、立体的、景观上和城市结构形式上的设计,针对城市环境中丰富的人类生活系统。"[⑤]

总体来说,强调城市设计作为结果的大多数文献支持以下这些定义:"城市设计是以比单独一栋建筑更大规模的三维城市设计艺术""城市设计是城市规划的一部分,它处理美学问题,并且决定城市的秩序和形式""城市设计连接了规划、建筑和景观,它填充了三者之间

---

① 吉伯德 F.等. 市镇设计[M]. 程里尧,译. 北京:中国建筑工业出版社,1983.

② Cullen G. The Concise Townscape[M]. London:Routledge,1971.

③ Saarinen E. The City——Its Growth, Its Decay, Its Future[M]. New York:Reinhold Publishing Corporation,1943.

④ Lang J. Urban Design:The American Experience[M]. New York:Van Nostrand Reinhold,1994.

⑤ 李少云. 城市设计的本土化[M]. 北京:中国建筑工业出版社,2005.

任何可能的间隙""城市设计主要关注城市公共领域的品质,不仅是社会领域还有物质领域,并且创造人们可以享受和尊敬的场所""城市设计的艺术是制造和塑造城市景观的艺术"等。

然而,随着人们对城市设计思考和认识的不断发展和成熟,人们逐渐认识到城市总是一个不断生长和变化的过程,从来没有形成一种最终的形态和结构,城市设计的目标和实施手段也会随之修正和调整,因此城市设计从具体化的建设"结果"发展到一种控制的过程,这一特性开始被人们所强调。

认为城市设计作为过程这一思想最有影响力的是纽约总城市设计师巴奈特。他认为城市设计是"一种现实的生活问题""一个良好的城市设计绝非是设计者笔下浪漫花哨的图表与模型,而是一连串都市行政的过程,城市形体必须通过这个连续决策的过程来塑造。因此城市设计是一种公共政策的连续决策过程,这才是现代城市设计的真正含义"①。在这个过程中,应该"设计城市而非设计建筑"。实际上早在 1976 年,《城市设计评论》(*Urban Design Review*)就提到"城市设计活动寻求一种形体设计所依据的政策框架。它处理城市肌理中的主要元素之间的关系。它通过空间上的分配和不同人在不同时间的建设达到在空间和时间上的延伸。在这个意义上,城市设计参与城市形态的管理"②。

城市设计作为一个复杂过程开始作为影响学界理论讨论的主流概念平台。1987 年,C. 亚历山大(C. Alexander)在其极具批判性的《新城市设计:建筑学的社会理论》中,认为过去的城市设计理论仅仅局限于"项目设计",空间被视作由建筑专业和建筑想象力产生的过程,"无视城市形态的巨大社会复杂性,是一种建筑构成的无止境退化"。亚历山大等人一直强调重建城市设计的优先权,认为"城市设计是最适合于负责城市整体性的学科……但真正起作用的是过程,而不是形式。如果我们能够创造一种合适的过程,城市就有希望重新恢复往日的完整"③。D. 马格文(D. Mugavin)也同样强调这种过程的意义,他认为,城市设计除了作为核心的物质形式合成的内容外,因为讲求公众利益,很明显还是一个政治过程,并含有经济内容。从实践角度讲,城市设计需要根植于社会和环境的文脉④。A. 马德尼波尔

---

① Barnett J. 开放的都市设计程序[M]. 舒达恩,译. 台北:尚林出版社,1983.

② 转引自刘宛. 都市设计实践论[M]. 北京:中国建筑工业出版社, 2006.

③ Christopher A, Neis H, Anninou A. A New Theory of Urban Design[M]. Oxford: Oxford University Press, 1987.

④ Mugavin D. Urban Design and the Physical Environment: The Planning Agenda in Australia[J]. The Town Planning Review, 1992,63(4):403.

(A. Madanipour)认为城市设计是一种"社会—空间过程",城市设计是根植于政治、经济和文化的过程,设计很多与社会—空间结构相互影响的机构,城市设计只能在其社会—空间的文本上得到理解。从这个意义上讲,城市设计中科技、创造和社会的原色结合起来共同有助于对此复杂过程及其产品的理解①。

(2) 强调城市设计的功能主义或是人文主义

相当一部分学者将城市设计的关注重点界定在城市的公共领域。作为现代城市规划的深化,城市设计对城市的功能组织的关注是城市设计的最初职责。20 世纪初,由于资本主义和城市化的快速发展,城市的发展规模和发展速度发生了突变,城市建设新技术和新材料的变革突破了限制城市发展的速度规模,同时新兴多样的城市功能(高档酒店、CBD 商务区、大型办公楼等)应运而生。为了探索新的建筑结构和新的城市布局以满足更多样化的城市功能,也为了改善由于人口膨胀而导致的市中心低收入群体的居住问题以及整个城市的健康、卫生、教育等需求问题,强调功能主义和理性主义的现代主义思想由此产生。

以勒·柯布西耶为先锋的现代主义城市设计最有影响力的宣言是 1933 年国际现代建筑协会(CIAM)颁布的《雅典宪章》,由于物质空间决定论的思想奠基,《雅典宪章》提出城市化的实质是一种功能秩序,城市设计应当处理好居住、工作、游憩和交通的功能关系,通过对物质空间变量的控制,可以形成良好的环境,而这样的环境能自动解决城市中的社会、经济、政治问题。虽然认识到影响城市发展的因素是多方面的,但《雅典宪章》强调的仍是"城市规划和城市设计是一种基于长宽高三度空间……的科学",并提出城市应该被功能分区,以便给生活、工作和文化分类秩序化。城市规划和城市设计的基本任务就是制定规划方案,其内容应是关于各功能分区的"平衡状态"和建立"最合适的关系"。受《雅典宪章》的影响,美国建筑师学会 1965 年组织编写的《城市设计:城镇的建筑学》也写道:"城市是由建筑和街道,交通和公共工程,劳动、居住、游憩和集会等活动系统所组织。把这些内容按功能和美学原则组织在一起,就是城市设计的本质。"②

功能主义思潮在城市设计形成之初深刻影响着设计师们的认识和观念,但功能主义和理性主义的城市规划设计"推倒重来"式的大规模拆除和重建逐渐受到质疑和批判,其颠覆

---

① Madanipour A. Design of Urban Space:An Inquiry into a Socio-spatial Process[M]. New York:John Wiley and Sons,1996.

② 吉伯德 F,等. 市镇设计[M]. 程里尧,译. 北京:中国建筑工业出版社,1983.

了城市结构缓慢而循序渐进的发展模式,人们不再从周围环境中获得场所的历史延续感和稳定感。随着对城市认识的不断深化,人文主义者的呼声逐渐受到重视,有些学者开始关注于公共领域中人与环境的互动关系和人们对场所感知的研究。1960 年代,十次小组(Team 10)提出:"在城市社会中存在不同层次的人类关系,城市的形态必须从生活本身的结构中发展起来,因此,城市设计应当以人为主体,注重文脉、强调空间的环境个性,体现人类的行为方式。""城市设计绝不仅仅是一个学术领域内空想的规划师和建筑师的自娱自乐,它也并不只是冷漠地定位于物质环境的建设而对人以及人们的体验漠不关心。城市设计必须首先处理人与环境之间的视觉联系和其他感知关系,重视人们对于时间和场所的感受,创造舒适与安宁的感觉。"[①]简·雅各布斯(Jane Jacobs)以《美国大城市的死与生》(*The Death and Life of Great American Cities*)对"现代主义者"进行了严厉抨击,她认为城市永远不会成为艺术品,城市是"生动、复杂而积极的生活自身",强调街道、步行道和公园作为居民日常活动的"容器"和社会交往的场所[②]。A. 拉普卜特(A. Rapoport)更进一步把城市设计定位于环境和行为的相互影响以及各种关系的组织,认为"城市设计是一种空间、时间、意义和交流的组织,城市的形态应该建立在社会、文化、经济、技术、心理感受交织的基础上"[③]。

在 1870 年到 1970 年大约一个世纪的时间里,空间成了设计的领域。这一时期主流的城市设计主要由结构功能所主导。然而到 1970 年以后,在一场社会科学变革的影响下,城市设计与社会问题的思考紧密连接起来,其核心在于城市社会学。这场变革以两个主要人物亨利·列斐伏尔(H. Lefebvre)和曼纽尔·卡斯特尔(M. Castells)为中心,结合其他社会理论学家,使得社会科学理论与建筑学、城市设计、城市规划领域的整合成为可能。在新的理论思潮影响下,关于城市设计的内涵,有学者从整体的角度,或从政治经济学和城市的社会意义等更为宏观的视角考虑城市设计,提出了更为强大的定义。

英国规划师罗伯·考恩(Rob Cowan)认为:包含政策阐述、地方经济和房地产市场,并结合土地利用、生态、景观、地形现状、社会要素、历史、考古、城市形态与交通、市民参与等诸多方面的评价体系而形成的设计原则,都在城市设计的框架之内,因而城市设计的工作是具

---

① 李少云. 城市设计的本土化[M]. 北京:中国建筑工业出版社,2005.
② 简·雅各布斯. 美国大城市的死与生[M]. 金衡山,译. 南京:译林出版社,2006.
③ Rapoport A. Human Aspects of Urban Form:Towards a Man—Environment Approach to Urban Form and Design[M]. New York:Pergamon Press,1977.

有不同技能的人合作的结果,是一门跨学科、跨专业的领域①。

或者如斯科特(A. J. Scott)与罗威斯(S. T. Roweis)在《对城市规划理论与实践的重新评价》(*Urban Planning in Theory and Practice:A Reappraisal*)所阐释的:"我们不能认为城市设计是根据其只存在于自身内部的力量……而形成,获得其客观的品质,并发展演变。'城市设计'不是在真空中出来的,而是在结构上产生于资本主义的社会制度和财产关系间的基本矛盾(和这些关系特有的城市象征)以及随之而来的集体行动的必要性。"②

在《城市和乡村地区》(*The City and the Grassroots*)中,卡斯特里斯把设计城市的过程同资本主义制度下空间生产的全过程联系起来,于历史上首次在一种新的范式中对城市设计进行了定义:"我们把城市社会变迁叫作城市意义的重新定义。把城市规划叫作城市功能与一种共享的城市意义的配合。把城市设计理解为在特定的城市形态中为了表达一种共享的城市意义的符号性尝试。"③城市是建筑学的私人领域与城市设计的公共领域相交的地方,彼此需要并互为补充。城市设计是关于公共领域的社会共同理想,卡斯特里斯的定义最恰当地表现了这一事实。

1.2.2　我国学者对城市设计的概念认识

现代城市设计在我国最早的探索是 20 世纪 40 年代末,梁思成先生在考察了美国匡溪艺术学院建筑及城市设计教育后,在国内开始提倡"形态环境设计",但由于当时的客观环境和历史原因,未能得到大力的传播与发展。直到 1980 年代后期,城市设计对于我国规划工作者和建筑师来讲似乎还是一个较为新鲜的概念④。

1981 年出版的《不列颠百科全书》指出:"城市设计是指未达到人类的社会、经济、审美或者技术等目标的在形体方面所做的构思,它涉及城市环境可能采取的形体。就其对象而言,城市设计包括三个层次的内容:一是工程项目的设计,是指在某一特定地段上的形体创造;二是系统设计,即考虑一系列在功能上有联系的项目的形体;三是城市或区域设计,包括

---

①　Cowan R. Arm Yourself with a Placecheck:A User's Guide[M]. Urban Design Alliance,2001.

②　Scott A J,Roweis S T. Urban Planning in Theory and Practice:A Reappraisal[J]. Environment and Planning A,1977(9):1097-1119.

③　亚历山大·R.卡斯伯特. 设计城市:城市设计的批判性导读[M]. 韩冬青,王正,韩晓峰,等译. 北京:中国建筑工业出版社,2011.

④　朱自煊. 中外城市设计理论与实践[J]. 国外城市规划,1990(3):2-7.

了区域土地利用政策,新城建设、旧区更新改造保护等设计。"这一定义包括了几乎所有的形体环境设计,是一种典型的"百科全书"式的集大成。1983 年吴良镛先生对城市设计做了这样的说明,"'城市设计'与'详细规划'相比,就工作环节或性质来说,大致相当,但城市设计广泛地涉及城市社会因素、经济因素、生态环境、实施政策、经济决策等",它的目的是"使城市能够建立良好的'体形秩序'或称'有机秩序'"①。

我国《城市规划基本术语标准》中对城市设计的定义为:对城市体型和空间环境所做的整体构思和安排,贯穿于城市规划的全过程。城市设计所涉及的城市体型和空间环境,是城市设计要考虑的基本要素,即由建筑物、道路、自然地形等构成的基本物质要素,以及由基本物质要素所组成的相互联系的、有序的城市空间和城市整体形象,如从小尺度的亲切的庭院空间、宏伟的城市广场,直到整个城市存在于自然空间的形象。城市设计的目的,是创造和谐宜人的生活环境②。

国内关于城市设计的理论研究自 20 世纪 90 年代后开始蓬勃发展,总体顺应以美国和日本为主的国际城市设计发展潮流。总体来说,对城市设计的认识主要有三种理解:

一种是把城市设计作为整体性的系统设计。如陈秉钊在其早期的文章《试谈城市设计的可操作性》中写道:"城市设计是以人为先,以城市整体环境出发的规划设计,其目的在于改善城市的整体形象和环境景观,提高人民的生活质量,它是城市规划的延伸和具体化,是深化的环境设计。"③金广君在《图解城市设计》中也指出"城市设计所涵盖的范围非常广,它不仅是一门社会科学,也是一门艺术。从另一层面上看,它是工学的,也是人文学和美学的;它是知性的,也是感性的。因此,对这一学科的研究应是'融贯的综合研究',只有这样全局性、长远性的研究,城市设计才具有指导城市建设的可操作性。"④王一在其博士论文《认识、价值与方法——城市发展与城市设计思想演变》中将城市设计定义为"是在特定的社会历史条件下,以创造和改善城市空间环境为目标,以城市形态为主要研究对象,通过对城市形态构成要素的研究,组织和协调各要素之间的形态构成关系,达到对城市形态的总体把握,创造能够表达和满足人类物质和精神文化需求,体现人类自身价值,适于人类生存和发展的城

---

① 吴良镛. 历史文化名城的规划结构、旧城更新与城市设计[J]. 城市规划,1983(6):2-12.
② 《城市规划基本术语标准》GB/T　50280-98
③ 陈秉钊. 试谈城市设计的可操作性[J]. 同济大学学报(自然科学版),1992(2):21.
④ 金广君. 图解城市设计[M]. 北京:中国建筑工业出版社,2010.

市空间环境的意象性活动，也是选择和制定行动方案的价值判断过程。"①

　　在我国城市设计的实践过程中，城市设计仍主要体现在视觉环境或形体空间的营造。我国学者王建国先生在《现代城市设计理论和方法》中指出，"城市设计从广义看，就是指对城市生活的空间环境设计""意指人们为某特定的城市建设目标所进行的对城市外部空间的形体环境的设计和组织"②。陈为邦也认为"城市设计是对城市体型环境所进行的规划设计，是在城市规划对城市总体、局部和细部进行性质、规模、布局、功能安排的同时，对城市空间体型环境在景观美学艺术上的规划设计"③。

　　近年来，城市设计逐渐被认为是一种过程控制的公共政策。李少云在《城市设计的本土化》中指出："城市设计的目标是提高和改善城市环境质量和生活质量，在客观现实的理性分析基础上，对各种层次的体型环境进行创作性的设计，并形成相应的政策框架，通过对后续具体工程设计（包括建筑设计、景园建筑和环境设计、市政工程设计等）的作用予以实施，是一种'二次设计'的过程。城市设计表达的是体型环境的设计，但往往受到社会、经济、技术等多种要素的直接作用，城市设计的运作充满了公共权益与私人利益之间的协调和整合，是一个连续复杂的动态的决策和作用过程。"④王富臣认为："城市设计是一种通过过程控制，有计划地干预城市空间的演化进程的社会实践活动。使用物质规划和设计策略，结合对城市社会、经济、文化、政治等综合问题进行物化整合，策动空间系统的持续演化，以一种进化的方式达到城市空间的必要变化，其目的是通过提升城市空间系统的自组织机能，实现城市空间的可持续发展。"⑤刘宛通过系统分析和总结国内外城市设计理论，也认同城市设计作为过程的观点，在其博士论文中将城市设计理解成为"一种主要通过控制公共空间形式，促进城市社会空间和物质空间健康发展的社会实践。城市设计的实践任务是对设计实践活动的设计，它所设计的是城市形成良好形态的手段，这种手段包括行政体制、程序机制、管理政策等，而惯常的设计手法和设计方案仅仅是其中一个组成部分。城市设计的任务是结合技术、社会和艺术的考虑，通过设计、评价、控制、维护对城市空间组织进行协调，从各个方面影

①　王一. 认识、价值与方法——城市发展与城市设计思想演变[D]. 上海：同济大学，2002.
②　王建国. 现代城市设计理论和方法[M]. 南京：东南大学出版社，2001.
③　陈为邦. 积极开展城市设计、精心塑造城市形象[J]. 城市规划，1998(1)：13-14.
④　李少云. 城市设计的本土化[M]. 北京：中国建筑工业出版社，2005.
⑤　王富臣. 形态完整：城市设计的意义[M]. 北京：中国建筑工业出版社，2005.

响城市空间发展,这是一个连续的过程"①。

综上,国内学者和专家对城市设计的论述和理解有着不尽相同的表述,对城市设计的定义也尚未形成统一的说法。本书所要论述的是基于社会现实的和具有可操作性的城市设计。笔者认为,仅仅将城市设计作为三维的空间形体设计无疑是狭隘的观点,没有和根本的社会现实联系起来。城市设计处于社会、经济、政治背景和过程之中,其独立性和实施过程必然会受到所处环境维度的限制。为了有效、有序地实施设计成果,提升城市环境质量,必须要建构并实现城市空间在动态发展过程中的良好秩序。因此,城市设计的基本职责是指导不同阶段的城市开发活动达到既定的目标,但需要公众、业主和专业人员共同的参与。如今国内外城市设计理论研究对于城市设计目标的认识已经从物质形式的"结果"发展到了控制发展的"过程",同时以公众对公共领域的景观和场所的认知以及人与环境的互动性作为评价原则。用 C. 芒蒂恩(C. Moughtin)的观点来说就是"城市设计的目标是要设计城市的发展,这样的城市发展在结构和功能上都应是健全的,并且给予那些看到发展的人以快乐"②。同时,相较于建筑学的物质性及其相对于私人和封闭的特性,城市设计更多地关注公共领域和公共范围的社会理想,其本质上是对公共空间的关注,是非物质的和开放的。因此笔者认为,城市设计是对城市形态和环境进行研究和设计并转移成控制准则,从而影响城市社会空间和物质空间形成全过程的社会实践。

因此,以实践为主的城市设计,是通过连续的决策过程、直接面向实施的物化工程设计,并根据现实中的政治、经济、人文等相关因素,考虑到现实问题,作为对上传承上位规划成果,对下启动开发项目的设计。由于城市设计复杂的社会环境,面向实践的城市设计需考虑内容的现实性、目标的针对性和实施的可能性③,因此需要在设计层面上组织好各参与要素之间的联系,其通常表现为两种形式:一种是作为以方案招标或委托等方式,建筑师和城市设计师在总的开发建设纲领的条件下,进行的总体设计或分块设计的成果表达;另一种作为开发导则和城市设计导则,建立明确的建议性框架,协助设计师和开发商理解公共政策的目标和标准。由于控制的局部性、设计委托人的多重性、计划的不确定性等问题使得城市设计

---

① 刘宛. 作为社会实践的城市设计——理论·实践·评价 [D]. 北京:清华大学,2006.

② Cuesta R, Sarris C, Signoretta P, et al. Urban Design: Method and Techniques[M]. Oxford: Architectural Press, 1999.

③ 王建国. 现代城市设计理论和方法[M]. 南京:东南大学出版社,2001.

常常需综合考虑多方面因素。

作为制度和管理策略,城市设计所寻求的是一种控制城市形态的政策框架和实现途径,作为一种公共政策,通过制度化的规划控制,建立起以行政机制、法令机制等连续性制度体系作为支撑的运作平台。同时,由于城市设计涉及多方面的利益攸关者,必须与我国城市规划建设的管理层面相结合,形成对城市设计运行过程的连续性控制。

作为技术和工具,由于城市设计更注重微观层次的具体问题,因此作为技术和工具,不需要对概念和理论作深刻而缜密的理解和阐述,而应注重实践的思维方法和操作内容,一方面要注重各参与要素的整合,另一方面要以适当的城市设计方法,如关联耦合分析、认知意向分析、相关线域面分析等方法,注重城市设计与城市规划和建筑设计的关系,建立起具有良好视觉体验和场所文脉感知的城市意象和整体特征。

作为控制城市形态的手段,城市设计是作为控制城市形态的主要手段,为各种影响城市空间景观环境的建造行为提供准则,因此,实际上作为控制手段,城市设计的功能不在于确保最好的城市形态的出现,而在于防止城市形态朝最差的方向发展。在这个过程中,城市设计一是要确定"控制什么",即确定控制的目标体系;二是要确定"如何控制",即确定控制的目标落实体系。

1.3 城市设计存在的相关环境

当城市由外延式量的扩展转向内涵式质的建设时,城市内聚式的空间体验成为核心,城市问题的综合性体现得尤为清晰,同时通常还会展现出一些特性,包括各种问题内在的联系性、复杂性、不确定性和矛盾性,这些问题天然就是互相依赖的多维度,而不是简单地用严格的专业分工就能解决的。梯波特曾经批评这种严格的专业分工给城市带来的严重问题。20世纪初期,各个建成环境的专业开始瓜分城市的所有相关领域,各领域之间的分裂与日俱增,以建筑专业和规划专业之间的分割为首。规划专业开始从其本质上减少对形式的关注而更多地显示出以社会科学为导向的特征,摒弃了其旧有的城市设计的方向,同时随着城市规划专业中建筑师数量的锐减,已经无法由建筑来填补专业之间的空白。勘测、交通和景观等专业也被人为地从技能角度进行划分。各个行业的专家们逐渐开始从一个相对狭窄的视角来观察和考虑城市问题。面对城市发展建设出现的问题,各专业之间开始相互指责,相互推卸责任,专业之间的裂缝逐渐扩大,直接导致城市相关质量的下降。

英国前环境部长约翰·格默(John Gummer)意识到城市环境质量的问题,指出"几个世纪以来,我们建造的建筑以及我们营造的空间对人们的生活有深远的影响,但一直以来我们都是随意建造而不考虑文脉,邻里建筑和空间变得毫无价值,城市景观越来越像是一种建筑物的胡乱堆砌"①。20世纪60年代晚期,专家们开始意识到这种专业之间的分裂所导致的大范围的城市恶化,开始尝试接受城市总体质量控制的思想,认识到将专业要素集成的重要性,这直接促成了城市设计发展成为一门学科来弥补城市环境被破坏的专业缺陷。城市设计将分割的专业联系起来,在已有的建筑和建成环境各专业之间架起了桥梁,从而恢复和保持城市中个体环境质量的连续性与一致性。在理论与学科语境中,城市设计开始作为一种整合的力量,将过去各自独立的学科联合起来。现代城市设计受到重视,是在西方城市规划由物质规划转向经济及社会综合性规划,更多地研究城市经济、社会问题的同时,在一定程度上减少了对城市空间物质环境关注的背景下出现的,为了反省过去被人们忽略的城市问题,加强人们对城市环境问题的重视。正如美国建筑师协会(AIA)所言:"正是由于过去的认识分歧,我们不得不建立城市设计这个概念,并不是为了创造全新的分离的领域,而是为了防止基本的环境问题被忽略或遗弃。"②

哈佛大学的赛菲尔德教授(M. Safiede)曾经指出:"城市设计的诞生是由于现代建筑运动的失败与传统规划的破产。"③很多人认为城市设计或是"扩大了的建筑"或是"更微观的城市规划",的确,它与两者紧密相连。城市设计被理解为两者的中介状态,建筑设计与城市规划双方都需要它但又都不承认其独立性。英国规划学者戴维·戈斯林(David Gosling)和贝瑞·梅特兰(Barry Maitland)认为城市设计通常根据建筑设计与城市规划来定义,因为它是这二者之间的"公共领域"。英国社会科学研究委员会(Social Science Research Council)将城市设计定位于"建筑学、景观建筑学与城市规划的接合部",是"源自建筑和景观建筑的设计传统,以及当代规划的环境管理与社会科学的传统"。建筑师往往关注单体的形式与功能等较为微观和具体的需求,根据合理的程序与法规使得建筑得以完成;规划师更

---

① Gummer J. The Way to Achieve 'Quality' in Urban Design[N]. Environment News Release,1995.

② Spreiregen P D, AIA. Urban Design: The Architecture of Towns and Cities[M]. New York: McGraw Hill Book Company,1965.

③ 吴良镛. 城市设计是提高城市规划和建筑设计质量的主要途径[C]. 北京:北京燕山出版社,1988.

多地从宏观的城市发展的角度看待问题,在广泛的人脉中关注公共领域的组织,根据未来前景配置资源、制定政策等;城市设计则是介于这两者之间,并且在城市化中从来都不是一个独立的力量。在物质层次方面,城市设计跟其所在特定环境中的社会、政治、经济和文化价值多元的背景紧密联系在一起,并以三维的环境实践活动来反映该城市的价值取向和社会理想;在精神层面,城市设计又是基于一种理论形态的方式,从现象的物质表层深入到组织机构层,并最终涉及该城市社会的深层价值观,也就是文化心理层。

因此,城市设计是一个混杂的学科,其理论来自各个知识体系,如社会学、人类学、心理学、政治学、经济学、生态学、人体和健康科学,以及城市地理学和艺术;也来自相关专业的理论与实践,如建筑、景观、规划、法律、财产、工程和管理等。这种理论的混杂和不完备使得城市设计成为一门特殊的专业,即使在今天,城市设计的存在环境以及学科地位一直处在相对尴尬的状态,有人认为城市设计只是一种对多学科模糊的杂糅,以口号式的或者大道理的说教作为设计原则,对社会和环境难以做出更大的影响和贡献。也有人指责城市设计知识体系混乱,缺乏专门的核心理论的支撑。由于这些质疑和批判,城市设计通常无法成为一门独立的学科,而只是一些更为宏大学科的分支或补充,诸如政治经济学、城市研究、城市规划、可持续发展或建筑学。

然而随着城市设计的专业教育在全球高校的逐渐普及,人们接受了城市设计作为实践中的一项独立领域,并且很多人意识到,城市设计可以解决城市问题中最难以处理的部分,因此笔者认为,我们不能否认城市设计可以发展成为一个独立的知识体系的可能性和潜力。而且虽然是一门规模相对较小的学科,城市设计从其周边更大范围、更多学科中吸取了很多内容,从而可以填补这些学科之间的分裂。

在实践中通常有两种基本类型的城市设计:偏向规划的城市设计与偏向建筑的城市设计。前者通常提出城市建设的设计方针、导引和控制,或是制定规则框架,仅仅满足于长期的物质空间形态的塑造,其成果往往被纳入各层次的规划,或表现为城市设计框架,其关注的重点在于公共领域和公共利益。这一类型的城市设计重点在政策制定或导则设计,考虑中短期与长期的承接关系,将社会与环境视为整体,为城市提供前景光明的政策规划,并以政策形式确立细节;后者则是直接的地块或地区的城市设计,以规划设计要点为依据,对单栋建筑或一定范围的城市空间形态进行塑造,将导则或政策的思想和要点落实于三维的空间形态,这一类型的城市设计经常由建筑师直接参与,为城市领域提供空间模式的组织概念。

以下将通过研究城市设计与相关学科的关系以及城市设计的运作问题来分析城市设计存在的相关环境。

1.3.1 学科环境

1. 城市设计与城市规划、建筑学

建筑学是早于城市规划的独立母学科,由于其历史的必然性,城市建设一直依附于建筑设计的"营造"。在建筑单体的建设过程中,逐渐开始涉及城市中方方面面的问题,在古代,这些城市问题都是由建筑的设计者解决,建筑师同时也是城市规划师和城市设计师。古罗马时代的御用建筑师维特鲁威在《建筑十书》中就有大量关于城址、广场、气候、风向、住宅布局等城市设计和规划的内容。直到第二次世界大战之前,都没有真正意义上与建筑学科相对独立的城市规划,城市建设的思想也都是由建筑师提出。希波丹姆(Hippodamns)的格网城市(图 1-2),斯卡莫奇(Vincenzo Scamozzi)的理想城市等(图 1-3、图 1-4),实则都属于城市设计的范畴。即便在近现代,建筑师仍然在城市规划和设计中拥有着极其重要的话语权。柯布西耶和赖特就是城市集中主义和分散主义两大城市规划理论思潮的倡导者。然而,现代主义建筑运动以来,越来越大规模的城市发展导致了建筑学在解决城市问题时出现局限,城市化的逐渐推进使得城市科学的复杂程度远远超出了建筑学的范畴。传统建筑学越来越专注于建

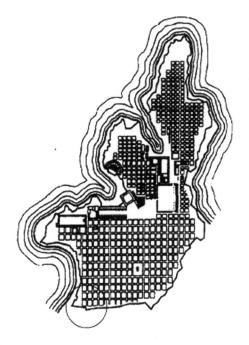

图 1-2 希波丹姆的米利都城(Miletus)平面

图片来源:https://wenku.baidu.com/view/1a395126dd36a32d-7375818b.html

筑物质形式的结果,这直接促使了现代城市规划和城市设计与建筑学科的分离。

就城市建设的发展历史来看,城市规划与城市设计几乎从来未做明显的划分。现代主义建筑运动早期,城市设计倡导者伊利尔·沙里宁(Eliel Saarinen)就曾经指出:"为了在分析中避免引起误解,谈到城市的三维空间概念时,就避免使用'规划',改用'设计'这个名

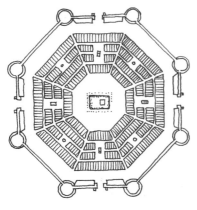

图 1-3　理想城市模型

图片来源:王建国. 现代城市设计理论与

方法[M]. 南京:东南大学出版社,2001.

图 1-4　文艺复兴"理想城"实例帕尔马城

图片来源:百度网络

词……在不牵涉到所讨论的问题时,同意接受'规划'这个统称。"[1]1970 年,英国皇家建筑史学会教育委员会(RIBA)在一份关于城市设计培训证书的报告中说明"城市设计的主要特征在于对构成环境的物质对象和人类活动的安排布置。城市设计所处理的空间和要素间的关系基本上是外部的。城市设计关注新开发与现状城市形式的关系,同样关注社会、政治、经济需求和可用资源的关系。它还关心城市发展的不同运动形式的关系"[2]。从这段说明我们可以看出早期城市设计的职责范围与城市规划并无明显的区分。城市规划与城市设计都是以城市空间为研究对象,以建构良好的空间秩序为目标。如王建国教授所说:"城市设计是一门正在完善和发展中的综合性的学科专业。城市规划和城市设计都是控制引导并创造城市物质形态的学科,两者都是处理城市相对空间位置关系上的各种物质要素及其组合关系。只是规划相对偏重二度用地形态,而城市设计偏重三度的空间形态。"[3]城市设计与城市规划具有一致的基本目标和指导思想,都具有整体性和综合性的特点。两者在学科特点上都是多学科的交叉,在工作方法上都需要多部门、多专业的协调和合作。那种认为城市设计以建筑为主或以景观为主的看法是片面的认识。城市设计和城市规划在所处理的内容

---

① 《国外城市规划》编辑部. 关于美国的"城市设计"、日本的"城市创造"和中国的"城市规划设计"的探索[J]. 国外城市规划,1993(4).

② RIBA,Board of Education. Report of the Urban Design Diploma Working Group,1970

③ 王建国. 现代城市设计理论和方法[M]. 南京:东南大学出版社,2001.

对象方面相接近或者衔接得非常紧密从而无法明确划分开来,从总体规划、分区规划、详细规划到专项规划中都包含城市设计的内容,因此,城市设计始终是城市规划的组成部分,它起到了连接城市规划和建筑学的桥梁作用,是城市规划与建筑设计之间的有效"减震器"。

然而,"既然城市设计是以城镇建筑环境中的空间组织和优化为目的,对包括人和社会因素在内的城市形体空间对象所进行的设计工作。因此,城市设计与城市规划既有联系又有区别"①。城市规划通常与政府行为结合,立法的完善使其逐渐成为国家权力的一部分,更多地被整合进行政权力的操作。其主要任务是确定城市的性质规模和用地功能布局,通过规划决策,结合市场化特点,对土地使用和基础设施进行调控和安排。如同城市规划一样,城市设计也是政府对于城市建成环境的公共干预,它所关注的是城市形态和景观的公共价值领域。综合了较早的城市设计传统,当代的城市设计关注同时作为审美对象和活动场景的城市空间的设计,其焦点是创造成功城市空间所必需的多样性和活跃性,尤其是物理环境如何支持在此处产生场所的功能与活动。

邹德慈曾指出:"城市规划为城市设计提供指导和框架;城市设计为城市规划创造空间和形象;城市设计是城市规划的继续和具体化。"②城市设计虽然有它相对独立的设计内容和工作,但它的理念、构思、方法(包括手法)始终结合城市规划的各个阶段。城市规划是一系列决策过程的集合,综合了大量的政治和技术内容,其两个基本内容就是制定规划和实施规划。城市设计从操作角度来看,也是制定设计和控制的内容并付诸实施的过程,与城市规划并无本质差别,而且在我国当前的制度体制中,城市设计的实施过程也必须依赖城市规划的管理平台。就我国的城市规划与城市设计而言,在实践中,两者往往融合在一起,大多数的详细规划都包含了一定的城市设计内容,如控制性详细规划(简称控规)中关于城市空间形态的一些指导性内容,城市景观和城市风貌等的规划都类似于城市设计的工作(表1-1)。国外也比较注重城市规划与城市设计的结合。例如美国在国家层面上的规划机制相对比较软弱,其实际的控制依靠发展控制(Development Controls)和公共投资(Public Investment)这两种机制。美国的经验认为,城市土地使用规划是城市设计的"工具";城市设计作为城区内环境影响评价(EIA)的依据,影响公共投资(用于城市基础设施建设)的方向和政策。

---

① 王建国. 城市设计[M]. 南京:东南大学出版社,1999.
② 邹德慈. 有关城市设计的几个问题[J]. 建筑学报,1998(3):8-9.

表 1-1　城市规划与城市设计性质比较

内容	城市规划	城市设计	二者近似方面
历史发展阶段	已有较长的历史发展,有相对完善的技术体系和管理体系,制度化程度较高	相对较短的历史,正在探索、发展中的技术,没有完整的体系,制度化程度较低	在工业化发生过程中改善人们生活环境的活动
属性	城市规划是一种政府行为,是具有社会改良意义的运动,过程的社会性很强	有一部分是政府行为。目前往往限于城市美化和环境改善活动,社会性相对较弱	城市规划和一部分城市设计都属于政府的行为
学科专业特性	一种发展逐步成熟的职业,是基于与城市相关的社会、政治、经济、地理、人文等科学的边缘学科,工作的综合性很强,政策性也很强	还不是一种职业,在城市规划和建筑学学科基础上具有边缘特征,城市设计具有一定的综合性和统帅性,但政策性不如城市规划强	城市环境改善是共同关注的主题,都采用综合分析的工作方法
目标与途径	面向区域、城市、社区较为长期的发展计划,成果本身体现为政策,采取较宏观的土地使用、财政、税收、法律手段达到目标	针对局部的、务实的、短期的发展规划,有一部分成果成为城市规划政策或空间组织的指导纲领,所采取的土地使用、财政、税收、法律等手段相对局部和微观	有计划地配置资源,达到一定的社会、经济、环境综合目标,都需要多重途径才可以达到
技术要点	土地使用是城市规划的工作要点,更加关注的是对城市生活和生产功能的宏观层面的组织,满足社会经济政治的需求,同时需要城市设计的理念和技术来充实	关注的土地使用和功能组织常常是微观和局部的,更关注环境的感受、美学和视觉品质,但又不仅是视觉艺术的创造,整体上要符合城市规划的既定目标和要求	都是对土地使用作合理规划,技术手段都是先调查和分析问题,然后再寻找对策
实施过程	通过控制和引导土地使用及其变化来实施城市规划的政策。规划的实施管理包含城市设计的意象,规划只介入建设的部分环节,不介入具体建设、经营和维护过程	城市设计本身可以看作是对城市规划政策的一种实施。城市设计通过具体项目的策划、设计组织、运作经营、维护管理等更具体、更直接的手段加以落实	最后都要落实到土地和空间层面,都需要考虑微观的经济社会以及建筑和设施的相关内容

　　西方城市设计的兴起是由于城市规划越来越偏向宏观的社会综合性与经济性而忽略了对空间体验性的较为微观的空间物质环境的关注,但我国城市设计受重视的触媒是计划体制下的城市开发模式转向了市场经济体制下的土地市场化以及投资多元化,极大地刺激了城市的建设和发展。在此过程中,传统的对三维城市空间形态有所忽视的城市规划已不能满足开发者或政府对规划成果或设计成果的要求,城市设计以三维整体形态的模型或图纸

展示出了设计的直观感而备受推崇。甚至有些领导只以设计效果图来评定城市设计的优劣，忽略了城市设计编制体系与运行体系方面的重要性，忽略了如何才能将城市设计纳入城市规划的编制体系与管理体系，将设计成果与土地开发结合起来在开发控制中逐步实施。这种属于我国特有的体制现象，直接促成了当前大量的城市设计只注重外表包装和物质设计，缺乏对城市各层次规划的全面考虑和衔接，缺乏对城市场所体验和公共价值的考量，缺乏切实地思考怎样的城市设计运作才能将城市设计的理念和成果更好地贯彻和实施。

因此城市设计首先必须与城市规划紧密结合，在研究方法上弥补现行城市规划的不足，与城市规划的功能性偏重相辅相成，尤其在城市开发或保护地区、地段所进行的整体设计，城市设计应最大限度地发挥作用，使城市规划的意图得到完美而具体的体现。同时城市设计应该在城市总体规划（包括区域城镇布局规划等）的指导下或提供的框架内进行，首先必须纳入城市规划的编制体系，获得法律地位，同时更需要纳入城市规划管理体系，在开发控制中逐步实施。总体规划编制（或修订）的过程，应主动运用城市设计的理念、方法渗入到城市土地利用、空间结构、形态、系统等规划之中。同时作为城市设计与城市规划的主要结合点的控规应依据城市设计制定地块划分、地块用地性质和一系列控制指标（包括竖向和管线布置等），在未做城市设计的情况下，控规的制定也应该主动渗入城市设计的思想理念。

其次，城市设计也应与建筑学紧密结合。建筑设计的创造性和其社会性与关注城市空间品质的城市设计直接相关。而且对于建筑的个性美还是融于环境的共性美这种关于建筑审美的问题是永久的争论焦点。城市设计在其中扮演着对建筑的基地环境与文脉进行协调的关键角色。建筑设计侧重基地范围内建筑形体和功能的详细处理，对基地之外的城市空间考虑较少，既有设计要求、资料条件等的客观原因，也有设计思维和方法的主观因素。另一方面，从社会现实来看，建筑设计师向业主或开发商提供的私人服务，在满足规划要点的前提下实现私人利益的首要性导致其对公共利益缺乏深入的考虑；相对而言，更关注公共价值域的城市设计的公共政策属性和相对整体而综合的观点是建筑设计外延的补充，更是建筑设计的政策依据。建筑学针对城市问题有其自己的局限性，建筑设计作为城市设计的控制对象，大多就建筑设计谈设计，只关注建筑单体创作的自我表达，很少考虑到单体周边城市设计的维度，不论是技术层面，还是文化心理层面，甚至城市设计对于建筑控制的意义，也多数集中在对城市设计控制管理体系的感性上的质疑，而非理性的思考和分析。然而，建筑学在建筑社会学、建筑文化学、环境心理学等学科上悠久厚重的积淀为城市设计提供了丰富的理论和方法资源。建筑与城市公共空间不应只放在自身的环境之下,而应在城市设计中考虑,应是一种以城市形态而非个别建筑项目为对象的意识。

2. 城市设计与城市形态

城市形态指的是城市的空间、建筑、环境与人所共同形成的整体的构成关系。它直接反映了一座城市的结构形式和类型特点,反映了生活在其中的人们的历史图式,反映了城市的文化特征①。

这个定义表明,城市形态由有形形态和无形形态两方面组成。有形形态主要涉及区域范围内城市分布状况、城市用地的外部几何形态、城市内各种功能地域分异格局以及城市建筑空间组织和面貌等内容。无形形态则通常包括城市的社会、文化等各种无形要素的空间分布形式,如城市生活方式、文化观念和价值观念等形成的城市社会精神面貌、社会群体、政治形式和经济结构所产生的社会分层现象和社区的地理分布特征等。而人们通常认识的城市形态,往往指城市物质环境构成的有形形态,事实上这是狭义的理解,它是城市无形形态的表象形式。

城市规划经历了20世纪思想和形式的演变,其发展过程与城市形态以及城市设计紧密相关。卡米洛·西特(Camillo Sitte)曾用形态学来理解城市肌理,从而形成城市设计原则,或者称之为"基于美学原则的城市规划"。随后勒·柯布西耶在批判传统城市肌理的基础上提出了自己的现代主义方案,并广为追捧,至今仍影响着城市的设计和建设。但柯布西耶现代主义风格的城市逐渐被质疑,并受到简·雅各布斯(Jane Jacobs)等的批判。相应地,新传统主义的城市规划者开始基于对传统城市肌理的热衷提出当代设计方案。然而,一些当代的设计方案尽管以现代主义的失败为鉴,但实际上仍有可能出现不理想的效果,这不仅体现在大尺度的总体规划,也体现在那些有着围墙和大门的社区和自上而下规划出的整个新住宅区。雅各布斯和亚历山大的有些观点并没有引起足够重视。就城市总体规划发展来说,传统的现代主义和新传统主义之间的关键性斗争确实很大程度上是关于城市肌理的斗争:街道和空间的形式,其与建筑的关系,发展的规模和肌理以及其与城市文脉的关系。

基于这些争论的潜在前提是,城市形态和城市设计之间的良好结合可以产生更好的城市空间。与之对应,如果缺少两者之间的良好整合,则会导致不理想的城市化。这就是说,

① 徐苏宁,郭恩章.城市设计美学的研究框架[J].新建筑,2002(3):16-20.

如果城市设计师不能很好理解现有城市肌理的形态和功能，将难以发掘场所设计的潜能。

（1）有关城市空间营造的问题

第一个问题涉及在有关社会空间的问题中对城市设计感知的混乱，例如公益事业、社会和环境正义、生态可持续性、社会经济的多样性和公正性。卡斯伯特（Cuthbert）批评城市设计缺乏一种"将材料创新或城市空间和形态设计与社会的基本形成过程联系在一起的尝试"，而不应仅仅是符合可持续的市场理性。在如今的背景下，城市形态往往像是一种简单的私人利益的聚集，或者称其为"形态追随利益"。这种基于碎片和拼贴式的城市形成模式包含了形态和设计的积极结果和消极结果。

第二个问题是，城市设计作为"大建筑"，适应于当代的重建模式，包括大规模的多层平板建筑和作为标志物的高层办公楼和住宅区的开发建设。这种形式从经济学的角度来说也许可以接受，但从形态学的角度来看仍有待考量。这些体量宏大的项目的设计并不利于城市高质量空间的形成，甚至会导致传统城市形态和空间肌理的瓦解。而伴随着城市空间产权结构的复杂模式，更多的城市化失去了操作能力，城市肌理展现出来的是不再开放、不再多样化、不再协调的状态。

关于"大建筑"的另一个相关问题是出于对当代城市设计的误解，即从产品设计或图解设计的角度来理解城市肌理设计，把城市形态简单地认为是一种合成体或几何化的形式。这种对城市设计的释义过于强调形式的表面，因而不顾城市形式的集体质量，遏制了城市类型和类型学的潜在创造力。

第三个问题源于城市化的规划层面。勒·柯布西耶经典的论断——城市规划不是二维的，而是一种三维的科学，但在地区发展规划中对形式和空间的质量缺乏追求，以及规划中长期的"二维的用地模式"仍然是当今许多城市规划系统中的主要弊病。正如沃尔特斯（Walters）所言，这些问题的根源在于早期的空间规划改革通过断绝其对形式设计的依赖而自成一派。从1950年代后期系统规划（Systems Planning）的出现，到当代的例如渐进主义者、具有战略意义和环境意义的规划以及社会政策的视角等的规划变化，尽管这种变化可以认为是城市规划在日益增长的社会空间和政治复杂性的大环境中的自然演化，但至少从规划理论的视角来看，规划和城市形态正统理论在设计上存在断层，而后者主要关注的是人类聚居的物质形式属性。规划中的范例更新可以在空间展示的变化范本里找到影子，更多空间规划中的程序和概念的性质已经不再注重对中型城市形态的感知，是城市设计弥补了这个不足。

（2）城市形态和城市设计的媒介

城市设计的历史根源可以追溯到 1920 年代晚期的"城市建筑"和功能主义"城市化"，整个 1960 年代，城市设计被认为是弥补建筑和规划之间断层的学科。最近，城市设计已经变成了一种交叉学科的研究领域，并由那些有着建筑和规划背景的人来付诸实施。城市设计有时被看作是城市规划的一个专门的边缘学科或子学科，或是建筑学的延伸学科，或是可升级为一个专门的学科作为一个研究点，并出版专门的期刊。

与城市设计发展的同时，另一门关于城市空间和形态的交叉学科在各个欧洲学校同时发展着。虽然学术会议只是在一小部分带头研究的著作者之间召开，但是他们的研究方法适时地代表着各个城市形态学院。随着其对周边相关学科的凝聚力越来越强，城市形态组织 ISUF(International Seminar on Urban Form)从 1997 年开始出版了专门的学术杂志，将城市形态高度制度化。这项新研究领域的主要成就是它提供了一套系统化的基本概念以及各种不同的展现空间的方式和技巧，从城市形态的各种元素来理解城市形态和构造：建筑，地块和街道。这些可以被看成是针对传统现代主义的有力回应，有三个原因：第一，存在于已有文脉中的利益；第二，关注传统单元的设计，比如街道，甚至是地块（开敞式的现代主义布局方式通常不会考虑）；第三，带着对传统城市肌理的理解做设计，这在现代主义设计中是缺乏的。

在某种意义上，尽管其独立出现并作为对现代主义城市规划的不同回应，城市形态和城市设计的联系一直存在，至少是用某一种含蓄的方式存在，并且在一些案例中非常明确地显示出来。我们可以从新传统主义者和新理性主义者的设计项目中观察得到，如 Krier 兄弟，Katz，Duany，Plater-Zyberk 和 Calthorpe 等的设计项目。从形态学的观点来看，他们的创意模式源于对传统城市形态的类型学体系的理解。从这个意义上来说，努力理解城市设计的本质属性是任何城市设计过程中固有的，就像观察现存环境，相应地判断出设计面临的问题以及相关解决对策。

尽管从事实来看，城市形态和城市设计之间的关系已经形成，但从理论角度上看，这种联系仍然没有得到足够明确的关注，至今尚未系统化。理论有两个根本任务，第一个是理论对象的解释，第二个是对实践进行指导。最丰富的理论一定是对社会生活的发展进化最有洞察力的理论。由于城市本身以及人类活动的复杂性，城市设计的理论无法用一种理论概括，对城市的研究永远无法绕开经济、社会、科学等那些驱动城市发展的最根本的动力。城市设计在整个城市发展中有着越来越重要的意义,但对于城市设计的定位以及理论的探讨仍然是一个难题。

正如史蒂芬·马歇尔(Stephen Marshall)所说,城市设计的许多基础知识本身是相当系统和完备的,但通常这些知识被不加鉴别地纳入城市设计学科体系中,缺少在不同语境中对知识正确性和有效性的适当考察。所以我们不能一味地追求被纳入知识的数量,而应该更注重在城市设计理论体系中,对这些知识进行系统化的核查和批判性的吸纳。城市设计需要在自己的体系内强化理论,为未来创造更好的场所,而不是抛开本学科去踏足外围发展更完善的但无太多相关性的知识领域。城市设计作为一种无论是专业上还是思想上源于其他知识领域核心内容和实践的集中混合物,是一门逐渐独立和进化的领域,通过对这些知识和实践进行补充和整理,将这些理论形成相对清晰的知识领域,并发展属于本学科独有的理论拓展,赋予城市设计以新的意义。

1.3.2　实践环境①

虽然城市设计理论在我国已经得到越来越多的重视和研究,但面向实施的城市设计在其运作过程中仍然存在很大的问题甚至争议。利益纷争、急功近利、追求政绩等问题,导致城市设计在具体落实的过程中存在很多匪夷所思甚至极端浪费的现象。城市设计不仅要构想良好的设计方案,同时应在这个过程中为当地政府和管理部门提供符合城市发展需求的城市设计公共政策,从而将设计理想转化为可以引导和管理城市建设的行政依据。然而城市设计至今仍未依法纳入规划管理的程序之中,"无法可依"的现状使得城市设计的工作和成果在实际操作过程中面临着缺乏"权威性"和"合法性"的尴尬处境,这种制度化问题正是我国城市设计发展中的难关。一些西方国家对城市设计运作制度的研究已有几十年的历史,表现出对城市设计及其制度问题的高度重视。然而,由于城市设计的内部悖论和相对城市规划的自由性,即便是在英美等城市设计发展相对领先的国家,其运行过程的控制和审查制度仍未达到十分理想的效果,往往受到多方的争议和指责。

马修·卡莫纳(Matthew Carmona)在英国当今城市设计运行的分析基础上,将城市设

---

① 本节主要参考 Carmona M. Design Control: Bridging the Professional Divide, Part1: A New Framework [J]. Journal of Urban Design, 1998, 3(2):175-200.

计制度建设中的种种争议归纳为十个主题:干预与干涉、过程与结果、客观性与主观性、设计技能、设计创新、城市与建筑设计、民主与个体权利、已形成的文脉、"设计"解释、专业角色。这十个争议主题基本概括了欧美国家遭遇的制度困境,同样,这些争议也在我国城市设计的制度建设中有所反映,具体有如下表现。

(1) 合理干预与过度干涉

这是当地政府规划部门在控制设计过程中一直寻求的平衡。为了防止破坏性的城市建设,保证城市设计能够充分尊重城市的环境和文脉,规划部门或多或少会做一些指导城市设计的强制性规定。有些部门对设计提供非常详尽的控制要求,甚至具体到针对特定地块的设计方案;有些政府尽可能少地对设计做特定要求,设计人员和业主在追求设计和利益时获得更大的自由度。后者正是设计师或业主极力追求的,他们争取设计自由化和利益最大化,倾向于最小的政府干预,认为过度的控制会导致单调无趣的城市空间环境,不能由那些没有或者较少经过专业训练的行政人员执行强硬政策和导则,或是市政工程师们本着效率最大化的纯理性目标来控制城市设计。

这种争论带来了城市设计导则的地位问题。大多数地方政府和规划部门企图保证和强化导则的效力和权威性,以实现更为有效的设计控制,业主们和开发商则呼吁设计导则应该从强制性的规划文件中去除。在英国,每年都有大量的关于设计导则的业主上诉,希望借此减轻导则的权威性,使得设计政策和导则能够在表述上更加概括和灵活。

(2) 控制设计过程与设计结果

城市设计既是过程也是产品,控制过程的支持方认为对城市设计过程施行控制无疑有助于提高设计产品的质量,同时还能减少对设计导则文件的需求。他们十分重视评估基地环境、委任高水平建筑师以及规范设计方案成果表达等过程性环节,或其他形式的干预方式等。控制结果的支持方则认为应该对设计结果进行细节管理,通过严格细致的城市设计导则来控制设计成果。目前,西方国家的城市设计管理总体上越来越注重"过程"。

相对于控制结果来说,开发商和业主更反对控制过程。他们认为过分注重控制过程会带来项目审批的时间过长,影响经济利益,在市场经济的开发运作中会带来额外的运营成本。对此,控制过程的支持方则认为开发者应该将目光放得更长远一些,尽管对设计过程进行控制会带来一些额外的时间和经济成本,但会极大地提高城市环境质量,给设计带来更多的附加值,这是无形而长远的。

（3）客观标准与主观判断

主观性是设计控制争议中最常涉及的话题。很多设计师认为设计基本就是"审美"问题。而美学评价是一种基于个体阅历高度的主观判断，因此，"美学控制"一直备受诟病。政府部门坚持认为设计是一个比美学问题更为宽泛而综合的领域，关于城市设计的大部分评判是可以有客观标准的，尤其是针对场所文脉的评估以及设计预期目标的设定，通过借助一系列规划控制的技术性工具，如设计政策和法规、设计导则、设计要点等，对设计成果可以做出客观公正的指导和判断。

而对于开发者来说，他们反对设计控制的原因主要是主观性带来的不确定性。在英国，业主们抱怨审查过程太过细致导致效率低下，而且在控制过程中由于主观的不确定性导致的各种协商和决策的拖延影响了审批效率。因此，开发者们希望规划部门能够认识到这种控制导致的拖延给他们带来的经济损失。

（4）专业技能与大众审美

城市设计管理制度的不足还在于规划管理人员通常缺乏必要的物质形态设计技能来制定决策和进行设计评价。这一方面使得设计管理中主观性及个人喜好的影响增大，另一方面也导致管理者的职业地位和判断能力受到质疑。自规划教育从建筑教育中逐步分离出来以后，规划教育对物质形态设计的关注越来越少，使得这种消极局面被进一步扩大。不过这并非是一个不能解决的问题，尽管需要很长一段时间来促进规划教育体制的改革，以及强化地方政府工作人员的素质培养。但是指责规划管理人员缺乏设计技能的论断也遭到了批判，批评者指出，"外行"与"专业"人员在设计品位方面的差别正好可以帮助管理者做出合理的判断，因为管理者反映更加广泛的公众设计需求而不是追随专业设计人员。

与此同时，建筑设计师缺少城市设计教育，他们对城市文脉的忽视也是要求进行设计控制的合理理由。通常，设计师和甲方希望自己的开发能够从背景环境中突显出来，而规划管理者从当地居民及广泛的公众利益角度出发，坚持新开发要确保与其所处的环境相协调。

（5）设计创新与循规蹈矩

被广泛争议的问题还包括城市设计控制阻碍了建筑创意的表达，导致安全、没有冒险性的设计作品泛滥。很多人认为设计控制阻止了设计成果合理展示它的时代特征，剥夺了设计师自由创作的权利，鼓励了对建筑环境过去样式的简单复制。在他们眼里"规划管理行为已经远远超出了应有的职责深度,规划部门总是特别傲慢自大,频繁破坏一些敬业的、有想象力的建筑师的努力"。在这种情况下,管理部门经常被斥责为"建筑师"的压迫者。支持设计控制的一方则高度强调广大群众对于现代设计的基本不信任,这种不信任应该反映在规划管理行为中,因此设计控制必须(至少是部分地)执行并用于监督建筑设计的准入门槛,设计控制的作用更多是确保审批项目的设计水平至少保持在一个可以接受的程度上,而不是阻碍创造性设计者的创新能力。一些评论者反驳道:规划管理者对于导致沉闷的建筑设计有很大的责任,因为"标准"而不富于挑战的答案总是更加容易获得规划许可,具有创意的设计总会成为规划审查委员会仔细审核的对象,并且因此延长了审批时间、增加了额外费用;乏味的"传统"解决方案比较容易通过审查,这样做只会造成空间环境创新潜力的丧失。

(6) 城市设计与建筑设计

城市设计管理的内容不仅仅局限于建筑,但是许多制度争论却都聚焦在建筑设计问题上,因此很多评论家支持更加广义的"城市设计"概念,认为城市设计要面向更广阔的城市环境,包括城市空间、密度、布局、景观、可达性以及建筑外表标准等,这个理念转变获得了包括设计师和规划师在内的大部分人的支持。城市设计逐步从专注于"城镇景观"、标准化的功能用途,走向更加广阔的设计、感知和环境概念,从而慢慢被政府认识并加入城市政策之中。对于低质量的城市建设,开发商和地方管理者同时负有责任,其原因可归咎于开发商对短期利益的追求和规划空间布局过度依赖标准化的路网体系等。由于道路工程非常技术化,不太重视艺术审美,道路工程师设计的简单方格式路网频繁成为批评者的笑柄。尽管很多城市都在尝试通过增加协商来提高道路系统的设计水平,但这种协商一次又一次覆盖同一块地,花费了大量时间和金钱,最终采纳的结果却仍然是那些简单、标准、花费较少的路网方案,可见要解决这类问题并非易事。

(7) 民主决策与个人权利

多数政府已经接受了城市设计管理能够在提高设计质量的活动中扮演积极角色的观点。这种角色是民主的,它反映和整合了公众要求。规划和建筑如此重要,不能只留给专业设计者去做,必须要有一个黄金规则,使我们大家都涉及其中。公共干预的"公平性"和"民主性"对保障设计质量仲裁的合法地位具有重要意义。虽然好的设计离不开优秀的设计师,但场地的直接和间接影响者的要求不能被忽视,因为建筑和城市设计是一种公共艺术,它长期作用的对象主要是地方居民,而不是设计师、开发商或者投资者。地方居民必须和新完成的开发项目生活在一起,每天接受它的影响。但建筑师从争取自由表达权利和保护财产所有者自由处置财产的权利出发,认为"社会公众通常并不懂得建筑设计的真实意图,没有人关心建筑师所想,那根本没有甲方的想法重要"。尽管有批评家指出,美国的设计审查只不过是基于大多数人的文化价值观的"暴政",与保障自由权利的第一权利修正案相冲突,但美国法庭一直在支持增加设计导则,通过公共政策或者法令对设计进行控制的做法。

(8)历史文脉与开发控制

已颁布的设计导则一般都强调要保护"历史文脉",设计评价(及干预)都反对那些否定或诽谤历史文脉的行为。在这种观点的倡导下,历史文脉控制的两级系统被发展出来:历史保护区和可重新开发的区域。然而,设计师和开发者大都认为历史文脉虽然很重要,但不应作为限制当代开发建设的生硬工具。他们认为,保护城市历史文脉的规定常常被规划管理人员当作加大设计控制力度的依据,而不是出于对提高设计质量的真正关心。事实上,在英国,规划师和城市规划委员会倾向于强调历史文脉的重要性,以不断延伸和强化设计控制工具的效力,从而获得比政策规定要多得多的管理权力。这些反对意见表达了设计师希望少些"细节"设计控制的内在需求。与此相反,为维护城市环境的宜居性,很多评论者认为应当充分认识历史文脉的价值,对尊重历史、保护"熟悉和珍爱的地方景观"的法律规定也给予了强有力的支持。

(9)导则解释与语言歧义

尽管城市设计法令或导则要求语言上的精雕细琢,以防止模糊、含混和歧义的产生,但城市设计法规和导则在解释上的出入似乎无法获得根本性的解决。从单体建筑到公共空间,设计标准总是不可避免地在不同尺度上被解释应用,有时是细节上,有时是总体上,导致设计准则的释义视角时大时小。此外,无论多么精细的语言思考,也仍然存在多重解释的可能,设计语言的多种解释造成了设计控制过程中时间、精力和经费的巨大浪费。比尔认为,在制定决策的过程中,所有重要角色之间的交流是一个非常困难的过程,因为不同角色常常关注着不同的内容:建筑师谈论设计;开发商议论商业机会;市政工程者论述技术水平;规划者述说政策;等等。很明显,每一个职业都有自己的专业术语,这些术语都有可能不被参与决策的其他人理解。或许利用不同学科来解释不同领域的设计术语,可以减少设计控制中有关政策和导则歧义的争吵。

(10)专业角色和多方参与

城市设计是一个多方参与的实践活动,它的成功或失败与参与其中的所有角色息息相关。在设计和开发过程中,不同参与者对城市设计产生的影响和拥有的权利很少是平等的。举例来说,只有很少的审批项目能够完全由公共部门来决定建设质量,事实上,项目的优劣很大程度上取决于开发商和投资者愿意为设计质量付出多大的努力。如果没有开发商和投资者的支持,设计控制系统的不断加压,只会导致产生更多的平庸之作。在自由市场中,左右开发建设的力量主要还是利益驱动,因此设计干预是保障公共利益和开发水平的重要手段。也有少数开发商和投资者认为,设计控制能够帮助他们保持投资的长远价值,因为在长期的经济运作中,环境建设质量肯定会成为确保财产增值的积极要素。与此同时,公共政策中的各种设计限制,可以给建筑师提供有力的理由来抵制甲方的错误想法,这些甲方通常只在谋划如何以最高价格销售出最低廉的建筑以获取最大利益。因此,鼓励城市设计活动的多方参与,对充分发挥设计开发过程中所有参与者的作用具有重要意义,这是当前城市设计管理的最新任务。

1.4　研究内容与研究方法

1.4.1　研究内容

控制是贯彻城市设计意图的主要方法之一,也是城市设计运作的重要管理工具和有效策略。在城市设计的运作中,"控制"的内容应包含三个方面:第一,城市发展和社会要素对城市设计形成的过程和作用的控制;第二,城市设计在运作过程中的自我调整的"自控制",包括自上而下的技术的、行政的决策过程和自下而上参与和反馈的过程,是一个目标、手段不断调整优化和互动的过程,汇集了大量专业和非专业的观点博弈和利益妥协;第三,城市设计对后续具体的工程设计及其实施的控制。本书所研究的控制并非是狭隘的限制和禁止,而是全面的控制,其中包括积极的刺激和干预,之所以要建立城市设计的控制系统,是要对城市设计的整个制定和实施程序做进一步完善。

另外,本书对于"设计"的概念,主要是指影响城市空间发生、发展的层次上和类型上的内容,立足于一般意义上的城市规划与城市设计、建筑设计基本范畴的统称。城市设计控制系统中的"设计"主要是指由规划管理视野区分出的"面向实施的设计",但其"设计内容"本身并不是本书研究的主要对象,本书关注的是和"控制"有关的"面向设计的设计",以及设计过程的控制,归纳为两方面:

一是通过对"设计的设计"的研究,分析"控制内容"的合理性,更多关注的是控制内容和规划管理的互动,而不是它们本身的编制技术。

二是这些"控制内容"又通过一个合理的机制运行来控制"面向实施的设计",也就是说关注二者的"连接",进而引入控制论原理对这种"连接"机制进行逻辑分析。

基于此,本书首先在城市设计的认识基础上,分析了城市设计控制性思想在历史建设中的演变,并以英、美两国为例介绍了现代城市设计中的控制实践。

其次,从基本认识和核心目标上明确城市设计控制系统理论建构的前提和方向,进而进入控制论的概念和方法,建构较为完整、理想化的城市设计控制系统概念模型,并明确该模型的应用范畴,以及模型的预测价值。

再次,在系统梳理城市设计运作过程的基础上,以控制论的视角具体分析城市设计控制系统中的各结构性要素,从而建立城市设计运作过程的控制系统。

最后,结合我国城市设计运作的实际问题,以控制论的视角论述了现有机制存在的缺陷和不足,从我国城市设计的运作和体制特点,提出了基于控制论原理控制系统优化策略,并从各个结构性要素进行专项论述。

1.4.2　研究方法

城市设计过程控制的研究是城市科学的一个重要组成部分,是一个众多学科共同参与的研究领域,体现出很强的开放性特征,呈现出多角度和多阶段的进展状态,研究方法也趋多元化,各种研究方法都有其合理性和局限性,根据本课题的具体要求,本书采用的研究方法包括:

(1) 学科交叉

英国社会科学研究委员会(Social Science Research Council)将城市设计定位于"建筑学、景观建筑学与城市规划的结合部",是"源自建筑和景观建筑的设计传统,以及当代规划的环境管理与社会科学的传统"。不过,城市设计实际包含了大量的原则与活动,这也促使了罗伯·考恩(Rob Cowan)提出了如下问题:

"是否有一种专业能满足如下要求：能充分阐释政策，评估地方经济和房地产市场，能形成结合了土地利用、生态、景观、地形现状、社会要素、历史、考古、城市形态与交通等诸多方面来评估一块土地的评价体系，组织并推动居民的参与，形成设计原则，最终推动城市的发展进程？"①

最好的框架或者总体规划是一群具有不同技能的人合作的结果，城市设计也因而天生具有合作与跨学科的特征，是一种全面的、集合众多优秀技能和经验的整体方法。

（2）分析与综合

分析是把事物的整体或者过程分解为各个要素，分别加以研究的一种思维方法和思维过程，是"化整为零"的方法和过程；综合则是在思维中把分解开来的各要素、各阶段结合起来，组成一个整体的思维方法和思考过程，是"积零为整"的方法和过程。两者相结合，就是将事物分解成组成部分、要素，研究清楚了再整合起来，事物以新的认知形貌来展现。本书就是通过对城市设计理论和实践的分析，对城市设计控制系统进行分析与综合的研究过程。

（3）比较研究

对比研究的目的是采用共时性横向比较与历时性纵向比较等方法，通过分析研究各国规划体系和城市设计运作体系的不同特点，找出其内在关联性，发掘背后的城市设计控制系统。

（4）文献研究

文献研究方法是指通过对相关的重要论著和评论等文献资料进行综述、分析、比较和综合的系统研究方法。对于一门尚未成熟的学科，每个人站在不同的角度都会有不同的看法，但往往从一个侧面很难窥见问题的本质，这就需要我们对纷繁复杂、观点角度各异的文献资料加以研究分析。

---

① Carmona M，Heath T，Tiesdell S. 城市设计的维度[M]. 冯江，等译. 南京：江苏科学技术出版社，2005.

2 城市设计控制思想的历史演变

"作为控制手段而开始的东西,最终却变成了社会的融合和理性的观念。"

——刘易斯·芒福德《城市发展史:起源、演变和前景》

2.1 城市建设历史中的控制思想

城市设计一词于 20 世纪 50 年代后期出现于北美,作为一种"设计城市"的理念一直就存在于人们建设领域的历史传统中,只是由于现代城市规划对于城市各类空间问题的"缺位"促使了人们反思,进而引起对"设计"的关注。控制的思想则更早地存在于人们建设与治理城邦的内在行动与思维逻辑中。在城市的形成之初,古老的村庄文化逐步向城市文明退让,这种城市文明就是创造与控制的综合。国家的产生伴随着城市建筑领域的主动控制思想,集中体现在统治阶层或少部分社会精英为了体现国家管理社会的意愿或所代表的阶层意志,利用权力通过一些物化的手段从基本的安全、健康到统治、防御、宗教、社会、经济等多方面,形成城市建设背后错综复杂的"控制网络",从战略意义的整体构想到战术意义的详细运作,完整体现设计和控制的意图。从城市建设的角度来说,任何时期的面向实施的设计,除了设计师自身的专业背景和价值观念,从建设到后期的演变,都无法避开社会环境、政治环境、制度法规等因素的制约。

美国首都华盛顿中心区城市设计(图 2-1、图 2-2),由生长在巴黎的建筑师皮埃尔·郎方(Pierre Lenfant)主持设计,为了体现当时美国城市美化运动的理想,抛弃了美国式的由土地测量师划分城市用地的方法,而是将华盛顿规划成一个宏伟的方格网加放射性道路的城市格局,结合自然地形地貌等条件,成为至今世人仍为之称道的城市设计。然而华盛顿清晰的空间秩序经过了百年的洗礼仍然维持着良好的形态和格局,其最主要的功劳是由于当时华盛顿市规划部门做了全城建筑不得超过8层的高度、中心区建筑不得超过国会大厦的规定,尽管地产业进行过多次的游说试图突破这一高度限制,但这些年来这项管理措施仍然严格控制着该区的城市建设,建筑师们在此项规定的限制下仍做出了大量优秀设计。

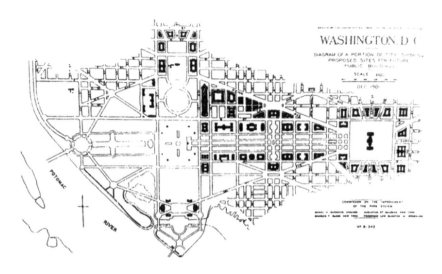

图 2-1　1901 年郎方和麦克米兰委员会编制的华盛顿中心区平面

图片来源:王建国. 现代城市设计理论与方法[M].南京:东南大学出版社,2001.

图 2-2　国会大厦轴线

图片来源:http://www.planners.com.cn

历史上的城市都是在多重控制和约束环境下形成的。城市形成之后,控制性思想在最初的宗教礼仪或皇权的统治中已有最为明显的体现,从一定意义上来说,庙宇和宫殿一方面作为城市中心,其实也是城市的控制中心,并十分显著地展现在城市的设计和城市形态中。就如米尔恰·伊利亚德(Mircea Eliade)[①]所说:宇宙的轴枢正好穿过庙宇。而在城市过渡进程完成之后,城墙的出现一方面作为战争时期物质性的防御壁垒,另一方面也是重要的城市边界形态和市民生活的行为控制和精神控制的典型物化形态。法国沿海城市加来(Calais),于1346年被英格兰的爱德华三世占领,并建立了一个据点以控制用武力夺取来的领土(图2-3)。在不列颠统治的两个世纪里,这个城市转变成了一个行政性的要塞。有形的硬质边界帮助统治阶级更好的控制,再加上宫殿和庙宇的神圣权利,帮助城市成为强大神

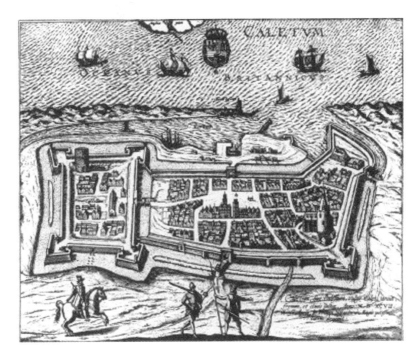

图 2-3　法国加来(Calais)城墙雕版图

图片来源:Salat S. 城市与形态:关于可持续城市化的研究[M]. 陆阳,张艳,译.

北京:中国建筑工业出版社,2012.

---

　①　米尔恰·伊利亚德,1907—1986年,罗马尼亚宗教史学家、学院派小说家,1956年任美国芝加哥大学宗教系主任和教授。著有《神圣的存在:比较宗教的范型》《宇宙和历史》《永恒回归的神话》等。

祇的家园,使城市成为一处"圣界",使得人们的城市生活有了一个共同基础,法律和规则使人们的行为趋向统一。正如芒福德所说:"作为控制手段而开始的东西,最终却变成了社会的融合和理性的观念。"

2.1.1 "经控制"与"未经控制"

一直以来对城市发展的最原始的分析是将城市分为两类:经规划的城市("自知"的设计)和未经规划的城市("不自知"的设计)。前一类是按照人为的作用,城市结构被某一阶层或个人的意愿按照一个理想的模式一次性确立,并以一种法定的规划设计准则使其实施,表现为"自上而下"的设计模式和规则的几何城市形态。后一类是根据地缘或民俗等某种突出的"客观因素"或"自然因素""生长而成",没有人为的统一的设计思想,而是根据地貌或人文因素累积形成的城市,表现为"自下而上"的设计模式和不规则的"有机"的几何城市形态(图2-4、图2-5、图2-6)。"不规则的城市是当实际居住在这块土地上的人们全权掌管城市时所形成的形式。如果某个统治机构在将土地交给使用者之前预先进行过分割的话,那么相

图 2-4　四川甘孜州色达县五明佛学院

图片来源:travel.qunar.com

应就会出现另一种统一模式的城市。"①从这个角度看,这就是一个关于规则以及规则的必然结果——控制的问题,对城市的规划很大程度上其实就是对城市的控制。

图 2-5　位于奥地利上奥地利州萨尔茨卡默古特地区自然生长的小镇 Hallstatt

图片来源:笔者自摄

受后现代主义建筑和城市运动的影响,人们越来越着迷于那些似乎未经规划不受控制而形成的"有机"城市。然而,"一个近年来学术界不断论证的观点认为,晚期中世纪城市远非像它们表面所表现的那样是在未经过人为控制的情况下形成的。我们已经充分了解到,城市历史上曾经出现过不少获得大力推广的建筑规范,也有不少为确保公共空间的完整统一而设立的控制条例"②。美国历史学家斯皮罗·科斯托夫(Spiro Kostof)在研究中世纪的街道时也曾指出:"完整和美观的街道设计出自官方之手。"③意大利佛罗伦萨的街道(图 2-7)以"美丽、宽阔和笔直"而著名,而这种设计自 14 世纪以来就已开始采用规范条例进行控制,是政府有意控制的结果。1349 年"塔楼官方机构"的主管部门要求重要的大街必须建成统一标准的拱门形式,这些标准在 15 世纪得到了广泛应用,由专业工人制定建设标

---

① Castagnoli F. Orthogonal Town-Planning in Antiquity[M]. Cambridge, Mass:MIT Press,1971: 124.
② 斯皮罗·科斯托夫. 城市的形成[M]. 单皓,译. 北京:中国建筑工业出版社, 2005.
③ 斯皮罗·科斯托夫. 城市的组合[M]. 邓东,译. 北京:中国建筑工业出版社,2008.

准细则,并通过立法成为管理的依据。同时,城市长官要求新建街道与相邻房屋的界面保持一致,使街道正面保持笔直。随意建造的行为被强制改正。甚至法律对某一条街道具体规定"所有房屋长度必须缩短"。

图 2-6　爱琴海 Santorini 岛,顺应自然地势形成的极富特色的建筑群形态

图片来源:笔者自摄

图 2-7　意大利佛罗伦萨城区鸟瞰

图片来源:笔者自摄

　　再以锡耶纳(Siena)为例(图 2-8、图 2-9),不同于佛罗伦萨街道的视觉清晰性,其城市街道所呈现的是流动的曲线美学。很多年来,学者们普遍认为锡耶纳广受赞誉的城市形式是在不断填充和巩固自然地形的过程中随机形成的。中世纪锡耶纳的城市景观被人们用作例证,以反对那些由规划师和政治家强设的无视地形地貌和乡土民情的专制型的规划方案。甚至芒福德也认为,锡耶纳是"有机规划在美学和工程学上的卓越例证"。但以科斯托夫为代表的研究者仔细研究锡耶纳产生和发展的前后经历之后,发现其城市形态是设计的结果,甚至认为,在中世城市当中,锡耶纳是经过最严格控制的一个。锡耶纳政府为了完善和发扬城市的不规则"有机"布局,制定了确保公共空间的完整统一的控制条例。1934 年的城市议会特别强调:"为了锡耶纳的市容和几乎全体城市民众的利益,任何沿公共街道建造的新建筑物……都必须与已有建筑取得一致,不得前后错落,它们必须整齐地布置,以实现城市之美。"当锡耶纳的邻居和强大的竞争对手佛罗伦萨已经开始热切地在街道设计中体现典型

图 2-8   意大利锡耶纳城市广场

图片来源:斯皮罗·科斯托夫. 城市的形成[M]. 单皓,译. 北京:中国建筑工业出版社,2005.

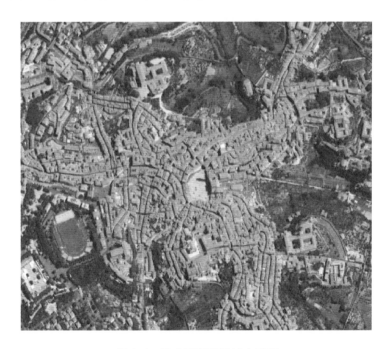

图 2-9   意大利锡耶纳城市平面

图片来源:谷歌地图

文艺复兴式风格时,锡耶纳却一直珍视着它们的哥特式曲线美学①。就如美国建筑师克里斯托夫·亚历山大(Christopher Alexander)所论述的:"约翰·拉纳在《1290年到1420年意大利的文化与社会》一书中指出过,中世纪意大利有机发展的形态特质,并不是凭着灵感或者建筑师的个人行为而偶发出来的东西,它们的形成过程是依赖一套'规则'和'法律'。每年,由一个公民组成的团体来负责审查执行情况,他们有责任依据法规来拟定一些营建计划,这和我们今天的编制规划并实施之有很大的相似之处。"②

由上分析我们可以得知,尽管有些城市在形成过程中总体以一种"自下而上"的模式发展和演变,并呈现出一种和谐而有秩序的"有机"的城市空间和形态,但无论这些"有机"的城市结构形态看上去多随意,都不是真正意义上的"未经规划的城市"。没有一种城市建筑和公共空间的形成过程不受到当时的社会、观念、经济、政治等因素的限制,这些设计的背后都存在某种秩序,这些秩序是在过去的使用情况、地形特征、长期形成的社会契约中的惯例,以及个人权利和公众愿望之间的矛盾张力的基础上建立起来的。这些限制因素以一种隐性的方式成为城市建设过程中的控制思想和规则,并碎片化地整合在城市长期的建设过程中。除此之外值得注意的是,控制环境和控制机制总是因为朝代的更迭随着各个时代统治阶级深层价值观的改变而演化,每一个时代背后"隐含的力量"或多或少仍存在于或影响着现今的城市形态和肌理,因此我们今天所看到的许多城市尤其是历史悠久的大城市,已经是经过了历史上无数次"控制"积累的结果,而且这个结果是无法复制的。

2.1.2 主动控制——作为权力统治工具

城市化是一个过程,它随着文化因素的发展而开始。在城市最初聚合的过程中,若没有城市的宗教效能,仅凭城墙是不足以塑造城市居民性格特征的,更不足以控制他们的活动,因此宗教很大程度上起到了根本性的作用。无论是神权或世俗特权,均由于吸取了文明时代的各种新发明而变得膨胀起来,于是有效地控制环境的组成部分就成为一种客观要求,这种要求又将额外的权威赋予那些致力于敬神活动或致力于控制权术的人③。而世俗权力同宗教神权的融合,使得城市具备了新的形式,庞大而令人生畏,并且把社会分化、职业分化同

---

① 斯皮罗·科斯托夫. 城市的形成[M]. 单皓,译. 北京:中国建筑工业出版社,2005.

② 亚历山大 C,等. 俄勒冈实验[M]. 赵冰,刘小虎,译. 北京:知识产权出版社,2002.

③ 刘易斯·芒福德. 城市发展史:起源、演变和前景[M]. 宋俊岭,倪文彦,译. 北京:中国建筑工业出版社,2004.

统一、整合的城市发展过程结合在一起。王权制度扩大了僧侣阶级的职能,使僧侣阶级处于社区的支配地位,王权统治也在各地大型庙宇中显示出来,唯有国王或皇帝才拥有充足的资源进行建设。这种僧侣阶级掌管着时间和空间,预言节令性的大事件,这种控制时间和空间的人,自然也就控制着城市建设,控制着民众的生活。正如林奇认为:"最初的城市是作为礼仪中心——神圣的宗教仪式的场所而兴起的,它可以解释自然的危害力量并为人类利益而控制它们。"

印度在早期的城市建设控制思想中关于礼仪和宗教的表现尤为明显。其建城指南完整而规范,并将城市形态设计成"曼陀罗"形式,作为土地分配等的控制围合。曼陀罗,意译为"中围",原是印度教中为修行需要而建立的土台,是密教传统的修持能量的中心,修习秘法时的"心中宇宙图"。为了显现宗教所见之宇宙的真实,所做的"万象森列,圆融有序的布置",一般为正方形或圆形。宗教的"曼陀罗"形式体现在城市形态中(图2-10、图2-11),由闭合的环线组织成方形,中央的正方形最重要,被重重围合作为圣地;其运动路线被控制成由外向内,或顺时针方形围合,一旦这一形态结构实现,

图2-10 印度马杜赖城市平面

图片来源:斯皮罗·科斯托夫. 城市的组合[M].邓东,译. 北京:中国建筑工业出版社,2008.

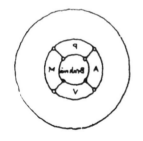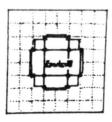

图2-11 印度曼陀罗城市结构平面

图片来源:王建国. 现代城市设计理论与方法[M].南京:东南大学出版社,2001.

该城市被认为是神圣的,宜于永久居住的,这种思想一直影响到印度现今的城市设计①。

在古代美洲的特奥蒂瓦坎古城(图 2-12、图 2-13),是哥伦布发现新大陆前位于美洲的一个重要政治和宗教活动中心,被认为是"众神创造的城市"。在印第安传说中,他们崇拜的第四代太阳不再发光了,地球被笼罩在一片黑暗之中,人间万物生灵面临着毁灭的危险;宇宙的诸神降临到特奥蒂瓦坎,燃起了篝火,地球又一次见到了光明,万物复苏,生灵获救。为了感谢诸神而建造的"死亡大道"位于城市的中心,长约 3 千米,宽 40 多米。金字塔、庙宇、亭台楼阁以及大街小巷匀称地分布在死亡大道的两侧。其建筑物的布局按照几何图形和象征意义来规划控制,太阳金字塔和月亮金字塔造型为四边形层叠平台,每层向上收缩,当作神殿和祭坛。特奥蒂瓦坎古城的布局是一种典型的宇宙秩序的象征,人们欲控制宇宙秩序使其稳固,城市的宗教礼仪和物质形态就成为其主要工具——心理的、而非物质的武器,最终以城市建筑的形式作为其物化的体现。在我国,夏、商、周三代确定城址时,也用了占卜"作邑"的方法决定城市设计,这种"作邑"不只是建筑行为,也是政治行为②。

图 2-12　特奥蒂瓦坎古城死亡大道轴线

图片来源:https://baike.so.com/doc/6010381-6223368.html

---

① 王建国. 现代城市设计理论和方法[M]. 南京:东南大学出版社,2001.
② 张光直. 中国青铜时代[M]. 北京:生活·读书·新知三联书店,1983.

图 2-13　特奥蒂瓦坎古城金字塔

图片来源：https://you.ctrip.com/sight

　　1723 年由家族建筑师巴尔塔扎·诺依曼(Balthasar Neumann)所创作的德国城市维尔茨堡很好地诠释了城市中无处不在的统治权力(图 2-15)。维尔茨堡在薛恩波(Schorborn)家族的控制下，整个城市的建设形成了一个浩大的巴洛克系统。从这张地图海报中可以看出这座城市和统治家族之间的联系。

　　在我国，古代对建筑形制和城市布局的控制同样作为统治阶级维护封建等级秩序的工具。这种社会礼仪制度体现在城市布局的最早记载是《考工记·营国制度》，"匠人营国，方九里，旁三门，国中九经九纬，经涂九轨，左祖右社，面朝后市，市朝一夫"，体现了统治阶级对城市建设"自上而下"的控制思想和"礼制城市"在物质环境上的空间概念(图 2-16)。由此可见，我国古代的政治统治需要是传统城市建设控制性思想的最基本因素。与《考工记》记载的王城规划形制基本符合的明清时代北京城，以不同等级的建筑群体的尺寸来反映统治阶级权利与秩序，并以宫城的尺寸确定城市规模(图 2-17)。宋以前各朝均实行里坊制度(图 2-18)，其精髓在于通过对城市居住结构的控制，控制居民日常活动的时间和空间；清朝则实行旗、民分城居住，以维持满族的皇权统治和社会地位。可见，在古代对城市布局和

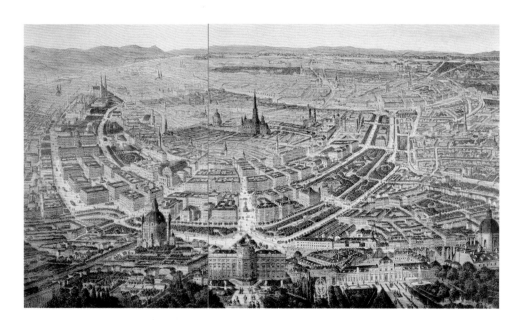

图 2-14　维也纳(Vienna),1873 年由 G. 维斯(G. Veith)创作的鸟瞰图

图片来源:斯皮罗·科斯托夫. 城市的形成[M]. 单皓,译. 北京:中国建筑工业出版社,2005.

图 2-15　城市对统治权力的反映:德国城市维尔茨堡(Würzburg)的地图

图片来源:斯皮罗·科斯托夫. 城市的形成[M]. 单皓,译. 北京:中国建筑工业出版社,2005.

建筑形态的控制,作为社会公共事务的一种力量,也是一种社会控制的手段,维护等级秩序以取得稳定。无论是城市的分布还是城市的规模,或是城市内部的布局都是如此。各类城市几乎都是各级政权机构的所在地,从而形成了首都—郡治—县治的体系结构,自宋代以后,则完善了首都—省会—府(州)—县的体系。城市的规模也出现同样的等级序列。从而城市无自治权和无法定的独立地位,长期处于封建中央集权的牢固控制中,各级政府向下逐级管理。城市中的商人和手工业者也处于这种严格的封建统治的等级秩序控制中,没有独立的阶级地位和阶级意识,没有所谓的市民权利的发挥。"礼仪"在建筑形制上的体现则是用材模数、材料质量和尺寸大小等,从而产生了传统建造技术的定性化和标准化,实行预制构件和装配的建造方式。所谓的"材分八等,依照建筑等级高低选用之",以确定建筑或建筑群的规模、高矮,说明对建筑模数的控制就是对礼制等级的控制,"因建筑逾制而致祸的,代不乏人"。

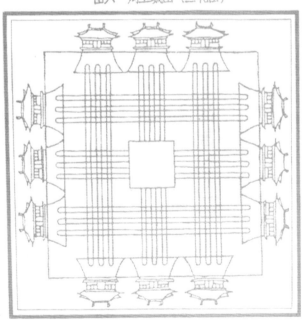

图 2-16　周王城规划

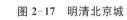

图 2-17　明清北京城

图片来源:阿尔弗雷德·申茨. 幻方:中国古代的城市[M]. 北京:中国建筑工业出版社,2009.

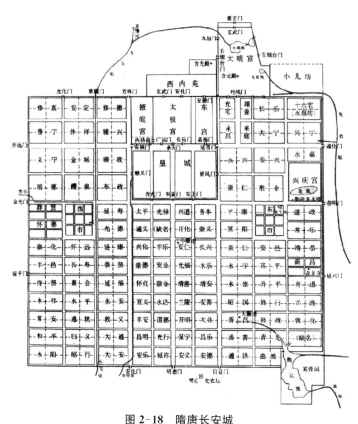

图 2-18　隋唐长安城

图片来源:潘谷西. 中国建筑史[M]. 北京:中国建筑工业出版社,2004.

　　对我国古代依照"礼仪秩序"建造城市的第一次进行最为完整的典籍记载是北宋时期编著的《营造法式》,其编撰者李诫以他个人十余年修建工程的丰富经验为基础,参阅大量文献和旧有的规章制度,收集工匠讲述的各工种操作规程、技术要领及各种建筑物构件的形制、加工方法,制定了城市建筑控制标准、建设目标和实施过程等。李允鉌在《华夏意匠》中指出:"以编撰《营造法式》著名的李诫主要身份是建筑官员而非技术性的建筑师,他监管建造了许多政府工程,'监管'是他的一项重要职责。"[①]放在现代社会中来看,李诫的主要职责就是负责城市设计的运作和管理,《营造法式》则是作为当时城市建设制度控制的规范,尽管其中有很多的技术内容,但人们将其看作是制度,而非技术。具有同样作用的还有清朝的《工

---

①　李允鉌. 华夏意匠[M]. 天津:天津大学出版社,2005.

程做法》,类似于当时的法定规划,为制度性的《钦定大清会典》服务,共同作为清朝时期城市规划设计的控制基准。徐苏斌更进一步指出:"《营造法式》以具体的做法和当时的政治制度配套,构成了中国建筑的基础,没有国家能像中国一样配套得如此完善。""到目前为止,对《营造法式》的研究主要侧重于建筑技术层面,如和制度相结合则更有意义。"①

2.1.3 被动控制——作为城市治理工具

当城市发展到了一定阶段,城市内部人口的暴增超出了城市的负荷,逐渐呈现出混乱的状态,同时夹杂着暴力、堕落、脏乱等严重的城市问题。罗马的繁荣和解体过程为我们提供了绝好的例证。罗马帝国是单纯扩张城市权力中心的产物,甚至其本身就是一个规模宏大的城市建设企业(图 2-19、图 2-20),但城市的过度发展引起了功能丧失以及经济因素和社会因素的失控,由于其缺少内在的控制系统,使得城市呈现出了病态性的过度发展,导致了严重的人口拥挤和卫生问题。芒福德在《城市的发展史》中用了大量的篇幅描述了罗马帝国

图 2-19 古罗马城下水道

图片来源:http://courses. washington. edu/tande/urb/

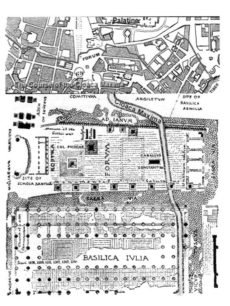

图 2-20 古罗马城下水道平面

图片来源:http://www. vroma. org/~jruebel/cloaca. html

---

① 徐苏斌. 中国古建筑归类的文化研究[J]. 城市环境设计,2005(1):80-84.

逐渐腐朽而堕落的状况；罗马城的浩大、贪婪使这座城市走上了自行毁灭的道路，而且从未满足过自身的需求；罗马城的贫民公寓是16世纪以前西欧最拥挤、最肮脏的建筑；16世纪时，建筑空间超密集使用、房屋过度拥挤，从那不勒斯到爱丁堡，已成为普遍现象；这些建筑物没有供暖设备、排水管和冲水厕所，不适宜做饭；它们容纳了数量过多的狭小憋闷、过度拥挤的房间，及其缺少日常生活的必需设备，致使人们根本无法从当时经常发生的火灾中安全逃脱。

　　人类文明一代代的兴衰，实现了一次次地对权力的集中控制，然而迄今大城市的人口发展仍然是一个难以解决问题。尤其在工业革命之后，城市化的进程被极大地促进，城市人口急剧膨胀。在1600年，英国只有2%的城市人口，而到了1800年，就有20%的人口居住在城市中，到了1890年的人口普查时，城市人口已经占了全国的60%。伦敦在1801年时其人口为100万左右，到了1901年就发展到了650万，而工业城市曼彻斯特在同期内增长了8倍。城市的遗存被无序的建设代替，城市各运行系统不是协调运作的，城市形态的变化源于量的扩张，并以应付人口的快速积聚和承载人口集聚导致的城市功能的随机变化为主要目的。环境的严重恶化便是这种变化的结果。新的城市综合体里的主要组成部分是工厂、铁路和贫民窟，其中大量在死亡线上挣扎的悲惨人群作为工业城市运行的劳动力储备。噪声污染、空气质量恶劣、卫生状况低下、拥挤的劣质住房等，违反了人类生命最基本的生理水平要求（图2-21、图2-22）。利物浦1/6的人口生活在"地下室"。其他城市高密度、背靠背的居住形式也非常普遍。

图2-21　工业革命时期被严重污染的城市环境

图片来源：http://www.dailypublic.com/articles

图 2-22　城市内部拥挤而脏乱的贫民窟

图片来源:斯科特·拉什,约翰·厄里.组织化资本主义的终结[M]. 征庚圣,袁志田,等译.
南京:江苏人民出版社,2001.

到了 19 世纪末,除了工业革命的冲击带来的环境问题,市场经济的初步建立使得大量
的资产阶级不顾一切地追求个人利益的最大化,并以牺牲城市"公共利益"为代价(图 2-23、
图 2-24)。没有公园、广场和花园等公共空间,河流被用作敞开的下水道(如在伦敦,导致了
著名的 1858 年的"伦敦大恶臭")①。房地产商和建筑商在每一块土地上尽可能建造更多的
住房,这对于有效的交通和其他基础服务都没有益处。城市的快速化扩张带来的城市问题
给工业革命时期的城市社会甚至整个经济制度的稳定发展都产生了极大的阻碍。尤其是十
九世纪三四十年代蔓延于英国和欧洲大陆的霍乱被确认为是从贫民区和工人住宅区开始
的,则更使社会和有关部门惊恐,政府对病入膏肓的城市建设不得不采取了严格的控制。为
了保证公共利益,政府采取了直接而刚性的控制手段——规定所有建设者必须遵守法规,以
单一的技术手段和管理方式,以统一的政策手段对城市建设的管理采取一刀切的控制模式,
体现了当时对维护城市安全、健康的迫切心态。

---

① 斯科特·拉什,约翰·厄里.组织化资本主义的终结[M]. 征庚圣,袁志田,等译.南京:江苏人民出版社,2001.

图 2-23　1897 年伦敦交通　　　　图 2-24　美国芝加哥 1909 年中心商业区的景象

图片来源：孙施文. 现代城市规划理论［M］. 北京：中国建筑工业出版社，2006.

　　以英国为例，19 世纪中叶开始，英国政府开始加强对工人阶级住房进行控制和管理，进而对整个城市中的住房进行控制和管理。1844 年，英国皇家工人阶级住房委员会成立，同时还有许多学者开始关注工人的居住问题。随着整个社会对工人居住问题更大范围的关注，住房改革不断推进，国家控制的内容逐步扩大。1868 年的《手工业者和劳工住房法》（*Artizans and Labourers Dwellings Act*）涉及单体的住房。1875 年的《手工业者和劳工住房改进法》（*Artizans and Labourers Dwellings Improvement Act*）通过对不卫生地区的重建问题的规定，开始引入对住房的群体和地区性的控制。1894 年的《伦敦建设法》（*London Building Act*）已经对建筑沿街面的边线以及建筑物的高度进行公共控制。这些规定成为政府审批项目的直接依据，尽管尚未成熟，但已经是政府对城市环境进行公共干预的初步尝试，带有很强的目的性和方向性（图 2-25）。1909 年的《住宅、城市规划法》（*The Housing Town Planning，Etc. Act*）则象征着英国城市规划体系正式创立，国家对城市建设的控制正式列入法律范围，是世界范围内第一部现代意义上的城市规划法。在这个过程中，政府部门、社会团体和知识分子尤其是激进的社会改革家们都发挥了重要作用。另外，一些专业团体机构（市政公司联合会、英国皇家建筑师协会、测量师协会、市县工程师联合会等）的支持，表明对城市建设控制的需求来自地方行政管理的日常实践经历。然而该法规不适用于建成区和非城市用地，仅仅有助于控制新区的开发，规定了新开发区建设的基本要求和标准，对已有的城市问题并没有实质上的解决。而且对于实际操作来说，还需要有相应的规划主体、运行机制和修订完善的后续工作才能形成相对完备的城市建设控制体系。经过几十年的努力，1943年，英国成立了城乡规划部，部长被授权要"保证形成和执行全英格兰和威尔士的土地使用和开发的全国性政策具有连续性和一致性"，白皮书《土地使用的控制》正式宣告国家有权对城市中的所有土地进行规划，此后对城市建设的控制制度慢慢趋向于完整。

图 2-25　1880 年伦敦 Piccadilly 大街

图片来源：特里·法雷尔. 伦敦城市构型形成与发展［M］. 杨至德，杨军，魏彤春，译.
武汉：华中科技大学出版社，2010.

在彼时的美国大城市，也存在城市环境恶化和无序扩张的问题。美国宪法对私人财产权益采取绝对的保护，使得美国的城市政府一直缺少有效的途径来控制私人土地的开发。城市规划也仅限于公共土地的使用或对公共建筑、公园及街道等市政公共设施的发展。从而,私人开发在没有控制的条件下出现了许多问题,尤其是土地的外部性效应更是引起了多方争议。为了更好地进行有序开发,在私人土地开发过程中也开始出现了一些自发的、个体间的限制。19世纪末,加州的一些城市开始部分运用区划(Zoning)方法作为控制私人土地使用和开发的手段,主要是为了保护社区中的私人地产而排除掉一些对私人地产的建筑产生负面影响的土地使用方式,并对土地使用的开发做出一些限制,同时也作为一种社会隔离的手段被运用。在一些大城市,私人地产的建筑对公众利益的损害逐渐被社会所重视。高层建筑的普遍建设日益损害到公共利益,导致环境恶化和周边土地的大幅贬值,社会和政府部门开始对过度开发进行控制。在1909年和1915年关于城市土地使用的两起诉讼案件中,最高法院维护城市的行政权力,明确了政府对土地未来用途的限定是为了保障社区利益,从而确立了政府出于公共目的对私人地产的开发利用进行控制的合法性。1916年,纽约率先通过全美第一个区划法《纽约市区划条例决议》。这部区划法融合了建筑物在地块上的位置、高度和用途三种规定,随后其他城市纷纷效仿(图2-26、图2-27)。土地使用者只要在区划图上找到自己的用地位置与相应的土地代码,对照文字就可查阅到相关建设规定,据此进行设计就可得到建设许可。

图2-26　纽约1916年建筑后退规则及相应建筑形式

图片来源:孙施文. 现代城市规划理论[M]. 北京:中国建筑工业出版社,2006.

从纽约市的区划法规确定的过程中也可以看出,其实城市设计并非是设计师和规划师将自己的专业和意识形态强加给社会,而是基于社会利益基础上的政治过程的产物。总体来说,工业革命时期的城市设计控制主要体现了政府为维护环境整体利益所做的努力,这种控制与前工业化时期不同,相对来说更是一种实践中的被动反映。这些努力体现在各种严格的规定中,在一定程度上确实遏制了城市环境的持续恶化,但同时由于对城市建设的认识只停留在维护公共利益,片面强调日照、通风,忽略了自然和人文;另一方面,城市建设的控

图 2-27　休·菲利斯的纽约区划法建筑形态推演四部曲

图片来源：Hall P . 明日之城[M]. 童明, 译. 上海：同济大学出版社, 2009.

制手段单一, 缺乏弹性的控制导致了千城一面以及单调而无趣的城市空间, 城市功能的严格分区也使得城市丧志了多样化, 缺乏生机。

2.2　我国城市设计控制体系的现状与问题

我国从 20 世纪 80 年代开始引进现代城市设计理念, 到现在已将近 40 年时间。城市设计在我国蓬勃发展的 40 年也是我国改革开放取得巨大成就的 40 年, 也是中国社会、政治、经济制度深刻变化的 40 年。

2.2.1　我国城市设计控制体系现状[①]

目前我国在国家法律、制度、政策等层面并未大量涉及城市设计, 仅有 1991 颁布的《城市规划编制办法》的第一章第八条针对城市规划的编制工作, 提出各阶段规划编制任务都应采纳城市设计手法, 综合自然、人文、社会生产与生活条件, 以提高城市生活环境质量和景观艺术水平为目的, 对城市空间环境做统一规划设计。2005 年建设部修订颁布的《城市规划编制办法》, 则直接取消了 1991 年《城市规划编制办法》中有关城市设计内容的阐述, 修订后的规划编制办法更突出强调法律法规条文的严密性与可操作性, 强调城市规划体系依法行

---

①　本节主要参考：王剑锋. 城市设计管理的协同机制研究[D]. 哈尔滨：哈尔滨工业大学, 2016.

政的必要性,去掉了相对含糊的表述。2009年《城乡规划法》的实施,并未提及城市设计的作用与目的,仅将城市设计统筹于城乡规划的科学技术体系范畴,提高城乡规划实施管理的效能。因此,城市设计总体上在国家层面没有赋予相应的法定地位与作用要求,也仅仅是作为一种非法定、非正式的技术应用手段形式存在于我国现行城乡规划体系之中。

尽管国家层面现行城乡规划体系,并没有赋予城市设计及其实施管理相应的法律法规、管理办法,甚至是行业技术定位,然而由于城市设计的空间表达直观、形象、生动的特点,各级地方政府对城市设计的热情依旧十分高涨,已在较长时期的摸索实践过程中,逐渐形成了一套以城市规划组织审批流程为基础的、"约定俗成"的非正式性规程与操作办法,使得城市设计实践产生一定的约束与管制效力①。但由于城市设计正式的制度保障机制长期缺失,设计成果的管束效力与作用还难以有效发挥,缺少具有法定约束力的城市设计管理运作成本高昂,现实中往往难以为继,设计成果与控制意图完全付诸实践的比例依旧不高。尽管存在各种困难,过去的近20年间部分城市仍然将城市设计的管理实效运作模式进行了较为深入、广泛的制度建设与实践探索,以天津、深圳、武汉等地城市为基础,分析总结其经验与不足,以期对我国城市设计管理制度保障机制的建立形成一个基本认识。

1. 深圳城市设计管理制度

在我国的城市设计管理体系中,深圳的城市设计管理制度发展是一个比较成功的案例,同时也是全国最早进行城市设计立法实践的城市。

(1)以地方条例作为城市设计立法支撑

深圳作为全国改革开放的"试验田",在总结与反思城市设计理论和实践运作基础上,于1998年7月采取特别立法,以地方条例首度确立城市设计的法定地位、作用、设计内容与编制要求以及审批办法,成为我国第一部确立城市设计法定地位的地方性法规。城市规划条例中明确提出定位、编制内容与深度、管理与审批程序的相关要求,划分出整体与局部两个层次的城市设计阶段性内容,并对两种不同类型的城市设计研究内容与区域范围等内容做出了规定;条例同时对那些需要进行单独编制城市设计的重点发展地段或片区,规定了城市规划主管部门的审查责任与报批审查程序等内容,并相应建立了以落实法定图则为核心的"三阶段、五层次"城市规划编制体系,即总体规划、次区域规划、分区规划、法定图则与详细

---

① 唐燕,许景权. 城市设计制度创新的策略与途径[J]. 城市问题,2011(4):16-21.

蓝图,其中法定图则以十分严格的立法审查程序为基础,从制定到实施管理的整体过程,突出了规划设计决策程序与过程的民主化与公开化,规划设计决策与规划实施执行分离等特点,以标准片区作为城市规划与设计管理控制的基本单元,强调统筹协调片区的整体功能,如何制定与落实城市公共与市政配套服务设施,以及设定标准片区开发总量并合理确定单独地块的建设强度,加强了对具体建设行为的管控力度,有效地实现了城市设计控制的法定化与制度化管理。

(2) 创立"双轨制"城市设计运行机制

深圳结合经济体制与建设现状,将城市设计运行划分为单独编制的独立型城市设计和整合至各阶段城市规划的融入型城市设计两种体系。重点地区单独编制,以便及时控制和指导微观层次的开发建设,能够实时准确地反映市场动态发展所需,具有快速、简便、程序灵活等特征,包括中心区、城市干道、商业中心、文化中心、口岸与交通枢纽、景观岸线、旅游区等;而对一般地区各阶段规划体系的制定融入型城市设计,重点以融入法定图则为核心,控制和指导具体开发建设。整体城市设计与融入总体规划、次区域规划和分区规划的城市设计在宏观层次上对应,局部城市设计与融入法定图则、详细蓝图的城市设计在微观层次上对应(图 2-28)。独立型由规划部门独立审批,整体城市设计与特别重要的局部城市设计由规划部门初审后报决策机构——城市规划委员会审批,并规定公开展示的程序,相对灵活;而融入型随各层次规划成果一起审批。由于法定图则具有法律效力,使得融入的设计内容相应也具有法律效力,有效提高了设计运作实效。总体上,是一种"改良＋改革"的"双轨制"做法①。

2. 天津城市设计管理制度

天津市以中心城区为重点,围绕中心城区范围,划分出 176 个控制单元、19 个重点城市设计地区,在传统控规编制基础上创新城市设计编制与实施管理机制,实现中心城区总体与分区城市设计全覆盖,以顺应宜居城区的总体目标建设要求,其制度保障及实施管理机制特点为:

(1) 明确城市设计法定地位与作用

首先通过《天津城乡规划条例》,明确赋予城市设计的法定地位,规定城市政府确定的重

---

① 叶伟华.深圳城市设计运作机制研究[D].广州:华南理工大学,2007.

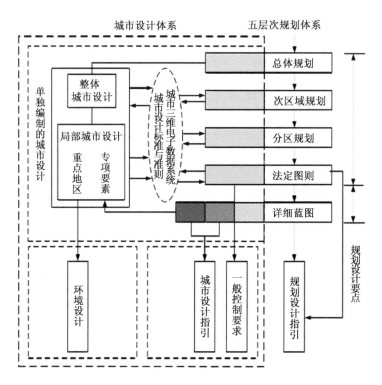

图 2-28 深圳市双轨制城市设计体系

图片来源:叶伟华.深圳城市设计运作机制研究[D].广州:华南理工大学,2007.

点地区与项目,都应当由市级规划部门依照城乡规划的制定与审批程序组织编制城市设计,形成设计导则控制成果。相应赋予城市设计法定地位的范围、编制主体、审批主体、审批程序以及技术成果要求等内容,是城市设计产生法定地位效力的具体体现。其次,通过技术规程、标准与行政文件,规范城市设计管理工作,促成城市设计内容向公共政策转变,使得城市设计管理走向法制化轨道。《天津市城市设计导则编制规程》《天津市城市设计导则管理暂行规定》《天津市规划建筑控制导则汇编》等一系列规范性文件与规程,规范了城市设计从导则制定到实施管理的全过程,从建筑特色、建筑色彩、建筑高度、建筑顶部等多方面,对居住、商业、办公等各类建筑设计提出了标准化、规范化和法定化的控制要求,强调了城市设计的法定作用。

(2)创设"一控规两导则"运行机制

以城市设计引领,将其转化为土地细分导则和城市设计导则,再提炼出控规的控制要求。逐渐形成"总量控制,分层编制,分级审批,动态维护"的总体思路。通过控规、土地细分导则,与设计导则的有机结合、协同运作,提高控规的兼容性、弹性与适应性,形成"一控规两导则"的实施管理体系(图 2-29)。其中控规体现综合管理意图,以规划单元为单位,对建设用地的性质、建设规模总量控制,对公共服务设施、居住区级的公共配套与市政基础设施、安全设施、绿地范围与公共空间环境管制等制定规模、数量的要求。粗化了传统控规编制内容,将规划控制指标由单个地块平衡转化为规划单元整体平衡,同时增加用地兼容性控制要求。土地细分导则实现平面管理,以"地块"为单位,通过具体地块的用地性质、开发强度指标、"五线"等规定,对各项公益性设施、市政设施、公共绿地等进行细分落实,形成对地块开发规模和基础设施建设的二维控制,包含用地性质、用地面积、容积率、建筑密度、绿地率、建筑高度、"六线"、公共服务设施共 8 类要素,9 大类 44 小类配套设施的控制要求,是对控规单元地块的深化与细化,也是最直接的规划管理依据,具有强制性,体现城市精细化管理。城市设计导则实现城市空间立体化管理,通过建筑群体的控制、空间形态、街道立面、开敞空

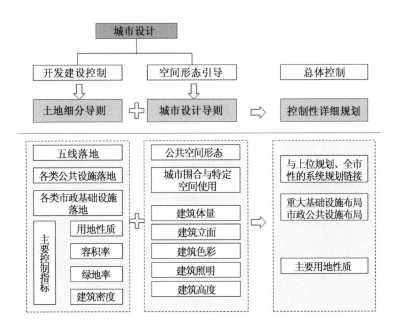

图 2-29 天津市"一控规两导则"管理内容

图片来源:杨慧萌. 宜居城区视角下的城市设计导则编制探索——以天津市中心城区城市设计导则为例[C]//城市规划年会论文集,2013.

间的塑造,构建城市三维形象,包含街区格局、街道界面、景观设施、公共绿地、广场、滨水空间、步行空间、建筑形态、建筑风格、历史文化保护共 10 个要素控制要求。设计导则是对城市空间形象进行统一塑造的管理通则,指导性较强。设计导则是在控规基础上对空间形态的深化和细化,体现城市三维形态化管理。通过设计导则的制定,为规划管理提供长效的技术支持,促进空间环境品质有序发展。因而"一控规两导则"在城乡规划体系中处于"枢纽"地位,是落实上位规划和专业规划、转化相关研究成果,并指导具体规划实施的关键环节(图 2-30)。

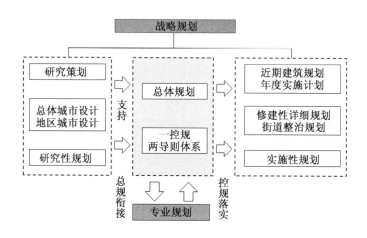

图 2-30 天津市规划体系结构示意图

图片来源:杨慧萌. 宜居城区视角下的城市设计导则编制探索——以天津市中心城区城市设计导则为例[C]//城市规划年会论文集,2013.

3. 武汉城市设计管理制度

武汉自 1990 年代中后期开展城市设计实践研究以来,通过总体、分区、局部以及街坊等不同层次的城市设计,已形成了比较成熟、系统的城市设计管理制度,其主要特点为:

(1)依托专项规划定位城市设计

2007 年,武汉按照前瞻性、系统性与实效性原则,建立了"1+6+1"的城市规划框架体系,即确立一套由总体规划、分区规划(控规导则)、控制性详规划(法定图则)构成的规划编制主干体系,历史文化名城保护、市政交通设施专项、城市更新、地下空间、城市设计与其他专项规划研究等 6 项内容构成城市规划的横向支撑体系,并将城市规划编制与实施管理的工作流程与衔接机制作为基础性研究体系,从而形成完整的城市规划框架体系

（图 2-31）①。与深圳通过地方化立法解决单独城市设计法定效力实现途径所不同,武汉的城乡规划条例没有赋予城市设计单独立法定位的要求,而是采取更为现实的抉择,将城市设计定位于专项规划,作为法定规划体系的一部分来实现城市设计的控制意图。

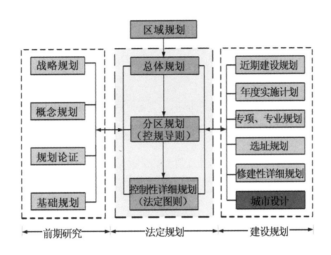

图 2-31　武汉市规划体系框架

图片来源:刘奇志,祝莹,等.武汉市城市设计体系的构建与应用[J].城市

规划学刊,2010(2):86-96.

（2）精细化的成果实施管理程序

以现行城市规划业务管理为基础,制定精细化的城市设计管理规程,将城市设计实施紧密融入城市规划管理流程之中,明确编制要求与审查重点。比如控规编制细则与规划咨询意见中有关城市设计的管控内容,是通过地块规划设计的拟定,并转化为法定化的建设用地规划许可证来保障落实,如果拟定的城市设计刚性控制条件与要求对已审批的控规法定内容有优化调整的需求时,要严格按照控规修改的流程进行修订、调整完善后,方可核发建设用地规划许可相关手续;若未对控规的法定强制性内容做出调整,则按照"控规＋咨询"的管理模式,在咨询阶段把设计编制成果作为地块设计条件拟定的主要参考依据,细化对地块新建与改造的建筑形态与群体组合的空间管控要求,其次,在建筑项目管理阶段,主要依据城市设计判例式个案审查,直接控制和引导项目开发建设。对已编制城市设计的重点区域与

---

① 刘奇志,祝莹,等.武汉市城市设计体系的构建与应用[J].城市规划学刊,2010(2):86-96.

重点地段,严格按照设计导控对建设项目规划方案审查。而对暂未及时编制设计成果的重点地区,采用联合设计模式,在建设项目方案审查阶段要求位置比较重要的单个建设项目需要与相邻地块的空间关系进行整体性的街坊城市设计时,需协调不同利益主体、不同用地权属建设项目之间的城市开敞空间的布置、建筑群体空间组合的构成、与街坊内部交通关系的组织等多个方面(图 2-32)①。

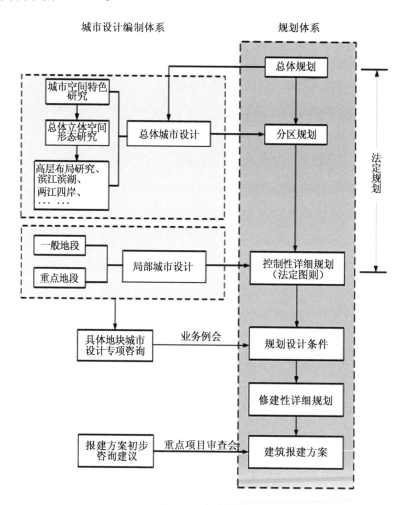

图 2-32 武汉市城市设计与城市规划实施管理框架

图片来源:陈伟,彭阳.武汉市城市设计实施策略研究[J].规划师,2009(6):57-61.

---

① 陈伟,彭阳.武汉市城市设计实施策略研究[J].规划师,2009(6):57-61.

2.2.2　存在的问题

1. 城市设计法律地位模糊

目前,城市设计在我国仍属于非法定性规划,有关城乡规划的各种法律法规甚至规范性技术规章也鲜有涉及城市设计的概念、作用等内容,在《城乡规划法》中甚至没有提及城市设计,只能统筹应用于"先进的科学技术"这类相对模糊的概念予以论述,既没有相应地组织编制标准与规定,也没有明确的审批与实施管理要求。2005 年施行的《城市规划编制办法》也仅仅是规定了在控规编制阶段确定地块性质、容积率、建筑密度、绿地率等规划控制指标时,应当提出各地块有关建筑形体、体量关系以及色彩导引的城市设计指导性控制原则,而对如何组织编制城市设计,如何划分设计层次与类型,城市设计如何与总体规划、分区规划、详细规划衔接等重要内容并未提及。这种模糊的法律定位既可理解为城市设计是城市规划的一部分,具有与城市规划相同的法定效力与适用范围,又可认为城市设计仅仅是城市规划的附属方法,至于如何理解与使用这种技术方法取决于城市规划管理者、规划师、建筑师等人员自身的理解,其标准与控制要求很难形成一个法定意义上的权威解释或规定。因此,这种制度性与技术性的因素,客观上使得城市设计在城乡规划体系之中的定位处于左右摇摆、模糊未定的角色之中,必然在操作实施中陷入混乱,难以发挥城市设计的真正效用。

2. 城市设计管理制度依据不足

很多专家学者、政府管理决策者逐步意识到,城市设计的制度定位是决定城市设计管理实效的重要保障,是衡量城市设计控制手段能否有效发挥的关键举措,但我国国家层面至今都未对城市设计在编制、审批、管理、实施等方面形成明确的制度保障规定。客观上导致了规划管理部门工作缺乏章法,主观性、随意性较大,也严重影响了城市设计管理的权威性和合法性,难以适应持续稳定的城市空间管控要求。

尽管国家层面颁布施行了《城乡规划法》与《城市规划编制办法》,用于指导城市规划从制定、审批到实施管理的全过程,但两部法规都未对城市设计的组织编制与实施做出明确的程序性规定和要求,客观上造成城市设计管理过程制度依据不足。因而从操作层面看,由于城市设计缺乏在城乡规划体系中的法规制度与技术保障,城市设计多数情况下处在前期的设计研讨过程,没有形成由"设计研究—成果表达—实施管控—监督反馈"的标准、统一的管理模式,很难形成可供具体操作的实施管理语言。加之城市设计编制自身体系存在的层次划分模糊、组织审批管理权责不明、设计成果表达内容欠规范等各种问题,直接影响了城市设计的可操作性。

3. 城市设计审批机制欠规范

由于城市设计缺乏城乡规划体系法定地位的保障,全国范围内有关城市设计的审批与实施管理尚无固定模式可循。以审批管理为例,大致分为城市政府审批、规划部门审批、市级人大常务委员会审批、市级规划委员会以及负有规划审批权的区级政府审批等多种模式。比如重庆主城区两江四岸滨江地带总体城市设计、都市区总体城市设计、二环时代大型聚居区城市设计等分别报送市人大、市人民政府批准;杭州市滨湖步行区、杭州湾片区城市设计则仅需报送杭州市市长办公会审批即可;而深圳则以《城市规划条例》明确城市设计须经规划行政主管部门审查同意后报市规划委员会审批通过,并要求城市设计成果应随各阶段城市规划任务一同编制,并纳入法定化审批管理。其次,城市设计实施运行管理机制尚未纳入规划部门的强制性行政管理流程之中,城市设计的实施管理的性质、主管机构、协作关系、管理流程、权责划分等内容都未加以明确,使城市设计管理工作始终处在一种可有可无、模糊未定的状态。大多数城市把城市设计管理工作视为规划管理的附带品,仅仅是二维规划的陪衬;同时由于城市设计管理缺乏法定化的制度依据,管理工作没有赋予行政管理职能,在与相关职能部门互动交流时,很难达到共同塑造与改善城市空间环境品质的目标,在相当程度上制约了城市设计效用的发挥。

4. 城市设计组织管理机制不完善

首先,现阶段城市设计从编制到实施的管理过程主要依靠政府行政力量的强势推动,组织管理机制以土地利用管控为基础,以城市规划管理模式为依托,是一种依申请做出规划许可的被动管理机制。其工作机制按照"城市规划—城市设计—建设项目实施"的管理层次进行设置,大多数时候规划管理的内容只能局限于对具体建设项目的建设总量、功能性质、公共配套进行指标化管理,而对建筑形式、组合关系、环境景观的控制则比较抽象化;其结果只能导致建设项目教条地遵循管理指标控制要求,而忽视设计控制的灵活性与创造性。从城市设计组织管理间的相互关系看,规划、国土、建设、交通与市政管理、园林绿化、环境保护等管理部门间分别主管各自系统的行政管理与建设工作,平行的组织机构设置模式使得城市设计管理所涉及的机构缺乏实质性的沟通与协调控制,难以保证城市设计内容的完整统一性。当综合性的城市设计项目一旦获经批准,事实上没有一个有能力组织且具备强力协调能力的综合性管理机构来跟踪与贯彻城市设计既定目标,综合协调城市设计所涉及的资金投入、环境质量、进度控制等各方面的具体问题,并统筹协调部门意见与建议,则很难有效地推动城市空间形态的有序发展。其次,从规划行政主管部门的内部组织管理架构看,往往根据规划管理工作事务进行阶段划分,比如用地规划管理处(科)主要负责地块用地的审批管理工作,建筑规划管理处(科)则主管建设项目的方案与施工图审批管理工作。通常在对城市建筑形体关系与公共空间环境形态做出综合性的城市设计后,恰恰缺少专业的处(科)室或机构集中承担城市设计的实质性管理工作,由于缺少相应的协调管理与责任机构以及相应的经费与人员保障安排,城市设计管理工作很难细致深入,难以适应城市空间环境改善的发展需求。

2.3 现代发达国家城市设计控制的比较与启示

发达国家的城市设计起步较早,城市设计作为城市规划的必要补充,在发达国家和地区长期实践积累中逐渐形成了相对成熟的理论和方法,在改善空间环境品质、促进地区发展活力、提升城市形象和竞争力等方面发挥了重要作用,城市设计控制也逐渐成为政府重要的空间干预手段和工具之一。对发达国家现代城市设计的发展、控制系统的研究和具体案例的比较分析,有利于探讨我国城市设计控制的经验得失和发展探索。由于各国对土地利用与开发管制的基本体制不同,以及各国国情与社会发展背景亦不同,所以发展出不同的都市设计实施方式[①]。美国的"土地使用分区制"和英国的"规划许可制"是目前世界上最为典型的两种城市规划体制,与之相对应的城市设计运作机制也具有相当的代表性[②]。

2.3.1 英国的经验

英国是一个具有城市规划与城市设计思想和实践的国家。城市设计在英国拥有优越的社会环境支持,无论是民众还是政府,都十分重视城市设计在城市开发和保护等领域的作用。与我国类似,英国在城市规划行政体系中表现出很强的中央集权控制特征。地方政府

---

① 林钦荣. 都市设计在台湾[M]. 台北:创兴出版社,1995.
② 唐燕,吴唯佳. 制度环境下城市设计管理的对比研究[J]. 中外建筑,2008(11):85-88.

的规划运作(开发控制和设计控制)不仅受各种法规和政策的制约,同时还需接受中央政府直接指派的规划监察员的监督和指导,并处理规划上诉,其中许多争议是与城市设计的控制方面有关。中央对地方的控制和干预,一方面保障了国家规划战略自上而下的落实,同时也在地方规划上表现出开发控制的自由裁量特征。以"自由裁量"为特征的"规划许可"制度是英国城市设计运作的主要依据,并通过城市设计控制的审查体系来实现。

1. 英国城市设计发展历程

1909年,英国颁布了第一部规划法《住房和城镇规划法案》,标志着城市规划作为一项政府职能的正式开端。这一时期,英国城市设计中控制性的关键是"建筑礼仪的好坏",并将不同古典风格或新乔治亚风格的建筑立面作为"好的礼仪"的典型(图2-33)。1919年的《住房和城市规划法》,政府的干预和控制仍然仅体现在住房方面,直到1932年《城乡规划法》的颁布,规划的控制范围扩大到了所有地区,包括已建成区和未建成区,并明确了控制是"管理建筑物的尺寸、高度、设计和外观"。但由于当时的一场"风格之争",1933年,地方当局的城市设计的控制被限制在利用设计导则和建筑附加条款用于"防止违法行为"和"那些与周围

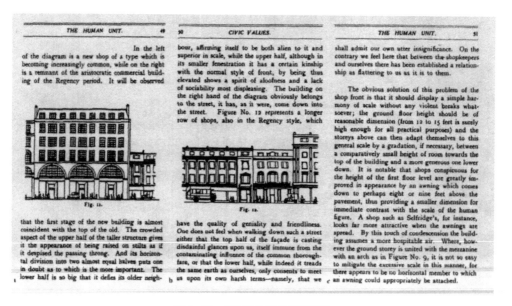

图 2-33 "建筑礼仪的好和坏"

英国早期沿街立面设计导则。第一栏为"坏的",第二栏为"好的"

图片来源:John P, Matthew C. The Design Dimension of Planning:Theory, Content and Best Practice for Design Policies[M]. London:Inbunden Engelska,1997.

环境格格不入或冒犯邻居的建筑",作为防范而不是作为一项规则,由此可见,对建筑风格的严格控制会遭到多方的质疑。

1947 年颁布的《城乡规划法》为英国的现代城市规划体系奠定了基础,提出了"规划许可"制度——几乎所有的发展和开发活动都被纳入规划的控制之下,制定规划成为每个地方政府的法定义务,中央政府负责地方规划之间的协调。城乡规划法同时建立了英国土地开发权国有化前提下的土地私有权属观念,成为实施规划许可制度的保障①。1947 年的《城乡规划法》为用地控制规划提供了一个综合性的框架。

进入 1950 年代以后,英国进入了持续的经济衰退期,建筑许可被保守党废除,被规划严格控制而导致的建筑形式逐渐受到各方的批判。到了 1950 年代中期,公众开始对现代主义规划下的传统性和文脉性的消亡感到不满,传统的现代主义规划受到强烈的批判和抵制,并逐渐形成了历史保护运动,促成了这一时期城市设计控制方法和技术的逐渐完善。就建成环境而言,历史地标的保护可以追溯到 1888 年,英国政府从 1944 年开始保护建筑(指具有历史或建筑价值的建筑)。直至 1968 年才确定了首批保护建筑,意味着这些建筑物的变更和拆除都必须得到特别许可。目前,英国的保护建筑已经多达 50 多万处。

1967 年的《城市公共景物法》标志着个体建筑物的保护向城镇风貌区的保护转化,从消极的控制到创造性的保护规划。该法将历史保护范围扩大到整个城市,授权地方政府划分"具有特殊建筑或历史意义的地区",并且明确了在历史保护区内实施更为严格的控制原则,还引入了公众参与的控制过程。同时这一法案也在更具体的层面上立法设计控制。它显著地改变了英国的城市设计控制实践,通过提高设计可接受的标准,通过教育地方政府如何保证开发尊重其环境脉络,通过鼓励公众对规划实施进行总体评价,以及通过引入新的技能到规划部门以便可以更快推进设计导则的使用和更成熟设计政策的制定。

英国城市设计中的控制性具有双重标准,即在保护区内实行全面而严格的控制,在一般地区则采取较为放任的态度。这种控制政策反映了相当一部分人的看法:第一,他们认为美学始终是一个主观范畴,难以进行客观评价;第二,控制不应干预细节,以确保规划审批的运作效率;第三,建成环境的发展趋势取决于市场需求②。

---

① Hall P. 城市与区域规划[M]. 邹德慈,译. 北京:中国建筑工业出版社,1985.
② 唐子来,李明. 英国的城市设计控制[J]. 国外城市规划,2001(2):3-5.

1970年代以来，以卡伦(Cullen)为代表的市镇景观(Townscape)学派所倡导的景观和形态分析为制定设计政策提供了方法和技术。根据历史保护地区的经验，开发活动如何与周围环境保持协调是控制的核心议题，也是作为评判设计品质的基本准则，控制的评判因素涉及建筑物的体量、高度、材料、色彩以及垂直或水平构成等。如1973年埃塞克斯郡(Essex)的居住区设计导则受到广泛好评(图2-34)。

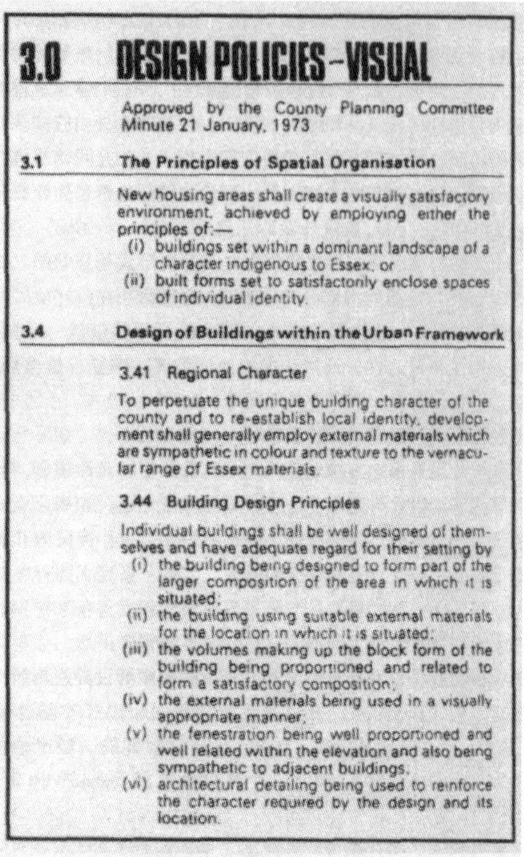

3.0 DESIGN POLICIES-VISUAL

Approved by the County Planning Committee Minute 21 January, 1973

3.1 The Principles of Spatial Organisation

New housing areas shall create a visually satisfactory environment, achieved by employing either the principles of:—
(i) buildings set within a dominant landscape of a character indigenous to Essex, or
(ii) built forms set to satisfactorily enclose spaces of individual identity.

3.4 Design of Buildings within the Urban Framework

3.41 Regional Character

To perpetuate the unique building character of the county and to re-establish local identity, development shall generally employ external materials which are sympathetic in colour and texture to the vernacular range of Essex materials.

3.44 Building Design Principles

Individual buildings shall be well designed of themselves and have adequate regard for their setting by
(i) the building being designed to form part of the larger composition of the area in which it is situated;
(ii) the building using suitable external materials for the location in which it is situated;
(iii) the volumes making up the block form of the building being proportioned and related to form a satisfactory composition;
(iv) the external materials being used in a visually appropriate manner;
(v) the fenestration being well proportioned and well related within the elevation and also being sympathetic to adjacent buildings;
(vi) architectural detailing being used to reinforce the character required by the design and its location.

图2-34 埃塞克斯郡(Essex)的居住区设计导则

图片来源：John P, Matthew C. The Design Dimension of Planning：Theory, Content and Best Practice for Design Policies[M]. London：Inbunden Engelska, 1997.

然而，这种试图更规范、更有效地采取控制的想法被开发商和政府对房地产开发热潮所带来的另外一个方面的反应所打压，地方规划部门的开发控制及规划许可陷入停滞，逐渐滞后于开发过程。开发控制工作量显著增加使得规划审批效率大大降低。政府寻求“规划流水线工作机制”，暗示控制是工作迟滞的原因，并挫伤了地方设计的创造性。1973年的一项临时性报告(Dobry Commission)建议在指定地区取消控制，放松对建筑师设计进行限制，但是抗议浪潮最终颠覆了这一建议，坚持主张设计评价和建筑细部对环境质量的重要性。1977年国会议员对开发控制提出质询并责成预算委员会调查延误问题及其带来的资源耗费。在他们的质询中，引用了大量的关于控制和设计导则的运行的证据，尤其是艾塞克斯设计导则(国会下议院，1977)，住房建设者联盟(HBF)、RIBA和DoE对控制持消极立场，而规划师，测量师和国家、地方环境组织则持积极立场。最终对控制采取了一个非常谨慎的观点，保留了在指定地区详细控制的做法，并建议中央政府尽快出台新的设计建议。

到了 1979 年,保守党重新掌权,致力于为私人企业松绑,鼓励财富创造,这对规划体系带来了巨大影响。各种各样的政府立法措施在大幅度减少规划控制,其中一个关键的条例"开发控制政策和实践(DoE,1980)",重新启动了开发优先的总体构想(这一构想曾在 1949 年被引入),并把美学控制仅仅限制在"环境敏感"地区。

1987 年后出现新一轮对控制的重视,威尔士亲王对设计控制的建议和当代建筑宣言把对设计的争论带到了媒体,并引起了较大范围的公众的关注。1987 年他在书中和电视节目中提出了十项建议或协调开发的原则。1988 年,最早对亲王提议做出回应之一的是 Francis Tibbalds,一位值得尊敬的城市设计师和 RTPI 的主席。他赞成王子对城市设计的意见,同时也强调设计不应拘泥于立面的考量而应当更加关注公共领域的质量——街道、广场的品质以及他们的舒适、安全和活力。这些想法被应用到伯明翰城市设计研究中,这项研究吸收了旧金山城市设计规划的大量原则,并融合传统英国设计理念,但强调凯文·林奇提出的可辨认性、地区特性的强化,以及街道应作为设计政策的关键等观点。这类分析为设计纲要和设计政策的制定提供了基础。

然而环境部门直到 1994 年才第一次颁布关于城市设计控制性的规定文件,1995 年才落实到规划导则中。1997 年,英国环境部和规划部修订的《规划政策指南》(PPG1),明确了城市设计导则的编制重点,包括"不同建筑之间,建筑与街道、广场、公园、河道以及公共领域的其他空间之间的关系。公共领域自身的特性和质量,概括而言,是关于建成和未建成空间中所有要素之间的复杂关系"[1],以法律的形式确定了城市设计的地位。1998 年,英国环境部和规划部共同推进地方城市设计战略的制定。2001 年,英国政府颁布"城市白皮书"(*Our Town and Cities：The Future*),白皮书以罗杰斯勋爵 1999 年主持的报告《迈向城市的文艺复兴》(*Towards an Urban Renaissance*)为基础,强调合理运用城市设计工具推进城市复兴运动[2]。

近十年来,英国一直致力于通过地方发展框架来实施城市设计。在建筑和环境委员会(CABE,2005)编写的指导手册《使设计政策发挥作用:如何通过地方发展框架形成好的设计》(*Making Design Policy Work：How to Deliver Good Design Through Your Local De-*

---

[1] UK Environment Agency，UK Planning Agency. City of Stoke-on-Trent：Urban Design Strategy[S]. 1997.

[2] Urban Task Force 指出促进成功、可持续地保护或塑造场所的最佳途径是在规划和开发的起始点就考虑城市设计。

velopment Framework）一书总结了如何通过地方发展框架形成好的设计的主要内容，以帮助地方政府制定设计政策。该手册认为一方面"2004年的《规划和强制性收购法》倡导了一个不同以往的、激进的对待规划的方式：从土地利用规划到空间规划。这为在其核心部分提倡良好质量的开发提供了可能"，另一方面"设计显然并非是一个主观的议题和决定，而应当是建立在一个清晰的政策框架基础上的（议题和决定）"，因此通过在地方发展框架中制定设计政策的方法是获取各方面支持，进而实现好的设计的最佳途径。英国规划体系的最新变革主要体现在政策体系的建立上。英国政府自1990年代以来出台了一系列的包含设计政策在内的规划政策指南，几乎覆盖建成环境的所有领域。政策体系的建立强化了开发控制的确定性。英国规划体系的另一个新的特点是开发控制从冲突管理为主转向以空间营造为主，提高设计品质成为开发过程中各方参与者的共识。英国设计审查的最新变化是把原来由规划委员会审批的关于设计质量方面的工作交由"非法定顾问"机构审查，审查的方式也由以前的自由裁量式行政管理手段，转变为建立在协商、沟通基础上，依照设计政策所制定的目标和价值标准评判的过程。

2. 英国城市设计控制系统的特点

英国城市规划体系对城市设计活动的开展具有决定性影响。城市规划运作主要通过中央国土与经济规划的指引、地方发展规划、地方规划局对开发申请的规划许可制度来实现。在宏观层面上，中央政府发布的政令通报（Circular）和规划政策指导（PPG）是地方发展需要共同遵循的策略依据。具体到地方，英国《城乡规划法》确定法定规划（发展规划，Development Plan）由战略性的结构规划（Structure Plan）和实践性的地方规划（Local Plan）构成，来自中央的特殊规划政策（Special Planning Guidance）可以影响和指导发展规划的制定（图2-35）。规划编制过程中，公众参与咨询占有重要地位并具备法定效力。

总体来看，英国的城市设计具有以下显著特点：

（1）逐步融入法定规划的城市设计政策和导则。英国良好的城市设计传统源自政府和公众对保护历史环境、重塑城市风貌的关注，因此严格的城市设计控制和引导主要集中在历史保护区内。20世纪80年代以来，随着城市的不断发展、公众意识的提升、国家王储的重视、政府支持力度的增加，城市设计控制的范围普遍突破历史街区而覆盖到城市其他区域，城市设计政策也逐步深入到法定规划体系中。城市设计的范畴从传统的视觉艺术考量向公共区域的环境创造改变，一些地方政府开始制定各类城市设计导则乃至整体性的城市设计

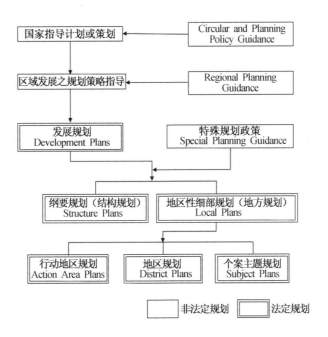

图 2-35 英国城市设计体系概要图

图片来源:林钦荣.都市设计在台湾[M].台北:创兴出版社,1995:185.

策略,并将其作为办理规划许可证的考量内容。充实和完善发展规划中的城市设计政策为实施设计提供了有力的法定依据。国家的"规划政策指引(PPG)"中增加了对城市设计管理的说明,"结构规划"和"地方规划"也融入了如设计区域、开发控制强度、设计区标准形式控制等诸多规定。在上述规划政策指引和法定发展规划之外,补充性规划(Supplementary Plan)①还可以具体针对特定地区或专题制定城市设计要求和开发建议。虽然补充性规划不在法定规划体系之内,但它仍然是开发控制与规划许可审查中必须考虑的因素,在城市设计导则和开发纲要的制定方面扮演着重要角色。

(2)以自由量裁为特征的规划许可制度与城市设计审查。根据英国规划法规的规定,"法定的地方规划只是作为开发控制的主要依据而不是唯一依据,开发活动与地方规划相符合并不意味着能够获得规划许可"②,因为规划许可证的颁发还需要考虑开发项目的特定情

---

① 补充性规划通常包括设计导则(Design Guide)和开发概要(Development Brief)等。
② 唐子来,李明.英国的城市设计控制[J].国外城市规划,2001(2):3-5.

况、具体的规划条件和设计要求等,由规划委员会综合评价各方情况得出最终审查结果。显然,英国的"规划许可"带有明显的自由量裁特征,这对管理者的审美素质、技术水平、沟通能力等提出了很高的要求。出于对公众需求和多元利益的尊重,在规划许可(Planning Permission)的申请与审议过程中,方案设计和其他团体及相邻居民对该申请案的意见需要一并提交,作为地方规划局审查的参照。如果申请案被规划委员会拒绝,或者被授予有条件许可,或是在规定的时间内没有做出批准与否的通知,申请人可以向环境部大臣提出上诉(由中央环境部驻当地的区域办公室受理上诉审议),甚至可能上诉到高等法院①。地方规划局对申请案的考察主要包括以下诸项:地方的特征与宁适性(开发计划是否会增加噪声,产生毒气、恶臭,或者停车紧张等问题);道路的安全性、车流的产生及与交通路线的配合;与邻近的农业使用、绿化或者道路交通系统的配合及改良;有无满足需求的供水、排水设施及公用设备;基地大小是否适宜;有没有影响到历史文物;政府政策的考虑;上位规划、政策及策略的考虑与配合;地区安全与有无的应对措施等。

2.3.2　美国的经验

1974 年,纽约城市设计师巴奈特(J. Barnette)发表了《作为公共政策的城市设计》,1981年加以修订后改名为《城市设计概论》(*An Introduction to Urban Design*),认为城市的形成过程是一个连续性的决策过程(Decision Making Process),因此城市设计是一种"公共政策"框架和策略控制框架,为后续设计提供准则以指导城市建设。②

1. 区划控制(Zoning Control)

在美国城市规划体系中,区划(Zoning)是将最早三种土地使用管理控制的方法——建筑物高度限制(1909 年)、建筑物退缩(1912 年)及使用控制(1915 年)合并而成,并首次提出警察权(Police Power)③应用于土地使用的概念④。

---

① 林钦荣. 都市设计在台湾[M]. 台北:创兴出版社,1995.

② Booth P. Planning by Consent:The Origins and Nature of British Development Control[M]. London:Routledge Press, 2003.

③ 警察权(Police Power)源于希腊"Potis",意为"市"(City),现在行使的 Police Power 并不包含市政府的所有权力,亦不是指警察的权力,而是指政府为维持社会秩序,保证人民的生命、安全、安宁,维护人民享有公私社会生活和有效地使用他们的财产的权利。

④ 阳建强. 美国区划技术的发展(上)[J]. 城市规划,1992(6):49-52.

（1）早期的区划控制

由于工业革命以后，西方工业化国家的城市化高度集中，人口不断聚集，城市发生了翻天覆地的变化。弗兰姆普敦（K. Frampton）曾指出："在欧洲已有 500 年历史的有限城市在一个世纪内完全改观了。这是由一系列前所未有的技术和社会经济发展相互影响而产生的结果。然而这种剧变却为城市带来了严重的痼疾，尤其是在大城市产生了一系列严重的城市问题：用地功能混杂、建筑物林立拥堵导致的采光通风条件较差等（图 2-36）。"纽约市为了排除这些不利因素，借鉴了巴黎 18 世纪的街道与沿街立面的比例体系，对用地性质和开放强度做出了要求，虽然没有对建筑的具体细部做出规定，但仍对城市建筑的形态和物质性环境带来了或多或少的影响。

图 2-36　1911 年纽约曼哈顿地区

图片来源：李恒. 美国区划发展历史研究[J]. 城市与区划规划研究,2008(2):208-223.

为了提升城市的生活环境质量，1916 年美国纽约颁布了第一步区划法（Zoning Ordinance），是城市设计控制系统的开端，并于 1926 年正式通过立法成为法律。条文对地块建筑退界、建设范围、容积控制、住宅间距等做出了控制（表 2-1），对建设理想的城市生活环境贡献了积极的意义。

表 2-1　美国传统区划主要内容

组成部分	具体内容	说　明
总则	简介区划条例	区划法的目标、适用范围和法律地位等
定义	技术术语的说明及重要尺寸的测量方法	术语定义的界定；建筑高度等的测量方法
分区管理规则	用途分区管理规则	对每个分区内所许可的主要用途、附属用途、附加条件许可用途以及禁止用途进行控制和规定

续表

组成部分	具体内容	说　明
分区管理规则	高度分区管理规则	根据建筑用途的不同以及不同地区未来发展趋势,划分不同的高度分区,并对建筑高度与街道宽度的比值进行控制和规定
	区划分区管理规则	根据建筑用途的不同以及不同地区未来发展趋势,对城市划分为各类区,并对各区块内建筑院落的尺寸进行控制和规定
管理实施	审查、上诉、实施和处罚等程序	区划制定、修正、上诉、实施的措施程序、许可、处罚、奖励等
区划地图	反映(用途、高度、区划)分区边界	独立的分幅图册或官方地图

"本决议控制和限制此后建造的建筑物的高度和体量,控制和决定院落及其他开放空间的尺寸大小和面积,控制和限制商业、工业建筑以及其他特定用途的建筑的区位,以及明确为了上述目的而划分的各用途区的边界。本决议由纽约市评估与分配理事会审议通过。"①

由此可以看出,传统区划的主要目的是为了控制城市的拥挤状况和各种用地之间的功能干扰,因此,其主要的控制体现在两个方面:建筑用途控制指标、建筑高度限制指标及院落限制指标。但由于控制技术手段的刻板以及开发商对利益最大化的渴求,使得纽约市中心出现了一大批类似于"婚礼蛋糕"似的层层退台的高楼形式,且由于区划控制条件的限制,建筑物大都建在基地中央(图2-37、图2-38)。

根据以上分析总结,美国城市设计的控制性思维最早以法规形式体现在区划控制体系中。其有效地提高了街道和建筑的通风采光质量,减少了建筑密度太高造成的拥堵。同时,工厂区和生活区的分开保证了居住区和商业区的品质,保护了地产价值,减少了城市开发的主观性,使得城市

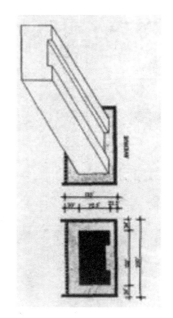

图2-37　由于区划条例大厦大都选择建在基地中央

图片来源:李恒. 美国区划发展历史研究[J]. 城市与区划规划研究,2008(2):208-223.

① Barnett J. Redesigning Cities: Principles, Practice, Implementation[M]. Chicago: Planners Press, 2003.

图 2-38　1916 年纽约区划条例催生的城市建筑群

图片来源:李恒. 美国区划发展历史研究[J]. 城市与区划规划研究,2008(2):208-223.

发展在一种可以预测的范围内进行。但由于传统的区划控制本身的限制,在实施过程中出现了诸多问题:

第一,区划与规划的脱离。由于当时缺乏城市总体规划作为指导①,区划的制定和实施过程很容易产生为了眼前利益而放弃长远利益的问题,缺乏清晰而长远的目标作为指引,再加上区划在其制定和修订过程中的"自下而上"的模式,常常产生各个单独事件。

第二,传统区划控制的刻板和消极性。区划对土地划分缺乏灵活性,严格的用途区分不利于高质量的混合功能社区的形成,对地形、方位、技术改进的后续影响及附近建筑物缺乏整体考虑,导致了一些城市天际线的生硬和呆板。另外,粗糙的传统区划提出的控制规则只能避免最低标准的城市环境,对于引导适宜环境的创造往往无所作为。

第三,运作系统不够完善。由于土地利用决策过程必然牵扯到资金问题,因此区划控制无法完全按照理论目标操作。在传统区划的实施过程中,与区划相关的利益攸关者经常相

---

① 1928 年,美国商业部发布了标准州城市规划授权法案(A Standard City Planning Enabling Act,简称 SCPEA),对各州授权地方政府的城市总体规划提供了参考模式。但其并没有强制要求地方政府编制总体规划。实际上,即使是现在的美国,也只有弗吉尼亚州强制要求地方政府编制总体规划,并要求区划与总体规划相协调。

互不择手段地竞争,进行区划游戏(Zoning Game)。如果按照区划条例规定的用途,地产拥有者所拥有的土地的地价大大低于市场存在的其他用途的地价,那么地产拥有者就必然怀有强烈的欲望,想方设法地修改区划条例。他们或者会花费大量的资金进行诉讼,或者付出巨大的努力联合各方势力进行游说。如果一个社区急需就业机会,土地业主就会借机向社区提出,如果它不表现出必要的灵活性或做出某些让步,他们的资本就有可能投向那些别的做出让步的社区。在这种情况下,社区往往只得对区划条例做出修改①。同时,地方政府也经常把相当大数量的土地划定到经济上不现实的程度(例如把非常适合商业发展的大片土地划为独户住宅区),这样,在与开发商的讨价还价中处于十分优势的地位。

(2)新的区划控制及发展

1961年的纽约区划法规象征着美国区划法规走向成熟,基于城市设计的考虑,此法规对之前的传统区划做出了全面的修订。由于当时西方社会人文主义思潮的影响和现代城市设计的兴起,公众的政治意识开始成熟,价值观发生了重大的变化,对城市环境的评判标准由"技术、工业和现代化建筑"演变为"人、社会、文化、历史、环境",由此,城市建筑和空间的决策过程和开发控制也开始演变,如规划单元整体开发(PUD)、奖励性区划(Incentive Zoning)、特别区划(Special Zoning District)。修订后的区划控制规则逐渐富于弹性,由消极的控制转向了积极的引导,控制体系也逐渐完善。相比早期区划技术控制的消极作用,修订后的区划更趋向于宜人空间环境的创造,摒弃了传统区划的一些刻板的控制元素,同时增加了新的区划控制指标。

一是区划自身指标体系的完善。如住宅密度和容积率代替了传统区划粗糙的建筑限高和后退,对人口密度和建筑密度直接进行控制;居住区的建筑覆盖率和空地率的控制鼓励了地面上更多开放空间的保留;天空曝光面保证了城市中心区公共空间和街道的采光与通风等。

二是区划对美国社会、经济、技术发展以及人们环保意识的反映,如离街停车和装载性能标准等,解决了汽车在美国普及之后造成的交通拥堵和随意停车等问题。同时相比传统区划只是将工厂区与居住和商业区隔离,对其本身不设限制,新的区划条例对某些工厂地区的噪声、烟尘、辐射等进行了相应的控制。

---

① 约翰·M.利维.现代城市规划[M].孙景秋,等译.北京:中国人民大学出版社,2003.

三是受城市设计兴起的影响,区划对城市环境要素,如标牌、人行道咖啡馆以及街道景观等相关指标的控制,特别是在特殊街区,对街道界面、街道景观等元素都做出了详细控制,加强了对城市环境质量的限制和管理。

相比传统区划控制注重城市空间的功能维度和物质维度,设计控制突破了控制本身的技术局限性,更多地考虑到社会环境和人文环境对城市空间的多维价值观取向,突破了传统区划控制的狭隘。

美国圣地亚哥总体城市设计导则,明确把编制内容分为5个主题:城市整体意向,自然环境基础,社区环境,建筑高度、体块和密度,交通,并从宏观尺度上提出了城市设计所需关注的重要内容。

2. 城市总体设计导则

旧金山是美国第一座制定涉及整个城市的设计政策(1971)的城市,旧金山在设计指南的历史上具有特殊的地位,而对于世界各地的规划人员来说,旧金山那些记录完善的规划历史及成就在各方面都具有重要的借鉴意义。在旧金山影响下,西海岸的城市波特兰、波士顿也都相继开展了整个城市的设计政策。波特兰的《中心城市设计导则》(*The Central City Design Guidelines*)被认为是体现清晰性和简单性的一个典范。它们最早出现在1971年的《市区规划》草案中,作为13项总体政策目标之中的5项,包含了历史保护、开放空间、增加滨水空间、建筑密度控制和视觉景观要点,均与创建一个生气勃勃的步行空间环境的目标紧密相关。多年以来,通过公众讨论和规划控制实践对设计导则再三进行了修改。这些导则在1980年被改为21条,1988年重新修订时考虑到"旅游者或办公楼的工作人员对于街道的要求"又将导则增加到26条,即规划部门现在对每一个位于城市中心的规划项目进行评估时仍采用的清单。这个清单共分为3个标题——城市个性、强调步行空间和方案设计。这26条导则分别采用一到两句话进行阐述,作为在新的开发设计中应遵守的基本原则。它们避开细节内容和技术用语,让发展商和建筑师自由地对此做出恰当的理解。导则的基调都是积极的,而目标则是明确的。这些导则在遣词用句方面所采用的表达方式使其更有利于营建一种公众舆论一致和公私合作的积极氛围,但是这些政策的背后有着一套纷繁复杂的区划法规作为支持,这套法规有助于城市发展依照一个恰当的比例进行。

3. 新城市主义与精明条例

1980年代以后,在经历了几十年的"郊区疯长"之后,这种发展模式的不经济性(高成本而低效率)、生态与环境的不可持续性、对内城的伤害以及对城市结构的瓦解作用、对社会生活的侵蚀效应已经日益凸显,出现了增长的危机。于是有越来越多的人开始对这种发展模式提出批评与质疑,最终形成了一股强大的对郊区化增长模式的批评反思浪潮。而站在其潮头浪尖之上的,就是现在已广为人知的"新城市主义"。

新城市主义者旗帜鲜明地向郊区化无序蔓延"宣战",以作郊区化蔓延的"终结者"为己任。他们用犀利的文字对郊区化蔓延增长方式的危害性进行了剖析,倡导回归"以人为中心"的设计思想,重塑多样性、人性化、社区感的城镇生活氛围。他们的言论思想得到了新闻媒体和社会舆论的广泛关注与响应,极大地推动了全社会对于郊区蔓延以及城市与社会发展问题的关注与思考。新城市主义已不只是一种仅供人们争论的思想理念,更是一场有着众多业内精英及各界人士投身参与、致力推行的现实运动,其影响早已超越了城市规划与城市研究范畴。

大卫·沃尔特斯认为"新城市主义的三条线索,传统邻里开发、交通导向式开发和保护田园风光的设计,交织出了一套更可持续的发展模式,实际上已经和精明增长同义了。"他认为精明增长和"可持续发展"这两种术语常常可以替换。两种理念之间有太多交叠的部分,而所有构成精明增长的物质空间设计理念都支持可持续发展。精明增长和新城市主义是密不可分的,它们共同形成了各个尺度上的开发、再开发和保护的综合途径[①]。大卫·沃尔特斯强调城市设计政策在区域、社区、邻里等各个层面的贯彻实施,即新城市主义和精明增长在城市规划中的具体运用。大卫·沃尔特斯在《设计先行:基于设计的社区规划》一书中把新城市主义与可持续发展、精明增长结合起来,总结出精明增长原则,作为指导规划设计的基本原则。

彼得·卡尔索普在《新都市主义宪章》的后记中说道:"很多时候,人们并不把新都市主义理解为在多层次基础上操作的设计准则和政策的综合系统,而被简单曲解为一种保护运动,同时他认为,在有汽车现代商业规模和今天复杂的家庭模式的前提下,怀旧的观点是不可行的,怀旧并不是新都市主义所倡导的。新都市主义的目标和范围要宽泛得多,完整而极富挑战性,很多人只把目光对准新都市主义理论中邻里区的层次,但他们并没有看到,邻里是被放置在区域结构框架中的邻里。还有人认为邻里的设计原则应以街道和建筑的层次为

---

① 大卫·沃尔特斯,等.设计先行:基于设计的社区规划[M].张倩,等译.北京:中国建筑工业出版社,2006.

主,更多地关心环境和行人的舒适,而忽视对历史范例的参考。""尽管形成真正多样化的邻里区和持久的区域形式有时还不免令我们感觉困惑,但《新都市主义宪章》为我们解决问题制定了规划准则和技术手段"。

包括彼得·卡尔索普等在内的一批新都市主义者不仅从实践上,而且从理论上就新的增长方式对城市和城市设计的影响进行深入分析,并力图提出一整套全新的、系统全面的"规划准则和技术手段"。这集中体现在 Andres Duany 提出的《精明条例》(*Smart Code*)①,希望以此作为社区通常使用的法规的替代物,推动精明增长,通过应用在规划的三个尺度(地区、社区、样带分区)上的统一的规划条令(Ordinance),来确定七个主要规划条款:总则、地区规划、新社区规划、填充式社区规划、建设规划、标准表格和术语表。标准表格包含停车场、建筑沿街立面规定、道路转角设计以及建筑场地等各种规范性图则。

2.3.3 德国的经验

1. 融入规划法规体系

在德国,城市设计与城市规划是密切相关的,城市规划中有关城市设计内容与议题的立法条文分为地方级(市镇)、州级与联邦级 3 个层次。国家层级规划法规有《联邦建设法典》《建筑利用条例》;州层级有《州规划法》《州土地规划大纲》《州综合规划》;地方层级(市或镇政府)有《建造规划》《土地利用规划》以及依此制定的《建筑规划图则》。

根据德国《联邦建设法典》规定:城市规划划分为基于城市大范围概略性的土地利用总体规划(F-Plan)与拥有法定约束与控制力的建造规划(B-Plan)两个层次。两个层次规划的制定和实施由地方层级的市或镇政府负责。其中大范围小比例的土地利用总体规划是城市设计战略性思考的基础,主要任务是确定城市或乡镇未来土地利用的总体格局,制定城市交通设施规划的线路、公共与私人服务设施的位置、大小等,以及划定城市生态绿地系统与自然保护区、环境治理与污染防控保护范围等内容;小尺度大比例尺的建造规划主要是为城市或乡镇中需要进行空间与用途管制的各类地块提供详细开发控制依据,如建筑容量、密度、高度与体量关系、停车配套措施、公共开放空间具体的位置与大小、城市景观与自然环境的保护措施(水体、树木与种植区等),以及限制开发和红线退让的控制要求等诸多方面;规划

---

① Duany A. Smart Code & Manual [M]. New Urban Publication Inc, 2004.

图则比例为 1/200～1/500,包括设计控制图则和文字说明两个部分,设计控制图则类似于国家建筑设计规范,详细描绘屋顶、车库以及建筑设计轮廓、栅栏以及外装饰和标志物等图则控制要求,文字说明解释图则部分难以清晰表述的内容,并阐述规划制定的目标和背景情况等。

地方层级的市或镇政府根据《联邦建设法典》负责城市设计的制定和实施,还要满足联邦和各州的相关规划法规约束。城市设计内容通常是融入各层次规划体系中予以法定确立,不同层次的规划以不同的空间和时间框架为城市设计提供了城市政策接入的可能。一般而言,地方政府通常会成立一个由一系列专家组成的专职机构——"规划协调委员会",负责协调处理和执行这些条款,并负责审查市或镇土地利用规划,同时委员会有权参与规划与设计的制定和开发许可过程。

实际上城市设计主要通过 3 种途径实现设计控制意图:《建造指导规划》《建筑规划图则》(又称《设计指引》)和特定城市设计。《建造指导规划》主要适用于城市新开发区和限制开发区,其他区域则按照城市规划和建筑规范执行。通常《建造指导规划》被视作为一种主动控制方法适用于没有规划或空地区域,其条文控制不必过于精确,以期适应城市未来发展过程中的诸多不可预测因素。但如果修改调整涉及一些刚性控制内容的变化,则需要重新修订。其次,《设计指引》更多地采用图则控制方式对区域做出翔实准确的规定,如对建筑高度、楼层高度、屋顶朝向、屋顶形式,建筑立面的形式和节奏,建筑材质和色彩,挡土墙的处理,人行道、街道照明,建筑投影控制,视线保护,附属建筑(车库、阳台、楼梯、大门)等提出图则式控制,在某些情况下,还包括对大树、烟囱、通风井、电梯屋顶设备、天线以及照明设施等的专题设计控制,这些规定用于弥补《建造指导规划》控制的不足。

鉴于设计控制的重要性,《设计指引》通常被地方政府赋予了与《建造指导规划》同等重要的法定地位,并定期修订完善。此外,由于《设计指引》的规定过于详细,建筑师、景观师们认为这些规定限制了创作发挥空间,只会造成设计质量的低下,产生大量平庸的建筑,同时也限定了开发业主的合法权益。出于这样的原因,地方政府机构在具体实施过程往往会模糊化这一规范,尽量表达一般性术语,以缓解实际运作过程的紧张关系[1]。

特定城市设计,主要是针对城市发展中的一些特殊区域或重点地段进行的独立性研究,

---

① Poerbo H W. Urban Design Guidelines as Design Control Instrument[J]. Kaiserslautern,2013(4).

征求公众意见,通过单独审查、审批实现城市设计法定意图的设计成果。

2. 强调公众参与制度化

按照德国《联邦建设法典》的约定,"城市开发与改造建设活动中,提出的各种可能的开发方案及影响评估都应当及早地通知公众知晓,并为其提供有效的参与机会对规划或设计方案进行及时、细致的评议"。因此,城市市民有权尽早了解各层次规划与开发建设活动的目标与作用,并负有法定授权的责任和义务参与城市规划方案的制定与讨论过程,并就其关心的内容发表意见、提出建议。城市、镇或社区在讨论制定城市规划与设计过程时,也必须及时向市民公布各种不同的城市规划与设计草案,包括将要开发建设的建筑、土地的不同使用情况,以及关于道路的走向和线性等内容。其次,城市设计实施管理过程也十分注重开发者、设计师与地方行政部门之间的协商与沟通,并聘请规划、建设、美学、设计等方面专业人士对相关规划设计项目进行评议并提出改进建议。如斯图加特广场建设规划公示分为多个阶段向市民公布规划和设计草案、文字要点、规划依据等内容,公示过程详尽且复杂(图 2-39)①。

一般说来德国的大多数城市或镇级政府都设立了美学委员会,负责对城市规划与设计的相关项目进行规划审查与评议,提出修改意见。通常美学委员会由规划、建筑以及文物保护的相关专业人士组成,根据其评审的重点不同,分设建造管理、历史及纪念性建筑保护、城市环境发展委员会等多个分支机构,并通过定期举办各种形式的城市设计竞赛,提高城市空间形态环境塑造的整体质量。总的来说,《建造规划》《设计指引》与特定城市设计构成了功能完整的保障体系,广泛的公众参与性与开发项目审批协商使得城市设计的实施管理控制具有较强的适应性与灵活性。因此,德国的城市设计管理控制是规范与完整的,其控制作用在于城市功能的塑造在最佳的城市空间形态环境中得以形成。

2.3.4　总结与启示

总体上,英、美国家的城市设计管理的制度保障经验是协调城市设计融入城市规划的立法、标准、制定与实施体系中的,其主要特点可概括为"制度规范、程序透明、协商民主"等几个方面。

---

① 王晓川. 德国:城市规划公众参与制度陈述及案例[J]. 北京规划建设,2005(6):60-64.

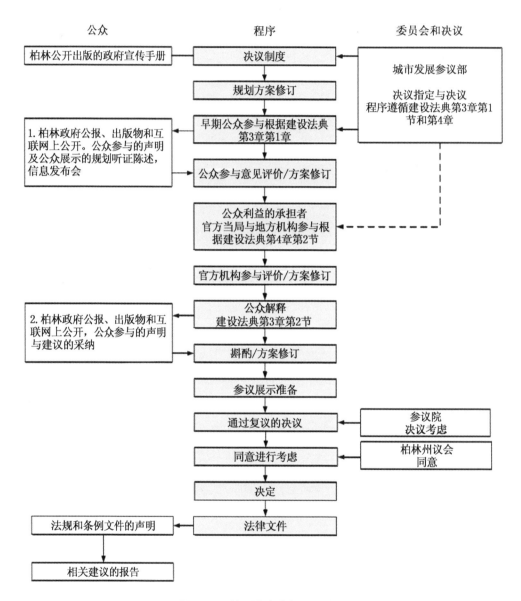

图 2-39　德国公众参与规划流程

[图片来源:王晓川.德国:城市规划公众参与制度陈述及案例[J].北京规划建设,2005(6):60-64.

1. 设计管理机制正式化、规范化

从西方发达国家实践经验看,城市设计管理通常是以"正式制度"方式予以落实的,比如美国、英国等国家的城市执行严格的城市设计审议评价制度与规划开发许可制度等。设立

清晰有效的和建设性的设计审查程序是设计管理机制正式化的具体体现,设计审查程序是城市设计导则发挥行政效能的关键步骤,比如美国许多城市往往在方案预审的阶段介入相关设计审查程序。同时,在设计审查中,设计评审的意见与建议不能仅限于批判性问题的提出,更为重要的是提出合理的修改性建议,明确设计调整的方向,让城市设计师能尽快懂得设计评审的具体要求。这就要求规划控制的设计导则必须清晰和准确,以避免对那些常见的简单申请进行系统的复杂审查。因此,大多数城市在规划初期就通过建立清晰的设计导则,进行职员培训,以案例法为参考标准以及指定规划部门做出决议等手段使设计审查程序形成惯例。在接受申诉之后,审查程序按照严格的时间表形成书面报告、举行听证会(通常在较为复杂的发展项目中)和开展诉讼程序,并根据案情的大小和复杂情况将在11~17周内形成决议。整体运行过程体现了城市设计管理制度与运行机制的规范性、正式性。

2. 设计奖励机制弹性化、透明化

以美国的城市设计管理为例,引入城市设计激励机制是促进区划法案落实、调控城市空间形态的关键举措。城市设计激励机制的运用如土地的混合使用方式一样,既可以优化城市设计,创造很多丰富宜人的广场形式、小型公园、公共设施、商业与餐饮空间等,也可以调控市场开发行为,鼓励实施开发项目往"好的设计"方向发展,进而增强区划法案的柔性控制内容。同时这些激励制度为落实区划法案中公共的、刚性的控制要求,必然附带一些控制条件。附带条件不仅详细规定了城市保障性的住宅、儿童看护、教育设施、公共开放空间、停车与交通等设施的配建要求,同时还规定了提供这些配套设施相应的政策奖励内容与资金补助计划,使得很多赋予公共政策配套的控制内容得以落地实施。因此,一个合理完善且公开透明的激励系统对保持和提高设计质量非常有用。

3. 设计协商民主化、公开化

建立社区居民、开发企业与政府间的综合协调机制。城市设计制度保障建立的主要目的是从最初的"避免坏的发生"逐渐转向促成"好的设计"实施,并成为长期的共同目标渗透到政府计划的各个方面,努力获得社区和商业发展利益两方面的支持。城市设计管理实质是一个政治的竞争舞台,城市的行政机制对规划的控制和落实至关重要,影响城市对开发者与发展项目的选择,以及开发者和居民、商业集团与环境团体之间利益的相互关系,优秀的设计成果必须获得开发企业与社区公众的认同与支持才可能顺利实施;对社区的居民来说,关注的重点为城市开发改造是否会对社区或周边地块的环境产生消极或积极的影响；而对开发企业而言，关注的是地块可供开发的规划控制条件是否能满足市场的需要。由于关注的焦点不同，有时甚至是矛盾的，就需要设立公开透明的协商机制，沟通、协调潜在的矛盾与问题。社区参与就是最主要的模式，强调规划设计在社区基层市民间的广泛参与，才能赢得公众的认可度，政府所希望建立的"好的城市设计环境"才能具备基础的协调条件，如果这些矛盾与问题能够及早消除，那么"好的城市设计"就会行之有效。

3 城市设计控制系统的理论建构

3.1 认知前提

3.1.1 城市设计的公共性

"公共性"可能是如今较为引人争议的议题之一。

公共性主要体现在公共领域。哈贝马斯曾指出:"所谓公共领域,我们首先意指我们社会生活的一个领域,在这个领域中,像公共意见这样的事物能够形成。公共领域原则上向公民开放,公共领域的一部分由各种对话形成,在这些对话中,作为私人的人们来到了一起,形成了公众。"①从而,理想的公共领域应该容纳各种政治行为和表现,作为社会交往、相容和沟通的"中立者",作为社会学系、个人发展和信息交换的舞台。自古希腊以来,社会上便开始存在明确的公私划分,"公"代表国家,"私"代表家庭和市民社会。根据美国社会学家理查德·森尼(Richard Sennet)考证,"public"在希腊语中是"synoikosmos",也是"建造城市"的意思②。他认为在希腊的城邦政治中,不同族类的人,虽然价值观不同,拥有不同的信仰,但为了生存而学习相处之道,共同聚居于一地,而得以建构"我们",这就是"公共"一字所表明的含义。

从形态角度来说,公共空间通常是作为空间的围合,如公共广场。卡米罗·西特曾经抱怨他那个时代的广场,可能是四条街道包围一块土地而形成的空间。在研究过许多欧洲古

---

① 包亚明. 现代性与空间生产[M]. 上海:上海教育出版社,2003.
② 夏铸九. 空间,历史与社会[J]. 台湾社会研究,1993(3).

城的空间组织之后，他形成了一些关于应该
如何组织城市公共空间的清晰概念。他认
为，如同一个房间一样，公共广场最需要的
是封闭的特点，这使得在广场内部任何角度
都能够产生围合的景象。广场的中心应该
保持空旷，也应该加强公共空间与其四周建
筑的联系[①]（图3-1、图3-2）。然而现代主
义的城市设计却反对这种对待城市公共空
间的做法，认为要把运动结合到它的世界观
里去。因此现代主义者的功能主义选择了
汽车运动和一些快速穿越城市空间的运动，
这个观念破坏了开敞空间与其周围建筑物
之间紧密的联系，且对历史上形成的公共空
间并不关心，他们所追求的是对公共与私有

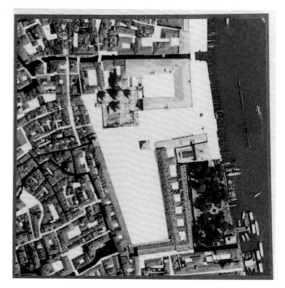

图3-1　圣马可广场平面

图片来源：谷歌地图

图3-2　圣马可广场中心

图片来源：笔者自摄

---

① Sitte C. City Planning According to Artistic Principles[M]. New York：Rizzoli，1986.

空间之间的重新定义，且因为卫生和几何美学的关系创造大量的开敞空间，重新塑造城市。然而，传统的城市公共空间认识与 20 世纪功能主义的现代城市规划都绕开了城市公共性背后更为本质的"社会属性"，只注重形态或用途上的公共性，却忽略了其更深层次的空间与利益的矛盾性和复杂性。

1. 公共空间的资源观与利益观

在城市规划主导的土地分配过程中，空间作为土地的附属品分化给各个地块，土地所有者有支配和组织地块内空间并获取相应收益的权利。从西方现代城市规划学科发展历程中发现，直到 20 世纪 60 年代之前，规划师基本是采用现代理性主义的态度来看待空间，他们将空间看作是均质的、统一的、一元的物质实体，可以为规划工具所左右，在他们的视野中，空间是被当作几何化的、刻板的、非辩证的和禁止的东西①。这种基于传统欧几里得几何学的空间认识反映到城市规划和设计领域中，体现出一种简化主义的假设，城市的空间场所往往是单一的物质性目标，普通的社会进程可以通过人为的控制和规划得以完成和实现②。然而，这种传统的规划和认识将空间等同于一般的物质性资源，忽略了其背后牵扯各方利益的社会属性和政治属性。

公共物品具有消费上的无偿性、非排他性、占有上的不可分割性等主要特征，一旦形成，其利益就会自动扩散给社会全体成员。公共空间不同于一般的资源，空间与周边环境的相互依赖和制约、所涉及的权利和义务关系、成本和收益情况决定了其社会性和外部性。首先，空间是非独立存在的研究客体，它必须依附于土地等边界客体而存在，空间属性很大程度上取决于边界客体的属性；其次，空间又具有独立的"物权"，空间的占有和使用状态会直接决定各相关主体利益分配的比例。

空间具有交换和使用的价值，是社会行动的内在要素，而社会关系又会促进和阻滞空间形式的变换。"在目前的生产方式里，社会空间被列为生产力和生产资料，列为生产的社会关系，以及特别是其再生产的一部分。"③空间的经济属性，在宏观层面上导致可能发生的生产和再生产在地理上发展的不平衡，例如土地使用与土地租赁的形式、人工环境的各种形式、工业与交通路线的选址、城市的演变、定居点的功能等级制度、地区不平衡发展、认知或

① 爱德华·W.苏贾. 后现代地理学：重申批判社会理论中的空间[M]. 王文斌，译. 北京：商务印书馆，2004.
② 童明. 政府视角的城市规划[M]. 北京：中国建筑工业出版社，2005.
③ 亨利·列斐伏尔. 空间：使用产物与使用价值[M]//包亚明. 现代性与空间生产. 上海：上海教育出版社，2003.

心理地图的再现、国家之间的贫富差距、地区乃至全球地理景观的形成和变化等①。在城市的中观和微观范围内,空间则与公众的城市生活和行为有着紧密联系,以场所的形式和意义聚集生活资源,并提供互动的景观(图3-3、图3-4)。这种景观的语境性可以被认作是一种社会秩序的构建,既是社会身份的表征,也是个人行动的参照系。安东尼·吉登斯(Anthony Giddens)提出的"时空地图"概念,认为时空不仅是一种制约,也是机会,是使行动得以完成的中介,时空本身就是一种资源,人们可以利用空间为互动活动提供场所②。因而,城市的空间可以被看作是"资源的聚集体",若干资源相互聚集、相互作用,以不同的方式组合和配置,形成最佳的城市均衡形态。

图3-3 让努维尔设计的伦敦 One New Change 零售店与邻近的圣保罗大教堂

图片来源:笔者自摄

2. 城市设计的公共价值

公共空间是我们日常社会生活的一部分,我们的空间行为是自身社会存在的一个有机组成部分,这些行为被空间限定,同时又限定了空间。瑟尔(Searle)认为,世界的事实可以

---

① 亨利·列斐伏尔. 空间:使用产物与使用价值[M]//包亚明. 现代性与空间生产. 上海:上海教育出版社,2003.
② 安东尼·吉登斯. 社会的构成[M]. 李康,等译. 北京:生活·读书·新知三联书店,1998.

图 3-4　伦敦 One New Change 零售店可上人屋顶平台

图片来源：http://jnphotographs.co.uk

分为两类。第一类为"制度性事实"，人类之间达成的共识是这类事实存在的基础，即它是我们在内心承认其存在而存在的。另一类事实是"天然事实"，即不依赖人类社会的制度而存在的事实①。社会性世界的绝大多数都属于制度性事实。因此，我们城市空间的天然性的事实，是物体和人的总和。但关于城市的制度性事实，则是人类创造的这些物体之间的关系，并且对人类有着特别的重要性和意义。

过去，城市的公共空间常常包含着政治意义和权力，公共空间的控制对一个特定社会的权力平衡至关重要。就如意大利的法西斯分子所知，谁控制了街道，谁就控制了城市。城市公共空间在城市历史和市民的社会生活中曾经扮演着十分显著的节点角色，承载着公共事件的发生和场所的集体记忆。和过去许多的历史时期相比，今天城市里的公共空间的重要

---

① Searle J R. The Construction of Social Reality[M]. New York：Simon and Schuster，1995.

性和集体记忆已经消失了。部分原因是城市的分散和公共领域的非空间化造成的。从社会空间的高度聚集赋予中心公共空间以重要意义的时期到城市中的场所和活动找到了一种更加分散的空间模式的时期之间存在着一个清晰的过渡。因此,公共空间丧失了许多它曾经在城市社会生活中扮演的角色①。最著名的历史公共空间可能是古希腊的市场(图 3-5),是当时主要的集会用的公共广场,它最重要的首先是市场,但又不仅仅是市场。它被设计成为城镇居民举行典礼和展览等活动的场所。因此,集会市场是一个整合了经济、政治和文化活动的场所。在某种意义上,过去传统的"公共空间"仍然可以感受到某些关乎"公共性"建构的痕迹。而在现代社会,古代城市的功能性整合几乎很少出现了。城市规模的不断扩大导致了城市空间的专门化,使公共领域的象征性和功能性的整合解体了,也难怪一些欧美学者对现在的公共空间多数沦为购物中心的现象,认为是对"公共"的一种贬低。

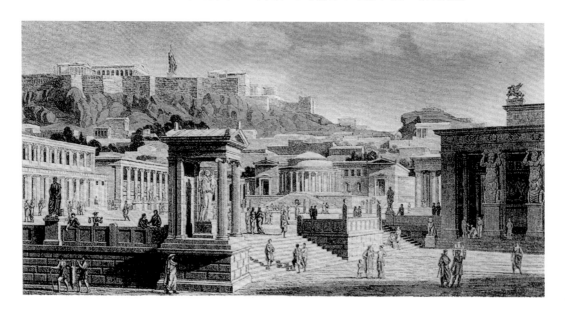

图 3-5　古希腊市场

图片来源:斯皮罗·科斯托夫. 城市的形成[M]. 单皓,译. 北京:中国建筑工业出版社,2005.

城市建设反映了一定社会的阶级观念和意志,必然由为统治阶级服务的社会公共部门

---

① 亚历山大·R. 卡斯伯特. 设计城市:城市设计的批判性导读[M]. 韩冬青,王正,韩晓峰,等译. 北京:中国建筑工业出版社,2011.

也就是现在的"规划管理部门"负责运作,反映出一定的超越社会个体意志的"公共性"。一般来说,公共部门的基本职能之一就是对社会公共事务进行管理。也就是说,在管理职能中,最根本的特性便是公共性,我们甚至可以说,归咎于管理职能的是一个纯粹的公共性的领域。陈纪凯曾指出:"管理实质上就是为了实现目标而进行一种控制,现代管理的基本目标是建立一个充满创造活力的自适应系统,以便在不断急剧变化的社会中得到持续、高效、低耗的输出高功能。"①

从而我们也可以将城市设计看作是公共管理的一部分,是对"公共领域"的设计与管理。公共领域的"公共性"实际上是一个由多种"公共性"组成的谱系。同样的,有关城市公共空间的问题,其解决的方式往往不是一个点,而是一个谱系。如城市开发过程是各种因素的集合,包括土地、劳动力、资本等,并利用他们形成产品,其过程涵盖着各种参与者和决策者,他们有各自的诉求、动机、资源和限制,并通过多种方式相互联系。英国的埃弗斯利·戴维(Eversley David)曾经指出:"既然规划师是决定人们应该在哪儿建设,不应该在哪儿建设,哪里应该是新建或拓展城镇或者是生长区域,哪里是国家公园,或者哪里是应该控制建设的自然保护区,电站应该选址在何处,以及运河应该重新开通、高速公路应该建设以及铁路应该关闭等的人,那么,事实上他就对这些大型国家产品及其效益的配置负有责任。"②城市设计在很多方面和城市规划是类似的,也涉及城市和城镇的资源和财富的重新分配,从而代表公共利益而获得了公共权利,作为政府公共部门用来缔造和控制城市空间品质的工具。阿里·马德尼波尔(Ali Madanipour)对于城市设计范畴的提法是"城市空间",而这个城市空间的概念是广义的,不仅包含了城市物质空间以及其中所有的建筑和物体,还包括社会空间——人、事件和他们之间的关系③。因此,城市开发体现出明显的公共性,是一种特定时间和地点的社会关系运行过程,其中包括各个重要的参与者,其中各级政府部门作为社会的公共部门,既有权力也有义务规范、调整其他参与者的行为,这一过程中的相互关系形成了一种"建设约束体系"④。

① 陈纪凯. 适应性城市设计:一种时效的城市设计理论及应用[M]. 北京:中国建筑工业出版社,2004.

② 克里夫·芒福汀. 街道与广场[M]. 张永刚,等译. 北京:中国建筑工业出版社,2004.

③ Madanipour A. Design of Urban Space:An Inquiry into a Socio-spatial Process[M]. New York:John Wiley and Sons,1996.

④ Ball M. Institutions in British Property Research:A Review[J]. Urban Study,1998(9).

从公共性的角度来看,城市设计的作用对象并非全部的城市空间,而只是其中有关公共利益的部分,这部分受到政府公共部门的控制,将其定义为"公共价值域"。公共价值域主要从满足需求角度出发,强调其价值属性,其内涵是城市的物质空间形态因被公众无偿使用和感受而具有公共价值的领域。公共价值域与通常所说的公共空间也有所区别,公共空间主要指空间可公共使用的性质,而公共价值域强调的则是城市空间的可感受性,除了物质上的可适用性外,还包括精神层面和美学范畴。一般情况下,作为公共部门,政府最重要的一项职能就是通过公共投资或实施公共干预来为市民提供公共物品。城市设计所追求的公共价值域,可以理解成具备经济、社会、美学等多元目标的城市公共利益的载体。从城市空间公共利益角度来看,城市设计能够带来城市经济、文化和环境等综合效益。随着市场经济逐渐发展和成熟,城市开发使私人开发与公共部门通过契约式的干预来获得双赢。比如在地产开发时,开发者往往会被要求建设相关的市政设施或景观配套,且一般对所有公众开放。

综上所述,城市是一个复杂的巨系统,有关城市的建设和发展涉及城市的各个部门,各个部门内部的决策一旦形成,其外部效应也就对城市空间的发展和建设产生作用和影响。因此,政府作为公共部门,就有必要为所有决策提供背景框架和整体引导,以使得有关城市建设的决策保持在统一的方向上,并且这些决策之间的相互作用能够保持协同。

3. 城市设计作为公共政策

从马克思主义政治经济学的视角看,由于空间具有极大的固定资本吸附能力,它为经济的周期性涨落提供了一种有力的消化手段。因此,如果说城市固定资本投资是经济转型期宏观调控政策的常规动作,那么作为落实于具体空间生产的控制性要素,很大程度上取决于城市设计提出的发展管控措施。从而,就不难理解城市设计不仅是空间规划的内容,同时还包括社会经济发展研究的内容,即其作为公共政策的功能与内涵。目前我国正处于经济转型期,面临的现实问题是如何通过城市设计合理引导固定资本投资的取向、操作方法、公共利益、资源配置等。其核心是效率与公平,它的实现需要一系列配合经济调控手段的城市治理规制,这也是目前我国与西方国家城市设计的主要差异。城市设计有必要回应制度导向,表现为从"策划—设计—建设—投入使用"的一系列连续决策过程[①]。

城市设计的产生及发展具有乌托邦色彩并一直伴随着社会改革的理想。虽然在各国的

---

① 李进. 近二十年中国现代城市设计发展背景分析[D]. 武汉:华中科技大学,2004.

城市发展实践中已经发挥了显著的作用,但其概念仍然缺乏一个必要的边界[①]。城市设计概念的多义性在某种程度上反映了这一学科迎合快速发展的城市问题,不断拓宽研究领域而发挥更广泛作用的特征。1960年代,西方城市设计开始植入人文社会学、城市生态学、公共政策等方面的内容,关注点从空间规划转向更广泛的城市治理与空间价值体系。在M.索斯沃斯(M. Southworth)研究的城市设计项目中2/3设计方案的目标直接有助于经济、文化的复苏和发展[②]。以美国为例,其城市设计控制政策是以设计审查制度为核心,以设计导则为方向与依据,以区划法为依托。

为应对当下城市设计学科发展与实践的需要,2016年中国城市规划年会上讨论了城市设计的公共政策与城市治理等相关问题,提出了《城市设计基本技术规定(讨论稿)》[③],有助于厘清城市设计分层次管控的基本内容维度。随后,城市设计学术委员会以"制度与创新"为主题,重点提出城市设计的制度建构与创新发展问题,讨论"建立基于城市公共政策体系的城市设计框架"[④]。认为城市设计公共政策体系是全部门、全民众对于城市空间发展的共同认知,代表群体共同的目标,反映社会群体的价值观,是经济、人口、土地和社会发展等各项政策的落实机制,对应空间政策的指引和城市美学价值观。它的基本特点包括多重社会利益参与、多学科融会贯通、以城市三维空间为载体、以实现城市的长远发展为目标。

城市设计作为一项科学技术工作不能解决全部的城市问题,但是它能直接提供经济发展的合适环境,从而间接地带来经济效益,提供就业岗位。此外它还能够通过对城市文化环境建构来形成城市居民趋向,塑造城市个性,推进城市发展。因此,城市设计作为公共干预手段具有两种基本方式,分别是形态的城市设计(Physical Measures)和规章的城市设计(Regulatory Measures)[⑤],也即"空间规划"和"公共政策"两个维度。前者关注"空间与统筹",后者更侧重"时间与管理",两者密不可分。空间规划反映了公共政策落实在空间上的

① 刘宛. 城市设计概念发展评述[J]. 城市规划,2000(12):16-19.

② 王伟强. 和谐城市的塑造:关于城市空间形态演变的政治经济学实证分析[M]. 北京:中国建筑工业出版社,2005.

③ 2016中国城市规划年会,东南大学建筑学院教授段进受邀在"机遇·使命·挑战"专题论坛上做题为《管理导向的城市设计技术方法思考》的主题报告。来源于www. planning. org. cn中国城市规划网。

④ 2016年11月19—20日,在以"制度与创新"为主题的中国城市规划学会城市设计学术委员会2016年会上,北京清华同衡规划设计研究院副院长、总规划师袁牧围绕"建立基于城市公共政策体系的城市设计框架"发表了自己的观点。

⑤ 王玉,张磊. 发达国家和地区的城市设计控制方法初探[J]. 规划师,2007(6):36-38.

统筹和管控,公共政策则更多地包含了发展时序轴线上的社会经济管理措施(图3-6)。

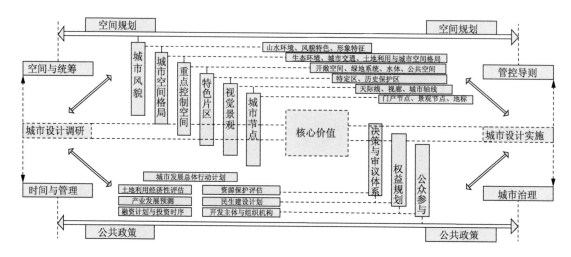

图3-6 "空间规划"和"公共政策"两个维度的相互关系

图片来源:徐晓燕.经济转型期城市设计作为公共政策的再思考[J].城市规划,2017,41(11):56-64.

从发展规律来看,欧美城市设计学科经历了从"注重形体物质空间—注重人—注重政策"的转变过程。这种变化规律相似性反映出城市设计发展的一些规律,即作为"技术工具—管理手段—公共政策"的过程。"城市设计应是一种解决经济、政治、社会和物质形式问题的手段"①,是"一种特定背景下的公共干预",是"管理城市转变的一种附加手段"。它"使当地发展的各种意愿和策略转变为实质性方法"②。从根本上看,围绕市场经济的核心,城市设计是通过公共政策手段不断平衡与调控效率和公平两大主题的过程③。

在中国的高速发展中,城市设计起到了重要的推动作用,体现为基于城市设计相比其他规划所具有的宽口径、非法定、地方性特点。它"允许管理者一定程度的调控"④,非法定性也较容易适应具体发展项目的落实和嵌入。另外,地方自主性,使之成为"一种解决经济、政治、社会和物质形式问题的手段"⑤。在这个阶段中,城市设计的主要任务是为城市整体或

① David G,Barry M. Concepts of Urban Design [M]. London:St Martin's Press,1984.

② 阿里·迈达尼普尔.辨析城市设计[J].张伏曦,译,新建筑,2013(6):18-25.

③ 王守梅,翟留栓.政治经济学通论[M].北京:北京师范大学出版社,2000.

④ Ashworth G J,Voogd H. Selling the City:Marketing Approaches in Public Sector Urban Planning [M]. London:Belhaven Press,1990.

⑤ David G,Barry M. Concepts of Urban Design [M]. London:St Martin's Press,1984.

者部分地区在建筑空间方面的发展提供各种引导性要求。面对快速的城市发展，人们甚至来不及从现有的城市发展政策和战略所暴露的缺陷中总结经验。因此，城市设计作为公共政策的功能未能也不足以得到重视与发挥。

而在目前的经济转型期，地方性发展架构显然缺乏相应的经验，也更加需要政策性发展研究的指引。一方面，经济减缓会使空间规划面临更多来自市场的压力，有可能导致资源错配，产生城市化泡沫；另一方面，城市发展进入存量消化阶段，各种物权关系日益复杂化，利益博弈和平衡将是城市发展中的主要矛盾。正如曼纽尔·卡斯特尔（Manuel Castells）指出，社会或者对抗性的运动会直接影响到任何城市实践的内容和过程①。在这种情况下，城市设计如果仅仅作为一种技术理性的结果，将较难发挥好"给这个机器上油"②的作用。基于当下经济转型期的背景讨论城市设计，我们不仅要关注城市设计的技术理性，同时应关注城市设计的经济理性与社会理性（图3-7）。

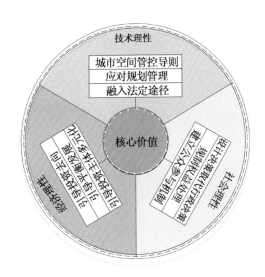

图3-7　技术理性、经济理性与社会理性

图片来源：徐晓燕. 经济转型期城市设计作为公共政策的再思考[J]. 城市规划，2017，41（11）：56-64.

---

① Castells M. Theory and Ideology in Urban Sociology [M]// Pichvance C J. Urban Sociology：Critical Essays. London：Methuen，1976.

② Hall P. Urban and Regional Planning [M]. London：Routledge，2003.

3.1.2 城市设计的制度性

1. 控制的形式:制度

要将城市设计纳入良性的控制框架和整体引导中,首先必须要认识到城市设计是一个连续的动态过程。一切可以研究的动态过程必然存在秩序。通过研究,秩序是可以发现的。秩序是一个系统范畴,反映的是系统的运行模式和状态,具体描述系统各构成要素在运行过程中所形成的状态的稳定程度。由于城市设计系统是由多要素组成的,这些要素各有不同的行为特点和运行规律,因而在运行过程中它们相互之间可能协调也可能不协调。如果系统的各要素能够协调发展,并共同趋向于系统的目标,则这种状态就是有序的;反之,如果这些要素之间相互摩擦,有的支持系统目标,有的背离系统目标,导致系统运行偏离原有目标或出现某种程度的无规则振荡,则这种状态就是无序的。对运动的研究必须承认无序状态的存在,同时,无序状态可以由有序的框架来研究和把握,最终实现以有序来将无序控制在一定幅度和秩序内。秩序在认识论上表现为规律,在方法论上则体现为控制。

对系统中各行为的管束、调节、约束等,其实就是不同程度的控制。系统中各要素不是独立存在的,而是互相联系的,每个因素的行为不是偶然发生的,而是和他人行为相关联的,同时,系统的开放性也决定了其与外界环境无时无刻不存在着的联系。秩序的实质就在于系统中各因素之间关系的稳定性、进程的连续性、主体行为的规则性等,要获得或维持良性的秩序,就意味着必然会和外界环境互相影响的各行为主体间的控制。安德鲁·舒特(Andrew Schotter)在1980年借助博弈论对秩序的形成做了缜密的分析[①]。他假设某一群体的行为存在一定的规律性,当这些人处于某一往复情境中,并满足以下条件时,就会形成秩序。这些条件包括:①群体中的每个人都遵守规律;②每个人都认为其他人会遵守规律;③在其他人遵守规律时,每个人都愿意遵守规律;④如果某个人背离了规律,那么某些或所有剩余的人都将背离规律,并且由于大家都背离了规律,从而整个群体的状况比较早于遵守规律时的情况。

因此,要对整个系统进行控制,除了对个体设计控制规范之外,还要为集体的行为提供一个相对稳定的控制框架。这种控制框架的表现形式就是制度。根据美国制度经济学家道

---

① Shotter A. The Economic Theory of Social Institutions[M]. Cambridge:Cambridge University Press,1980.

格拉斯·C. 诺斯(Douglass C. North)对制度的定义:"人为设计出来构建政治、经济和社会互动关系的约束……制度是社会的博弈规则,或更严格地说,是人类设计的制约人们相互行为的约束条件……制度定义和限制了个人的决策集合。"①因此,制度的核心内容是行为、组织与程序的价值稳定性,它既包括规范人们行为模式的各种风俗习惯、道德标准等非正式制度(Informal Constraints),也涵盖一系列法规、政策、契约等正式制度(Formal Constraints)。顾自安论述了这种制度的重要性:"在社会生活中,所有人际交往都需要一定程度的确定性和可预见性。而且仅当人们的行为受到规则和制度的约束时,个人行为和决策才变得稳定而可预见,而制度和规则(包括群体习俗和管理的存在)对于形成稳定预期和维系社会的行为秩序起到了至关重要的作用。"②由以上分析可知,制度本身并不直接决定秩序,而是通过影响人的预期来起作用的。

2. 制度与城市设计运作

城市设计是在现实世界中运作的,必定基于一定的制度环境,也就是"一系列用来建立生产、交换与分配基础的基本的政治、社会和法律基础规则"③,城市设计需要适应制度环境的变化和要求(图3-8)。从制度存在的原因可知,接受制度的控制既是控制主体的需要,也是被控制者自身的需要,可以减少不确定性。城市设计的目标是创造理想的城市空间环境,在实践中,则主要是通过对城市设计的控制,将开发和设计稳定在一个可预见的范围内,通过控制的制度来实施运作和管理,如果要将城市设计纳入良好的运作秩序中,就需要建立一个合适的制度体系。根据诺斯对制度的定义,影响城市设计控制系统的制度环境要素可以划分为"非正式制度"与"正式制度"。"正式制度"如社会政治背景、法律规章、管理政策、审批程序等,"非正式制度"则是社会的文化传统、行业习惯和行为共识等。这种划分是为了理论分析的方便,在客观世界中,正式制度与非正式制度对社会经济、对城市设计运作的发展的"共同影响"是很难完全分开的。非正式制度往往需要长时间的文化和意识形态的积累,具有持续和潜在的影响,并不断地影响和制约着正式制度。正式制度则是可以短期形成的

---

① 道格拉斯·C. 诺思. 制度、制度变迁与经济绩效[M]. 杭行,译. 上海:上海三联书店,2014.

② 顾自安. 制度为什么重要[EB/OL]. 2007-12-09[2008-01-01]. http://www.blogchina.com/20071209437121.html.

③ 戴维斯 L E,道格拉斯·C. 诺斯. 制度变迁的理论:概念与原因[M]. 刘守英,译. 上海:上海人民出版社,2003.(注:诺斯与上面注释①中诺思为同一人,出版社翻译不同)

各个层级的规范契约,比非正式制度具有更强的约束性和强制性。大多数国家和地区的城市设计的运行同时依赖于"正式"与"非正式"两种制度。美国、英国等国家主要通过"正式"制度开展城市设计活动,执行严格的城市设计审查制度,或将城市设计逐步渗透进城市规划法规体系中。在中国、日本发挥重要作用的则是城市设计的"非正式"制度。

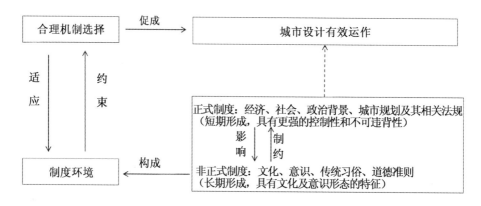

图 3-8　制度环境与城市设计运作机制之间的内在关系

图片来源:改绘自唐燕. 城市设计运作的制度与制度环境[M]. 北京:中国建筑工业出版社,2012.

影响城市设计运作的制度因素可以分为两类,即城市设计运作的"制度环境(外部约束)"以及城市设计运作的自身"制度(内部约束)"[①]。作为城市设计的制度环境,常常受到客观世界的"间接因素影响"与"直接因素影响"。间接因素主要是指国家在政治、法律、经济、社会等方面的制度安排,这些因素往往融为一体形成极其复杂的制度结构作为城市设计运作的制度环境,城市设计就在这些制度结构所界定的范围内运行。直接因素则是指城市规划、建筑景观、土地利用、环境保护等,特别是城市规划的法律法规、编制体系、审批程序等更是影响城市设计外界制度约束的直接影响因素,土地管理和权利归属等制度直接决定了土地利用的基本方式,是城市建设相关的行动规则基础。城市设计不仅要遵循这些因素的规则限制,还需要在实际的运作中妥善处理与各因素之间的内在联系,寻求整体的协调一致。各个国家或地区的城市设计运作都逃不开城市规划这个总的制度环境。

而城市设计运作的内部制度,或者说一定环境约束下的城市设计自身运作的行为规则,也包括"正式制度"和"非正式制度"。"正式制度"表现为法律规章、管理政策、行政文件等,

---

① 唐燕. 城市设计运作的制度与制度环境[M]. 北京:中国建筑工业出版社,2012.

并涉及相应的组织构建、管理程序和人员安排等,而"非正式制度"则体现为行业内部习惯、城市设计的行动共识和常规做法等对城市设计具有潜在影响的规范和约束。两者的分界线在于规则的建立是否借助政府、法规等强制力。一些国家和地区主要通过"正式制度"开展城市设计活动,如与区划相结合的美国城市设计运作制度,以及严格执行的城市设计审查机制,而我国城市设计的开展则主要是以行业共识和导则指引等"非正式制度"发挥重要作用,从国际经验来看两种途径的结合是更具有普遍性的模式。

3. 城市设计制度与制度经济学理论

城市设计的对象不仅具有直观的物质属性,更具有隐性的社会经济属性,要研究城市设计的运作,就必须在广泛的社会经济背景中考察。经济学在解释城市的形成、发展和城市结构的演化方面有着系统的理论,没有经济学的分析方法,我们无从知道城市规划所配置的城市空间各要素是否构成一个良好的城市结构,是否有效地运用了有限的资源——土地、资本及劳动力。将经济学理论作为城市设计控制系统研究的理论基础,是为了借鉴其研究方法,以及其在城市设计运作过程中的影响。

经济学理论与城市规划虽然从属于不同学科,但两者却具有十分重要的共同点,它们都无法将研究对象置于实验室中进行可控条件下的模拟、观察和试验,并借此获得精确的可重新验证的数据,尤其是城市规划学科,更多的是靠理性思维和逻辑推理来分析问题,而城市设计则是社会性更为明显的学科,无法用数据或试验来衡量,甚至还带有一定的主观评判标准。经济学理论日益关注社会性因素,更加强调理论现实作用的发展倾向,是城市规划和设计值得学习和借鉴的地方。

从 1750—1875 年间,以亚当·斯密(Adam Smith)为代表的古典经济学关注的是纯经济世界,斯密第一次宣称,任何生产部门的劳动都是财富的源泉。古典经济学从人类的本性出发建立经济理论体系,研究自由市场经济的理想竞争状态下,"富有利己之心又无正义感的市场交易者之间的自由竞争,以及由这种个人利益的竞争所创造的社会利益的和谐,即'自然秩序'发生、发展的机制"[①]。从新古典主义经济学开始,城市土地使用便成为其主要的研究领域。新古典经济学是一种规范理论(Normal Theory),探讨在自由市场经济的理想状态下资源配置的最优化。其中以研究微观经济学关于城市土地、城市建筑的美国经济

---

① 王根蓓. 市场秩序论[M]. 上海:上海财经大学出版社,1997.

学家威廉·阿隆索(William Alonso)的研究最有影响,用新古典主义经济理论解析了区位、土地租赁和土地利用之间的关系。他指出,由于不同的预算控制,各个土地使用者对于同一区位的经济评估(单位面积土地的投入和产出)是不一致的。并且,随着与城市中心的距离递增(意味着区位可达性的递减),各种土地使用者的效益递减速率(边际效益的变化)也是不相同的,从而形成一种不同土地使用者的竞租曲线(Bid Rent Curves)(图 3-9),表示土地成本和区位成本之间的权衡①。

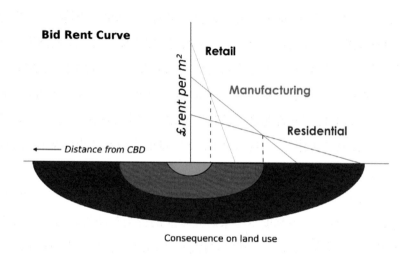

图 3-9 不同土地使用者的竞租曲线

图片来源:康芒斯. 制度经济学[M]. 于树生,译. 北京:商务印书馆,2009.

然而,仅仅根据市场制度来解释经济现象无疑是狭隘的。古典经济学与新古典经济学都忽略了政府这只"看不见的手"的调控作用。马克思批判地吸收了古典经济学家研究成果,以经济基础决定上层建筑,上层建筑反作用于经济基础这种思维框架来研究资本主义市场经济制度的本质及变化规律。通过论述资本主义制度下的市场经济发生、发展及至灭亡的运动规律,指出市场机制无法使个人利益和社会利益完善的结合,强调国家有计划调节功能的重视,并确信以生产资料公有制代替私有制将是合理的制度变迁和历史进步。马克思拓宽了经济学研究的视野,将制度变迁的要素引入到纯经济世界,使经济学研究具备了历史时间维度,拓展至整个社会,启发了制度经济学的创立。

---

① 唐子来. 西方城市空间结构研究的理论和方法[J]. 城市规划汇刊, 1997(6):1-11.

在马克思的思想基础上,J. R. 康芒斯(J. R. Commons)作为制度经济学创始人之一,提倡以"制度——集体行动控制个体行动的视角来考察经济活动,康芒斯的经济学是以集体行为和集体利益为基石的","集体行动不仅是对个体行动的控制——它通过控制的行为,是一种对个体行动的解放,使其免受强迫、威胁、歧视或不公平竞争"①。资源的稀缺性和需求的无限性之间的矛盾是经济学研究的永恒主题,协调的集体行动不是经济学的一种假设前提,而是集体行动的结果,其目的在于确认对控制冲突的规则的选择并维护它。"如果我们将制度细分为自愿性和强制性两种,前者指源于社会成员时间经验的共同惯例,如以等价交换为原则的价格机制;以及社会成员约定俗成的共同做法,如传统风俗。这些制度由社会成员或社会组织自助创造并自觉遵守,故称之为自愿性的制度安排。后者指由国家制定或认可,以强制力保证实施的法律与规范,可称为强制性的制度规范"②。从源流上讲,强制性的制度规范是由比较定性、持久使用并普遍遵循的自愿性制度安排发展而来的,因此,在实际中,这两种制度往往相互补充和协作——自愿性的制度安排能有效地约束常规性的利益冲突,强制性的制度规范善于调控超常规的利益冲突。

如果说制度经济学开创了经济学和法学、伦理学的融合,公共选择经济学则是经济学方法引入了政府决策领域,从政治制度本身来研究政府的行为与动机,"对人们从相互交换中互益的观念运用于政治决策领域"③。其主要代表人物 J. M. 布坎南(J. M. Buchanan)将政治舞台看成是一个经济学意义上的交易场所,从供给和需求两个侧面着手分析。公共选择经济支持者认为,有效率的政策结果并不是产生于某个政治领袖的头脑,而是产生于集团之间或组成集团的个体之间相互讨价还价的妥协与调整的政治过程。在选择自由、相互交易与合作的自由下,国家通过制定规则来保证人们的这种自由。领导人在这种体制下产生并受到约束。也就是说,公共选择理论关注的是具体的规则对决策者的决定作用。对于城市设计控制系统来说,城市设计政策的制定过程就是一个决策过程,这个决策过程包含着政治舞台上各参与方的利益角逐。城市设计政策的需求者是建设方、设计师以及公众,供给方则是政府公共部门。无论他们的活动多么复杂和有差异,但他们的行为都遵循一个共同的原则——效益最大化。公众希望城市设计的政策给自己的生活环境带来利益最大化;官员关

---

①　康芒斯. 制度经济学[M]. 于树生,译. 北京:商务印书馆,2009.
②　康芒斯. 制度经济学[M]. 于树生,译. 北京:商务印书馆,2009.
③　宋承先. 现代西方经济学[M]. 上海:复旦大学出版社,2009.

注的是建设项目对自己利益（如权利、名声等）的影响；建设方希望最小的成本和最大的收益；设计师则是希望自己的方案能得到落实。如何认识城市设计的决策过程，如何提高决策的科学性，公共选择经济学对本书的观点提供了重要的启发作用。

制度经济学和公共选择经济学为本书提供了建立经济—法律—社会的分析框架，而新制度经济学则直接提供了更多的理论资源。新制度经济学理论巨将和创始人罗纳德·H.科斯（Ronald H. Coase）发现和澄清了交易费用和产权对经济体制的生产制度结构及运用的作用和意义[①]。他的主要理论包含四部分：交易成本论、产权理论、委托代理理论、制度变迁理论。他认为，新制度经济学最核心的概念是交易成本和有限理性。交易成本在制度结构和人们做出的具体经济选择的决定中起着重要作用，制度的发生和演变就是为了节约交易成本。"把微观经济学所使用的成本——收益分析法引入制度变迁理论，是新制度经济学理论最具特色的地方，正是依靠成本——收益分析法，新制度经济学才实现了制度分析与新古典理论的整合，使制度分析纳入了经济学分析的框架之内"[②]。

依据科斯和诺斯的制度理论，我们可以研究城市设计制度的变迁。城市设计是否需要制度的调整和优化，主要取决于调整后的城市设计制度能否降低城市设计活动的"交易费用"要求，从而提高城市设计的运作效率。城市设计的制度变革，其实质就是要促进城市设计的"成本"和"收益"关系向"低成本、高效率"的方向转化。城市设计的成本涵盖决策成本、实施成本、管制成本等，其带来的收益则涉及社会、经济和环境的多个方面。城市设计的成本和收益很多时候不只是金钱方面，还可能涉及环境、社会和市民心理层面。罗伯特·海幕雷（Robert Helmreich）运用"成本—收益"模型分析了人们居住水平和环境价值之间的关系（图3-10）。在海幕雷的模型中，居住成本与环境收益的关系被划分为三个区域："有些配置的成本可能是极其高昂的，但是由于带来的相关经济和心理价值也很高，所以人们得以接受；另外有些状况则是非常不舒适的，并且回报也极其低下，所以一旦有了替换的可能，这些设置就会被改变，除非人们出于政治或经济原因不得不忍受；还有的状况就是成本很少，回报很高，这是最理想的情形。"[③]根据海幕雷的模型，我国目前的城市设计运作长期处于不期望的领域，一种"低质的状态"。例如一些追求政绩工程的官员不计成本的大拆大建，不顾后

① 易宪容. 科斯评传[M]. 太原：山西经济出版社，1998.
② 彭德琳. 新制度经济学[M]. 武汉：湖北人民出版社，2002.
③ Lang J. Urban Design：The American Experience[M]. New York：Van Nostrand Reinhold，1994.

续使用维护,常常造成城市建设的代价昂贵的败笔;另一方面,很多城市还没有成熟完善的城市规划体系,一些规划和法规的执行和管理比较粗放,有的地方政府甚至违反法定权限和程序,擅自批准变更固化、调整容积率,"一届领导,一轮规划",导致城市设计的消耗成本远远大于其带来的利益,造成社会资源的极大浪费。因此,城市设计制度的问题亟须深入的研究和完善。

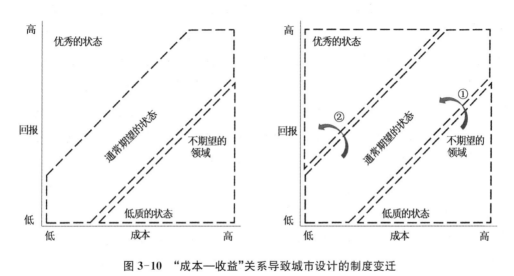

图3-10　"成本—收益"关系导致城市设计的制度变迁

图片来源:Helmreich R. The Evaluation of Environments:Behavioral Research in an Undersea Habitat

通过分析与制度有关的经济学理论,我们可以总结,受德国历史学派、美国实用主义思潮、达尔文进化论等的影响,制度经济学形成了一种有别于传统经济学(建立在抽象演绎法基础上)的研究新范式。与传统经济学忽视人性、制度、时间等人文因素的做法不同,新制度经济学认识到制度因素对于社会经济研究的重要作用,即经济的增长和社会的发展正是人们在新的制度安排下的激励,通过有序竞争寻求更高效率和经济价值的过程而实现的。制度经济学注重历史、注重环境差异、注重归纳总结、注重实用的研究思想对经济学理论产生了革命性影响[1],对研究与经济学息息相关的城市规划与设计制度带来了新的理论指导和研究方法的启发。

---

① 顾自安. 制度为什么重要［EB/OL］.（2007 - 12 - 09）［2008 - 01 - 01］. http://www.blogchina.com/20071209437121.html.

综上,讨论城市设计的制度性问题,主要就是确立有利于城市设计发展的各种正式和非正式的约束,把那些符合城市设计实践特点的要素固定下来,使之成为有利于城市设计理论建设和实践发展的重要保障,建立稳定明确的控制规则来提高城市设计的运作实效。

3.1.3 城市设计的交互性

凯文·林奇在《城市形态》中表述:"城市可以被看作是一个故事、一群反映人群关系的图示、一个整体和分散并存的空间、一个物质作用的领域、一个相关决策的系列或者一个充满矛盾的领域。而这些暗喻中包含很多有价值的内容:历史的延续,稳定的平衡,运行的效率,有能力的决策和管理,最大限度地相互作用,甚至政治斗争的过程。"[①]在过去的传统规划中,人们将空间的物质性和社会性分离,忽视了其生产过程是与社会的互动过程,缺乏对空间生产与社会主体关系的认识。这种"价值中立的空间利益观"是假设不需要公众或他们的政治代表之间相互博弈和协商的讨论,城市空间的产生仅仅是一个工程技术的实现过程。尽管《雅典宪章》认识到民众的利益是城市规划的基础,认为"对于从事城市规划的工作者,人的需要和以人为出发点的价值衡量是一切建设工作成功的关键",但对人的认识问题上仍过于理想化和单一化。宪章将社会主体看成是无差异的社会整体,将"好"的城市规划和城市设计价值取向标准化,自以为是地认为自己代表了"公众利益",然而这种一厢情愿的自我设定并不一定获得大众认可,里斯勋爵是这样评论英国新城计划的:"在这个国家内,没有多少人愿意扩大现有携带卫星城的城市;许多人感到,无论从哪一点看,过去数百年的这种郊区蔓延现象是很糟糕的。"[②]

事实上,城市不仅体现为包含众多主体行为的物理空间,还体现为包含社会组织关系的参照空间,而人们正是透过物理空间的构成来考察与此相关的社会关系。城市设计正是作为一种分配空间资源的手段,需要以协调各种利益主体之间的关系为目标。因此,城市设计可以理解成为一种交互性的对话过程,即为寻求社会交流而对整个设计和设计的决策进行批判和调整的过程。从而城市设计不是凭一己之力就能实现的,涉及所有社会参与方包括公众在内的利益攸关者,这些利益主体在整个城市设计过程中的参与过程与交互过程至关

---

① 凯文·林奇. 城市形态[M]. 林庆怡,陈朝辉,邓华,译. 北京:华夏出版社,2001.
② 尼格尔·泰勒. 1945 年后西方城市规划理论的流变[M]. 李白玉,陈贞,译. 北京:中国建筑工业出版社,2006.

重要。总的来说,城市设计需要以团队的形式,尽可能地在交互的过程中协调各利益方解决问题并做出决策,实现"参与性智慧的集约"(图 3-11)。我们可以从以下两个方面理解城市设计的交互性。

图 3-11　多元构成的城市设计

图片来源:笔者自绘

1. 利益的交互性

城市设计的运作和实施处于一个广阔的背景和体系中,经济、政治、社会人文价值观等构成了个体决策行为的原则框架,从而形成各利益主体参与开发的动机、目标、相互博弈关系等,成为城市设计的运作控制体系中的主要影响因素。开发者和公众都是目标单一者,在参与设计的全过程中基本只是从自我的利益来考虑,其诉求很少会从更为宏观和相对"无私"的角度来考虑公共领域或城市整体的形态和环境问题。因此,一般意义上的"社会公共利益"通常由作为公共部门的政府规划管理部门来考虑,并由专家在城市设计的一些评审和咨询环节提供技术和理论支持。不同的参与者在城市设计实施过程中都有着各自的角色(表 3-1),卡莫纳总结了各参与者在开发过程中的几个普遍衡量标准:经济目的——该参与者关注的是开发项目是否能达到开支的最小化与收益的最大化;时间跨度——该参与者与开发项目之间的牵连与利益关系主要是远期的还是近期的;设计的功能性——该参与者对开发项目是否满足功能要求的能力有特别的关注;设计外观以及与环境的关系——该参与者主要关注开发建筑与周边环境的关系。

表 3-1　开发参与者中"需求方"的动机

开发参与者的角色	动机构成因素				
	价格因素		设计因素		
	时间范围	投资策略	设计的功能性	外观	与环境的关系
开发者	长期	利润最大化	有 但基本上是为了达到经济目的	有 但基本上为了达到经济目的	有 在建立与环境的积极联系能够带来利益的前提下
使用者	长期	支出最小化	有	有 但前提仅仅是该设计外观能够代表或象征他们	有 在建立与环境的积极联系能够带来利益的前提下

开发参与者的角色	动机构成因素				
	价格因素		设计因素		
	时间范围	投资策略	设计的功能性	外观	与环境的关系
规划部门	长期	中立（原则上）	有	有 前提是他们能够与周边环境相协调而成为整体环境的一部分	有 前提是他们能够成为整体的一部分
邻近土地的使用者	长期	保护房地产价值	没有	有 前提是新开放项目的外形具有积极或消极的影响	有 前提是新开放项目的外形具有积极或消极的影响
公众	长期	中立	有 前提是建筑能够方便被普通公众使用	有 前提是它能够限定并增加公共空间领域的宜人性	有 前提是增强周边环境的宜人性

要充分地理解城市设计运作的实施控制系统，就必须了解参与其中的各利益攸关者，包括他们的动机、价值观、行为、相互关系等。不同的参与者在运作过程中扮演的角色不同，分析时常常是将这些参与者分开单独进行考虑，但实际上，单个参与者经常汇集数种角色于一身，而且这些参与者的行为与利益往往是关联在一起的。

利益主体的概念来源于公司管理领域："利益主体是指那些能够影响企业的目标达成，或者企业达成目标中受到影响的个体和群体。"这解释了利益的社会属性，表明主体对利益的追求并不是孤立存在的，而是通过社会关系来展开，在追求利益的过程中必须与相关主题发生联系，如进行合作或者竞争。在城市设计对城市资源分配过程中，利益主体是指那些参与分配，能够在分配过程中受益的个体和群体。城市设计过程涉及多元的利益群体，各个利益主体的动机、目标、相互关系，以及相应权利等方面有着较大的差异，而这些差异决定了现实的分配关系。利益冲突则是利益主体基于利益差别和矛盾而产生的利益纠纷和利益争夺。利益纠纷是利益主体之间的一种动态状况，即不同的利益主体由于所追求的利益目标不同，处于自觉或不自觉的对立之中，利益的满足或者利益冲突不断缓解的过程，就是以利益主体需要为起点和基本动力，以主体的实践活动及其成果为手段和客观基础，以主体需要随实践成果增加而不断得到满足为目的和归宿的社会发展过程。

在理论上,这些利益主体都有着各自合理的价值诉求(表3-2),也都有着全面参与的意愿,但实际上由于经济实力、教育程度等方面的因素,各个利益主体对空间的影响和支配能力存在着一定的差异。首先,开发商、投资商、管理者等利益群体因其具有较强的经济实力,他们有能力利用各种资源,以各种形式诉求自身利益,影响政府决策,成为强势群体。作为

表3-2 不同利益主体关注城市设计的原因及动机

	利益主体	主要动机	对好的城市设计的关注
私人利益	土地所有者	最大限度地从土地开发中获得回报	仅在利益不会被破坏并且其他财产也获得保护的范围内
	短期集资者	确保经济安全,风险和回报间的平衡	仅当高风险能够被高回报率平衡时
	开发者	生产可建造的、适于销售的、有利可图的建造产品	如果好的城市设计能够促进销售或者获利
	专业设计者	满足设计概要设定的条件,满足雇主、个人的设计、创新	取决于受训练的情况,通常关注建筑设计而牺牲城市设计
	长期投资者	好的资金流动,运作成本低并且易于维护,长时期的获利	如果市场存在,并且好的城市设计能够增加获利、减少长时期的运行成本时
	管理代理人	管理效率	仅当增加的费用能够通过高收费获得时
	租用者	钱的价值,灵活的、安全的、功能的、合理的形象	仅当好的城市设计能够创造更加有效的工作环境,并且费用上可支付时
公共利益	规划执政者	保护地方宜居性;分配规划获利,满足规划政策要求;注重广泛的公共利益,降低环境影响	高度关注,但是经常不能清楚说明设计要求,或者解决广泛存在的经济和社会目标不协调一致的问题
	道路交通执政者	安全、有效、可采用的(道路)	只有当功能要求能够被最先满足时
	消防及紧急服务机构	在紧急事件发生时的可达性	没有直接的关注
	警察	通过设计来阻止犯罪	仅当好的设计能够提高意象,减少犯罪时
	建筑控制	通过设计来保护公共安全	没有直接的关注
社区利益	非政府的宜居性组织	设计和用途与现有文脉协调一致	高度关注,但通常在景观上很保守
	地方社区	反映地方的喜好,保护财产价值	高度关注,但通常希望地方上没有任何再开发

开发者来说,总是希望从地段积极的外在形态中获益,同时避免消极因素的影响。他们的利益在政府的政策中得到反映,因而得到相应制度上的保障,并存在放大的可能性。随着社会结构的进一步分化,这些利益群体还会结成各种正式与非正式的团体,构成实质上的利益集团,更主动地影响甚至主导政府决策。而同时,公众作为弱势群体,自身既没有资源,也没有能力利用各种资源,缺少各种正常有效的途径和通道来诉求利益。弱势群体在市场机制强化的过程中被边缘化,其利益诉求在政府决策中不能得到反映,与强势群体集团化相反,构成各种弱势群体的公众仍处于孤立的个体或少数人集合的分散状态,因此,弱势群体不能以利益集团的形式来进行利益表达,或者说,其利益要么难以表达,要么以其分散的表达难以影响政府决策。

因此,相对于普通公众来讲,开发商、投资商和政府官员是空间决策的强势群体,他们常常利用自身经济和权利上的优势,侵占公众利益,赚取更多的个人利益。而普通公众在空间决策上却没有话语权,成为空间决策的弱势群体。在这个过程中,更多地体现了市场经济对于城市公平性的剥夺。在很多现实情况下,由于强势群体的优势,而导致出现非公平空间资源分配现象,公共资源被独占或侵犯,私有化和低质的现象突出。从市场经济来看,开发商追求个人利益无可厚非,但作为保障公共利益和提供公共服务的城市政府,在其中完全服从经济利益,就会带来社会发展的不公平。正如约翰·弗里德曼所言:"如果任由住地选择、私人投资,以及漠视或疏忽公众行动等行为自行其是,最终必将导致人们在获取基本需求方面的不均衡——而且常常是很不均衡。然而,这种不均衡的获取不只是社会公平问题。它赋予那些特权群体以更大的权力,同时剥夺那些贫困群体的权力,阻止后者努力走出贫困,促进富人的财富增长,最终使得社会两极的对峙变得危险且不可持续。"①

如今,随着社会公众公民意识的崛起,在城市设计过程和城市开发建设过程中,公众为了维护自身的利益常常与开发商或政府部门产生利益纠纷。因此,面对城市设计过程中的诸多利益冲突,城市设计者更需要以专业的角度,在城市整体层面上考虑和分析问题,给予公共空间资源的创造和维护应有的地位。城市设计不仅要关心开发者的意图和利益,更应关心使用者即广大公众对环境的需求和期望,特别不能忽视低收入阶层的观点和要求(表3-3)。在这个意义上,城市规划师和设计师被认为是公共利益的代言人。M. 斯考特

---

① 约翰·弗里德曼. 全球化与萌生中的规划文化[J]. 刘健,译. 国外城市规划,2005(5):43-52.

(M. Scott)认为,规划师的使命应当是"献身于公共利益,并在综合性规划过程中应用原理和技术"。从空间决策角度来看,争取投资渠道和给予决策权力只能是实现空间塑造的一种手段,设计和建设服务于公众的城市空间才是目的,在这一点上是不能本末倒置的。

表3-3　城市设计价值的受益者

主体	短期价值(社会、经济和环境)	长期价值(社会、经济和环境)
投资者	确保市场投资的安全性;高的租金回报;增加资产价值;减少运行成本;具有竞争力的投资边际	高质量的材料更容易被维护;保持资产价值/收入;减少维护成本(全生命周期);更高的再出售价格;更高质量、更长时期的承租人
开发者	很效率的许可(减少成本和不确定性);增加公众的支持(减少反对);更高的出售价值(利润率);独特性(加大产品差距);增加融资潜力(公共/私人);允许改造有建设难度的场地,并因此获得更高的建设密度	更好的声誉(提高信任、品牌价值);更多和其他开发者、投资者未来进行合作的可能性
设计者	增加工作来源,获得来自高素质、稳定顾客的再次委托任务	提高职业声誉
租用者	—	愉快的劳动(更好地招收新员工和保持旧员工的活力);更好的生产力;增加业务方(顾客)的信任;更少的搬迁次数;对其他设施的更高的可达性;减少保安费用;增加使用者的声望;减少运行成本
地方执法者	更新潜力(带动其他地区的开发);减少公共与私人利益或意见的不一致,减少规划重复编制的次数	减少公共支出(防止犯罪、城市管理、城市维护、健康问题);更多的积极肯定的规划;提高邻近地区的经济生存能力和开发机会;增加地方税收;塑造更多可持续发展的空间环境
社区利益	—	更安全,减少犯罪;增加文化活力;减少污染,环境更健康;减少压力;生活质量的提高;更多内容丰富的公共空间;更加公平、易达的环境;更强烈的市民自豪感(社区感);加强场所感觉;更高的财产价格

2. 行为的交互性

按照德国思想家哈贝马斯的观点,社会行为从理论社会学角度可以划分为四种:目的行为①、规范调节行为②、戏剧性为③和交往行为。其中交往行为（Communicative Action）是指，至少两个以上的具有语言能力和行动能力的主体之间通过符号协调的互动所达成的相互理解或一致的行为。解释（Interpretation）与认同（Agreement）是交往行为的核心。在这种行为模式中，语言具有特别重要的价值地位④。因此，语言是交往主体之间对话的媒介。为了达到交往的合理性，必须在将语言作为理解中介的基础上，建立起人们之间合理的秩序，从而达到诸多方面合理性的统一。

在一个市民社会和实行治理的条件下，人与人之间的交往质量直接决定了社会的发展状况，这是社会中所有的活动都建立在交往及其质量的条件下产生的结果。马克思早期著作中所运用的"交往形式"或"交往关系"比后来使用的"生产关系"有更广泛和准确的含义。人在生产过程中发生两种关系，一是人与自然的关系，形成生产力；二是人与人的关系，形成交往关系。前者表现为人的"工具行为"，后者表现为人的"交往行为"⑤。交往行为虽然有与工具行为相一致的一面，但也有着自身的内在规律。由此，马克思主张同时运用生产力和交往形式两种尺度来衡量社会的进步。

在哈贝马斯看来，交往行为实质上是主体之间以语言为媒介的对话的关系。人与人之间的伦理关系的调整、共同规范的认可和维护是通过商谈来进行的。要实现这一点，首要的是建立起正常的人与人之间的秩序，必须承认和重视社会中存在的共同的规范标准，因为这些规范标准影响和约束着每个人的行为，它们是社会关系不受干扰和破坏而得以维持的前提。在晚期资本主义社会里，虽然存在着大量的交往行为，但交往行为却是不合理的，这既是因为科学技术起了统治性作用，把交往行为纳入工具行为的功能范围之中，也是因为国家对人的生活世界的干预，使得人的交往受到政治、经济等方面的控制和支配，同时又是因为

---

① 目的行为（Teleological Action），这是行为者通过选择一定的有效手段，并以适当的方式运用这种手段而实现某种目的的行为。这种行为在不同场合又可扩展为带有功利主义色彩的"策略性行为"和"工具行为"。

② 规范调节行为（Normatively Regulated Action），这是一种社会集团的成员以遵循共同的价值规范为取向的行为。由于这类行为所涉及的是社会集团中各个成员的内部的相互关系，每个成员都必须遵守社会集团共同认可的"规范"。

③ 戏剧行为（Dramaturgical Action），这是一种行为者通过或多或少地表现自己的主观性，而在公众中形成一定的关于他本人的观点和印象的行为。由于每一个参与者具有对自己的意图、思想、愿望、感情进行引导的特权，所以，他在"自我表现"中可以控制观众对自身（角色）思想和意念境界的理解程度。

④ 郑召利. 哈贝马斯的交往行为理论：兼论与马克思学说的相互关联[M]. 上海：复旦大学出版社，2002.

⑤ 庞正元. 当代西方社会发展理论新词典[M]. 长春：吉林人民出版社，2001.

金钱和权力充当了交往的媒介,使交往偏离了理解的目的。这样一来,人们便不能互相理解和信任,从而发生种种冲突和斗争。要改变这种状况,最根本的任务就在于实现"交往合理化"。而交往合理化的结果是将减弱压抑程度和行为固定化的程度,转向一种允许角色差异、灵活使用可反思的规范的行为控制模式,从而为社会成员提供进一步解放和不断个体化的机会。实现"交往合理化"的重点在于建立社会成员认可并尊重的共同规范。哈贝马斯提出了建立规范的两个原则:一是"普遍化原则",确定的规范标准应能代表大多数人的意志,能被人们普遍认可并遵循;二是"论证原则",要让所有有关的人都能参加制定规范标准的商谈和论证,以求达到意见的一致。

约翰·福雷斯特(John Forester)在哈贝马斯的社会批判理论和沟通理论的基本框架的基础上,对规划领域进行了全面而综合的论述。他认为,规划师的日常工作基本上是沟通性的工作,但在组织和结构层次方面同时也是历史的和政治经济的。依据哈贝马斯的方法论基础,福雷斯特认为规划中有两项非常核心的但仍未得到广泛重视的活动,就是倾听和设计[1]。在一个充满利益竞争和在地位、资源等方面存在着严重不平等的社会中,规划想要引导未来的行动,就必然处在权力运作的过程中,规划也只有在权力运作的过程中才能发挥作用。因此,规划师也并非是在价值中立的状态中进行工作。在一个民主的社会中,各种受到影响的利益者都会发出自己的声音,提出自己的要求。规划师是在一定的政治制度内开展工作的,也就要受到制度的限制,并对政治问题产生作用。福雷斯特指出,规划师想要在实践中追求合理性,就必须能够政治地思考问题并政治地行动,但这并非是要规划师去竞选候选人,而是去预测和重新组合权力与无权力之间的关系。规划师只有对权力关系、相互竞争的需求和利益以及政治经济结构的背景进行明确的评价,才有可能对实际的需要和问题做出回应,此时才有可能使用接近于理性的方法。

因此,对城市空间的理解需要同时考虑它的物质维度、社会维度和象征维度[2]。前文已经论述过,城市设计是一门需要联系多种专业和领域的学科。城市设计师利用视觉和符号的沟通,结合技术性、创造性和社会性与世界发生关联。因此,哈贝马斯的交往行为理论为我们提供了一种对组成城市设计过程的行动系列的了解,其中有三种既有区别又相互交织

---

① Forester J. Planning in the Face of Power[M]. Berkeley:University of California Press,1988.
② 阿里·马德尼波尔. 城市空间设计:社会·空间过程的调查研究[M]. 欧阳文,梁海燕,宋树旭,译. 北京:中国建筑工业出版社,2009.

的关联组合：设计师与客观世界通过科学和技术的应用的相互作用阶段；设计师与其他个人和组织制定社会秩序的阶段；设计师与其充满自我理想和意象的主观世界相互作用的阶段。建立在建成环境复杂性的基础上，这些解析意义上的不同阶段紧密联系形成了一个复杂的过程①。根据前文对于城市设计过程中控制思想的产生和发展过程的分析，对城市设计的控制正是为了应对设计过程的这种复杂性而产生的，为了对建成环境的功利价值、伦理价值和审美价值形成过程的控制，控制的框架和系统必须同时处理客观的、社会的和主观的内容。在哈贝马斯看来，只有交往行为才能胜任，因此，不难得出这样的结论：城市设计过程的控制是一种交往行为。基于前文对城市设计的基础分析，其复杂性和多维度决定了其过程必须经过分化和整合才能保证合理的秩序和正常的运行，并同时处理客观的、主观的和社会的价值内容，因此，为了应对这种复杂性，对城市设计过程控制的必要性不言而喻。这种控制显然是一种交往行为，其处理的正是组织与组织、人与人之间的关系。

3.2　核心目标

　　城市系统异常复杂，城市主体又处于社会关系网络之中，有着各自不同的价值取向，当面对城市出现的问题时，任何个体和组织都无法做到置身事外并客观全面地分析问题。而快速建设的客观需求，使得针对现实问题的城市设计，往往会采取一种"打补丁"的方式，以一种"头痛医头，脚痛医脚"的思维来进行操作，难以顾及问题的全局，人们对问题理解具有不可避免的有限性。与此同时，决策与操作的主体因其特有的价值观、利益考虑、权利范围及可利用的资源，对问题的理解具有强烈的主观色彩。而正因为对问题理解的有限性和主观性，找到的解决办法通常是治标不治本，只能阶段性地缓解问题。

　　更为实际的是，由于城市空间的复杂性和利益群体矛盾的客观性，我们不可能把出现的所有问题一一完美解决，我们只能集中精力调整平衡各个利益群体之间的关系，使矛盾各方保持一定的制衡关系，使全局保持稳定势态。概括来说，城市设计控制系统的目标是对城市或地块空间发展进行整体性和战略性"谋划"，表现为对产品与过程的谋划，即空间关系和行

---

① 阿里·马德尼波尔.城市空间设计：社会·空间过程的调查研究[M].欧阳文,梁海燕,宋树旭,译.北京：中国建筑工业出版社,2009.

动关系的双重谋划,以整体性思维把握城市空间资源的分配,以促进城市整体效益的最优化或最大化。

3.2.1 空间关系

城市设计既不是"放大"的建筑设计,也不是"深化"的城市规划,"城市设计可以说是相互关系的设计"①。对于这一论点,前文已着重论述。也就是说,城市环境中的人才是真正的核心,人的活动决定着人与环境的关系,从而对城市设计提出相应的要求。J. 比林厄姆(J. Billingham)在《城市设计手册》(*Urban Design Source Book*)中写道:"城市设计关注城市的物质形式、建筑与建筑之间的空间。城市设计研究针对城市物质形式和产生物质形态的社会力量之间的关系"②。

综上,城市设计是在建构一种"关系",这种关系不仅体现在物质层面上,包括不同建筑之间的关系,建筑与街道的关系,广场、公园及其他构成公共领域的空间的关系,也体现在更为广泛的非物质层面上,包括主体与主体活动,及其所代表的利益关系。因此,在城市设计实践中,探寻空间层面的联系——区位关系、交通联系、建筑关系、环境关系、活动关系等,与时间层面的联系——历史文脉、活动周期、开发时序等是城市设计实践的主要内容,城市设计通过对关系的梳理与整合,建构城市设计的目标,制定城市设计策略,进而指导下一层次城市建设的运作。

复杂的城市是由若干要素及若干关联组成的,在进行空间全局谋划时,考虑全部的要素和关联是无法实现,也是不现实的。关联也会存在关键的少数和不关键的多数,谋划的关键就是在众多的关联中,寻找到最有价值最为关键的关联,来实现发展的纲要。如我们经常说资源稀缺,其实稀缺的总是极少数关键的资源,失败的关键总是由极少数的关键部分决定的。简化目标地区内外关联,寻找和聚焦核心议题,在保证了发展方向的同时,也实现了资源的集约化利用。

城市设计是"设计城市,而非设计建筑",关注建筑与建筑之间、建筑与城市空间之间、多个城市空间之间的关系,被认为是对"关系的设计"。卡米洛·西特(Camillo Sitte)就认为

---

① 西村幸夫. 城市设计思潮备忘录[J]. 张松,译. 新建筑,1999(6):7-10.

② Billingham J. Urban Design Source Book[M]. London:Urban Design Group,1994:24.

建筑物本身已不能解决城市问题,他提出在城市空间发展过程中变化的是空间的"骨架",而不是个体建筑本身,城市设计处理的重点正是这种"骨架"。在"城市空间的延伸中,建筑物不过是城市骨架在其发展过程中的实体,而时间的延伸使城市的骨架处于不断的演变中。"①

城市设计控制系统处理的相互关系不仅包括一个项目与其周边空间及用地的关系,还应包括多个项目之间的关系、项目与整个城市的关系等等。正如培根在《城市设计》这本经典著作结尾时说道:"我们能否取得成就的关键在于我们能否从解决问题时只见树木不见森林的做法中脱颖而出,开始对城市全局着眼,作为一个有机整体来研究。""不需要对一个地区的每一平方英尺都设计其细部方能得到一件伟大的作品。"巴奈特在他的每一本论城市设计的著作中反复强调:"每个城市设计项目都应放在比该项目高一层次的空间背景中去审视",这就意味着对每个项目的设计思维应该具有超越性,不能就事论事,就点论点。城市设计控制系统,不仅在微观上将开发项目本身置于研究范围内城市空间的网络中,而且在中观与宏观上建立与周边环境空间,甚至整个城市空间的关系。

城市设计控制系统处理的关系还应包括时间要素。时间和空间总是紧密地联系在一起,作为对时间和建成环境关系的杰出概括,林奇在他的《此地是何时?》(*What Time Is This Place*)一书中指出,时间和空间是"我们体验环境的基本框架,我们生活在时空之中"②。城市设计从本质来看,是在时间和空间动态变化过程中的一种设计行为,"城市设计既与空间有关又与时间有关,因为它的构成元素不但在空间上分布,而且在不同的时间由不同的人建造完成。从这个意义上城市设计是对城市形态发展的管理。这种管理是困难的,因为它有多个甲方,发展计划不是那么明确,控制只能是不彻底的,而且没有明确的完成状态"③。

时间的变化包括周期性变化和渐进的、发展的、不可逆转的变化。变化自身是对上一次变化的回应,并促使了进一步变化的产生。城市设计控制系统在对历史变化理解的基础上,

① Sitte C, Stewart C T. 城市建设艺术:遵循艺术原则进行城市建设[M]. 仲德崑,译. 南京:东南大学出版社,1990.

② Lynch K. What Time is this Place? [M]. Cambridge, Mass:MIT Press, 1972.

③ Greenstreet R C, Lai T Y. Law in Urban Design and Planning:The Invisible Web[J]. Journal of Architectural Education, 1989,43(1):55.

识别此时或将来可能发展的变化、潜在的机会和限制。正如林奇认为"有效的设计行为"和"内在的一致性"是基于"一个很强的时间意识：一种强烈的现代感，很好地联系过去和未来，感觉到变化，以及能够充分利用和欣赏这些变化"①。在城市设计控制系统中，对时间维度的全局理解主要表现在对城市空间发展及其相关政策、规划的梳理总结和对城市空间未来发展时序的安排。

同时，城市设计控制系统还应对未来发展有所预期和引导，在起始项目中创造出一些积极的空间元素，通过对这些元素进行有效的控制，它们就能像化学反应中的触媒一样促使下一个项目的连贯、整体地开发，如此链条式地一个接一个项目持续发展，在这个过程中，城市设计控制系统显示出对未来开发项目的自动介入的持续控制作用。

如上文所述，城市空间关系不仅体现在物质层面，还体现在更为深层的社会价值和利益层面。因此，对空间关系的处理就不能不考虑其所涉及的各个主体的利益关系，而这往往是由空间结果与空间形成的过程共同体现的。

最后，城市设计控制系统以整体性、超越性的思维考虑城市或地区时空存在的若干关系，但并不是不分重点地考虑所有关系。所谓"谋划"，就意味着要抓大放小、抓重点放局部。因此，城市设计控制系统对空间"势"的谋划也意味着要抓住城市空间发展中的主要关系，在这个意义上，城市设计控制系统具有"战略性"的特征。

3.2.2　行动管理

人具有社会性，人类的行动受社会环境的影响，个体的大多数行动是通过模仿在社会学习过程中形成的，行动的形成最终则由人、行动与环境三因素的交互作用所决定②。而对于能够推动环境变化的行动而言，更为重要的是作为群体或组织的行动。人的行动的组织、安排、分工和协作，对于优化行动方案、减少行动冲突、节约资源、提高行动的效率，最终实现组织抑或是社会的和谐发展来说都是意义重大的。在现实中，每一个人都是从追求自我价值最大化的角度来适应外界的变化，但在人与人相互作用的情况下，更为有效的组织方式便是建立一种协作共生的机制。城市设计问题的发生和发展必然与所涉及主体间利益关系具有

---

①　Lynch K. What Time is this Place？［M］. Cambridge，Mass：MIT Press，1972.

②　班杜拉 A. 思想和行动的社会基础：社会认知论［M］. 林颖，等译. 上海：华东师范大学出版社，2001.

因果关联,城市设计控制系统对城市要素关系的谋划离不开相关利益主体需求的满足和空间利益的分配。

二战之后欧洲大量的城市重建与当时工业生产和交通技术的进步、人口的扩张,以及社会制度的变革相结合,引发了在全球范围的城市建设活动,,结果是产生一系列新的城市,包括首都、工业城或企业城、大型居住区,以及对原有城市大规模的更新活动。这些新城建设和城市更新给建筑师和规划师提供了介入大型城市建设活动的机会,他们按照现代主义的原则进行规划设计,依循原来形体决定论的建设思路,过度重视外显建设规模和速度,往往忽视了城市内在环境品质和文化内涵,在这个时期相继产生了很多城市问题,不仅城市环境没有得到改善,城市中心发生了衰退和空心化,而且还有不少历史文化遗产受到威胁与破坏,甚至有不断恶化的趋势。在 20 世纪五六十年代,这种状况受到了来自社会学家的公开质疑与强烈挑战。例如 1960 年代,美国学者简·雅各布斯在《美国大城市的死与生》一书中对城市展开了社会学方面的声讨。他认为,单纯的形体环境规划对社会环境的形成几乎不起任何作用,设计者应该理解社会力量到底是如何影响城市形体环境的,应该从人们心理行为和社会文化角度重新思考城市形态和空间设计。这次社会学反思引发了现代城市设计的诞生,并认识到这个知识体系对城市的发展、保护和更新进行指导的必要性,促成城市设计作为一门独立学科的确立。

在这种背景下,"城市设计由单纯的物质空间塑造,逐步转向对城市社会文化的探索;由城市景观的美学考虑转向具有社会学意义的城市公共空间及城市生活的创造;由巴洛克式的宏伟构图转向对普遍环境感知的心理研究"[①]。城市设计更多地关注操作和实施层面,其"过程"的意义得到认同。

作为过程的城市设计具体体现在社会关系协调、综合利益追求和多学科合作等方面。主要通过导则来引导物质空间环境的建设。在 2000 年 5 月由英国区域发展部门、交通部门和环境部门联合出版的官方文件中指出"好的城市设计很少由地方权威颁布指令来解决实际问题,也很少通过建立严格的或者是经验主义的设计标准来获得,而是通过设计目标和原则来正确引导"。设计目标本身是抽象的,它们仅仅是影响开发行为的一些设计思想的描述,而设计目标通过设计原则与导则中的策略性的文字描述,传达到下一步的开发建设活动中。

---

① 张京祥. 西方城市规划思想史纲[M]. 南京:东南大学出版社,2005.

在这个理解基础上,衍生出两个对城市设计概念的认识,即设计与管理的结合,技术性和政策性的结合。

1. 设计与管理的结合

城市设计强调过程,强调动态特征。城市设计在传统的空间设计技术基础上,发展管理技术,成为城市空间管理的重要工具。在这个意义上,城市设计既是一种对设计的管理,也是一种对管理的设计,设计与管理紧密地结合了起来(图3-12)。设计与管理作为两种技术在城市设计活动中紧密配合、共同发挥作用。设计工作是从事城市设计工作的基础,是城市设计者应具备的基本素质,它决定了建立城市设计目标、选择城市设计方案的正确性和科学性。管理技术则是为设计目标的实现和设计方案的落实提供保障。单纯的设计工作是城市设计师对城市环境的审视和把握,各专业技术人员的交流与配合,而实施管理则是城市设计团队的合作。这是较设计工作更复杂、更多元化、更难以驾驭的工作。因此,用"三分设计,七分管理"来描述城市设计中设计与管理的比重,并不无道理①。

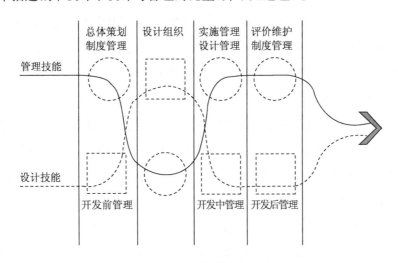

图 3-12　设计与管理相结合

图片来源:笔者自绘

2. 技术性与政策性的结合

城市设计不同于一般意义的设计,而是一种"对设计的设计",这决定了城市设计不仅仅

---

① 金广君,张昌娟,戴冬晖. 深圳市龙岗区城市风貌特色研究框架初探[J]. 城市建筑,2004(2):66-70.

是一种技术型的工作,更是一种政策性的工作。城市设计作为公共政策,是城市设计技术成果能够得以顺利实施的保证。城市设计在一个特定的阶段和层面上,根据目标制定相应政策,作为对后续具体设计的原则和指导,进而控制和引导城市空间环境的发展方向。在城市设计的政策制定过程中,所考虑的已不仅仅是城市的物质和功能方面,还要包括广泛的社会经济因素,这种深层的社会内容是人们感知到的外化的城市形态的内在成因。在这个意义上,城市设计成为城市行政系统中的重要组成部分,需要和城市政府等政策机构沟通协作,统筹调动一切积极因素,促进城市整体的良好发展。

整个城市设计过程,包含着不同主体的有目的的行动,涉及这些主体间不同的需求、不同的动机、目标以及不同的行为方式等等,包括具有显著作用的行动,也包括具有不显著作用但有着累积效应的行动。1980年代,日本的城市创造理论强调人民自己参与的发展过程,其定义是"一定地区内的居民自己创造一个自己能够主宰自己生活的、方便的、富有人情味的共同的生活环境"①。而在这样的发展中,不同的社会力量和利益之间的平衡和组织则是城市设计需要解决的核心问题,城市设计和开发本身一样是一种社会过程,它不同程度地利用各种设计技巧和专业技术、开发者和投资者的财力,以及业主和未来使用者、居住者、所有者的热情。城市设计控制系统提供一个实现社会共同目标所要求的城市设计行动模型,反映了城市设计行动主体之间的关系,各行动主体的行动动机、作用机制、行动类型、行动效益、行动目标,以及社会所要求的各主体行动相互作用的结果。

协商达成共识是城市设计控制系统协调行动的最为主要的方式,这是城市设计控制系统涉及多项目、多利益主体的特点所决定的,任何单一项目或主体都不能按照自己的意愿行事,都需要把自己放在一个集体中,在其他项目和主体的关系中判断各自的定位,"求同存异"并最终在所达成的"共识"引导下,展开系列的行动。

3.3 方法引入

城市设计是一个连续的动态过程。一切可以研究的动态过程必然存在秩序,秩序在认识论上表现为规律,在方法论上则体现为控制。如果将城市设计的运作看作是一个动态系

---

① 刘武君. 从"硬件"到"软件"——日本城市设计的发展、现状与问题[J]. 国外城市规划,1991(1):2-11.

统,那么对系统中各行为的管束、调节、约束等,其实就是不同程度的控制。要获得或维持良性的秩序,就意味着除了对个体设计控制规范之外,还要为集体的行为提供一个相对稳定的控制框架。本书选择控制论作为认识和分析城市设计运作系统的方法论,来分析和研究城市设计过程中包括控制与被控制的各要素,以及它们之间的控制关系和框架所构成的控制系统。

"控制"这个词在人们生活中出现的频率很高,大家并不陌生。在人类漫长的历史发展过程中,随着工具的制造和使用,一种新的关系——人和工具的关系产生了。不管生产工具有多大的发展,人类劳动能力有多大进步,这种关系一直存在着。这里所说的工具既是物质形态的工具,如石刀、石斧,也可以是意识形态的工具,如法令、条文。人类必须使用工具,才能使工具获得使用的意义,这就是控制活动。人是控制者,工具是被控制者,也叫控制对象。在现实生活中,控制关系、控制活动是一种普遍现象。对机器的操作是一种控制,对人类社会的调节和约束则是内容更为复杂的控制。简要来说,控制即根据某种原理或方法使被控对象的被控量按照预期规律变化的操纵过程。

随着人类文明的发展,控制活动的内容不断深化,从单纯地控制自然材料的特性,转变为控制能量,也就是说,人类的控制活动从简单的人与工具的关系,进展到人与机器、能量关系的新阶段,即所谓的机械化时代。当社会生产发展到人类的第二次解放时,即脑力劳动的解放时,实现了生产过程的自动化和工具的自动控制。自动控制的关键就是信息,信息即是控制论的基本核心,控制论所要研究的课题,就是信息在人的活动和机器活动中的作用,以及如何掌握、控制和运用信息。

3.3.1 控制论概念引入

如今我们已经进入了"信息时代""控制时代"。在 2005 年出版的由弗洛·康威(Flo Conway)和吉姆·西格尔曼(Jim Siegelman)合著的《信息时代的隐秘英雄:寻找控制论之父——诺伯特·维纳》(*Dark Hero of the Information Age:In Search of Norbert Wiener,the Father of Cybernetics*)中,开篇第一句就是"他是信息时代之父"。深藏不露的维纳之所以被认为开辟了信息时代之路,正是由于他的经典著作《控制论》(*Cybernetics*)。"控制论"不同于专门的数学分支"控制理论"(Control Theory),控制论是一个包罗万象的学科群,其研究对象是从自然、社会、生物、工程技术等对象中抽象出来的复杂系统,为研究这些不同的复杂系统的共同特色,控制论提供了一般的研究方法和模型。

1. 控制论的产生和发展

20 世纪中期,科学、技术和社会科学领域得到了极大的发展。1939 年 9 月第二次世界大战爆发。由于战争需要,美国科学家组织起来开始研究用自动控制装备防空火力控制。诺伯特·维纳(Norbert Wiener)同原国际商用机器公司(BIM)的工程师朱利安·毕格罗(Julian Bigelow)密切合作解决了这一军事问题,并把控制发展到统计力学问题的解决上。在此研究期间,维纳还参加哈佛医学院的阿图罗·罗森波吕特(Arturo Rosenblueth)的讨论班,发现了通信理论和神经生理学之间密切联系,并出版了著名的论文《行为、目的和目的性》。此外,现代社会的生产和管理对于高度自动化水平的需要决定了控制论在 20 世纪中叶迅速发展和运用,并且大量管理信息的合理使用和各种系统的有效管理,使得控制论思想成为现代社会学科研究的一个新的极具潜力的研究方法。

虽然维纳被人们称为控制论之父,但严格来说控制论的产生并不只是其个人的研究成果。维纳为他的新领域控制论选择的词"Cybernetics",来自希腊文,原意为舵手、掌舵者。实际上,据典籍记载最早使用这个词的是柏拉图(Plato),在其早期作品《高尔吉亚》(*Gorgias*)中 Cybernetics 的意思是航行技术和修辞技术。在这两种活动中,目的都是"控制",而技术的关键问题都是"信息反馈"。除此之外,物理学家安培(André Marie Ampère)也用过这个词。19 世纪 30 年代,科学从自然哲学中刚刚解放出来,无论是当时的奥古斯特·孔德(Auguste Comte)还是安培,都关心科学的分类问题。安培对科学的分类大致如下:

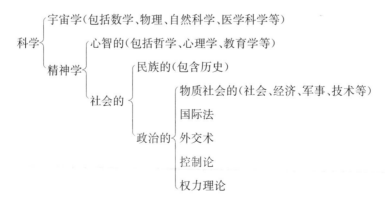

可见当时安培已经开始将控制论纳入社会科学领域中来研究,只不过安培的研究有其时代的局限性,他忽略了两点:在政治领域之外还存在调节过程;调节过程的关键要素是信

息反馈。另一位研究和控制论有关的学者是罗马尼亚的军医斯蒂芬·奥多伯莱亚(Stefan Odobleja),他于 1938 年曾写过一本名为《协调论心理学》(*Psychologie Consonantiste*)的著作,力图把心理学建立在协调概念的基础上,强调反馈或闭回路的重要性,这是他的独创之处。不过他不了解工程上的反馈,而且把反馈耦合解释为能量传递过程而不是信息过程。直到 1948 年,美国数学家和思想家罗伯特·维纳(Robert Wiener)出版了他的经典著作《控制论或关于在动物和机器中控制和通信的科学》(*Cybernetics or Control and Communication in the Animal and the Machine*),为考察和解释各种系统的控制和通信问题奠定了基础,标志了控制论的诞生,被认为是开辟信息时代的先驱之一。虽然早在维纳之前,一些哲学家柏拉图、安培、克劳德·艾尔伍德·香农(Claude Elwood Shannon)等从管理统治、信息等不同角度讨论过控制论的不同方面,但直到第二次世界大战,维纳从其研究的几项工作中,才将消息、噪声、反馈、通信、信息、控制、稳态等各个学科领域统一起来上升到了新的哲学高度,将生命和有机体两类迥然不同的对象放在同一概念体系下考虑,是一次重要的思想变革。1956 年,英国学者 W. R. 艾什比(W. Ross Ashby)也发表了名为《控制论导论》(*An Introduction to Cybernetics*)较有影响的著作,进一步阐释并发扬了维纳的控制论思想。由此,控制论一词才从专门技术上升到哲学,标志着一门新的领域诞生,统筹了过去不同要素:操纵和控制的技术(瓦特);控制、管理、统治的技术(安培);反馈回路(奥多伯莱亚);消息、信息(维纳和香农)。不仅如此,维纳还明确提出了控制论的 4 个原则:①普遍性原则,任何自治系统都存在相类似的控制模式,普遍的机械化及自动化观点;②智能性原则,认识到不仅在人类社会而且在其他生物群体乃至无生命物体世界中,仍有信息及通信问题;③非决定性原则,大宇宙、小宇宙的不完全的秩序产生出目的论及自由;④黑箱方法,对于控制系统,不管其组成如何,均可通过黑箱方法进行研究。

在《控制论》这本早期的著作中,维纳认为控制论是关于动物和机器中控制和通讯的科学,对控制论应用于社会的可能性只做了保守的分析。1954 年,维纳在其第二本书《人有人的用处:控制论与社会》(*The Human use of Human Beings*)中指出了动物、机器和人类社会中各种信息和控制过程的相似性,正式将社会学纳入了控制论的研究范畴。他把社会看作一种信息系统和控制系统,认为控制论有必要也有可能运用于社会系统。当然,维纳这里所指的社会泛指社会的一切领域,不仅仅是社会经济系统,一切具有一定规模、结构复杂、功能综合、因素众多的系统都可以运用控制论加以分析。

2. 控制论的内涵和原理

控制论,不同于控制理论(Control Theory)。控制理论是研究技术和实际操作的技术科学领域,建立的基础是物理和数学模型,它实际上只是控制论的一个分支和思想来源。而维纳创立的控制论是一种建立在众多学科研究之上的科学的哲学理论,或是一种从新的角度来观察世界的系统观点和方法。控制论的基本内容是所有现象都是一个复杂而相互作用的系统,系统的各部分各自独立且相互作用。当引入适当的控制机制时,系统的行为就会向特定的方向变化。控制对象的发展存在几种可能性,当控制主体了解整个系统的运行情况时,便能进行有效的控制,使得控制对象达到预设的目标,其过程的基本特性是信息的交换和反馈。

控制论有着独特的研究对象和方法。控制论的研究对象不是自然界中的某一类物质,不是物质的特定结构或运动的特定状态,而是研究各类物质的普遍的结构和行为方式。它把表面上彼此截然不同的技术系统、生物系统、社会系统联系起来考察,研究它们本身各个组成部分之间信息的传递过程[1]。简而言之,控制论的研究对象是系统,通过研究系统内部信息的转换、传递和反馈,并利用反馈进行控制。控制一词,最初运用于技术工程系统。自从维纳的控制论问世以来,控制的概念更加广泛,它已用于生命机体、人类社会和管理系统之中。无论是自动机器,还是神经系统、生命系统,以至社会系统、经济系统,撇开各自的特点,都可以看作是一个自动控制系统。在这类系统中有专门的调节装置来控制系统的运转,维持自身的稳定和系统的功能。控制机构发出指令,作为控制信息传递到系统的各个部分(即控制对象)中去,由它们按指令执行之后再把执行的情况作为反馈信息输送回来,并作为决定下一步调整控制的依据[2]。

因此控制论可以发展成为一种"功能方法"来研究组织界的各式各样系统中的控制过程,如生物集体、机器装置和人类集体等,其基本特征就是在动态(运动和变化)过程中考察系统。因此我们可以说,控制论是组织界系统(有组织的或被组织化的整体)的理论,是研究它们功能(行为、活动)的理论。需要强调的是,控制论研究上述系统,其着眼点是这些系统中所展开的信息(通信)管理(控制)过程,所以研究控制论应当是在生物科学、技术科学和社

---

① 李步新. 对控制论反馈原理的哲学和科学分析[J]. 社会科学,1983(6):35-39.
② 维纳 N. 控制论:或关于在动物和机器中控制和通讯的科学[M]. 郝季仁,译. 北京:北京大学出版社,2007.

会科学中,是重点分析、利用信息进行控制的过程。社会学和人类学基本上是通信的科学,属于控制论这个总题目,都具有控制论的一般思想①。控制论能动地运用有关信息并施加控制作用以影响系统运行,使之达到我们预定的目标。因此,我们可以认为它是跨学科的理论。其在各门生物科学之间、技术科学之间、社会科学之间架起了特殊的桥梁。哲学界之所以对控制论感兴趣,因为它与哲学具有相似的面孔。就控制论所具有的普遍性来看,它确实与哲学具有一致的地方。在一定意义上说,"控制论的规律就是现实世界的普遍规律"②。但控制论与哲学仍然有差别,哲学是关于现实世界一切领域的一般规律的科学,而控制论不是研究世界上的一切客体,只是研究有一定组织性的复杂系统。而且,控制论研究仅仅着眼于在所获得它们的情况信息的基础上所进行的控制过程。也就是说,控制论的对象,也像其他任何专门科学的对象一样,其范围要比哲学狭窄。

我们可以总结,控制论在科学上有两点重要的价值:控制论给予我们一套统一的概念和一种共同的语言,使我们足以用来描述形形色色的系统,建立各种学科之间的联系;同时对于那些极其复杂且复杂性不容忽视的系统,控制论给出了一种新的科学研究方法。控制论是一门理论性和实践性都很强的学科,它以强大的生命力活跃于自然科学和社会科学领域,七十多年来控制论的原理和方法在各个需要或可能进行调节和控制的领域都得到了广泛的应用,对促进现代科学技术和人们思维方式的变革都有巨大的影响。控制论正在对科学技术的发展和生产管理起着重大的影响。西方甚至把现代称为"控制论时代"。

控制论与哲学有着特殊的联系。"控制论之父"维纳兼哲学家和自然科学家于一身,控制论的产生和基本内容也表明了这一点。事实上,控制论已经引起了科学界和哲学界的注意。形形色色的哲学家都试图用自己的观点去研究和解释控制论的概念和原理,从而出现了一股关于控制论、信息论和系统论的哲学思潮。我国学者已经建立了系统信息控制科学方法论,实践证明,它是行之有效的理论。控制论、信息论和系统论这"三论"是 20 世纪以来最伟大的理论成果之一,它们共同构成了新型的综合性基础科学。"三论"不仅渗透到人类生活的物质层面,还渗透到了人类生活的精神领域,使人们的思维方式发生了重大变革,扩大了人们研究问题的广度和深度,提高了人们认识世界和改造世界的能力,尤其在解决复杂

---

① 维纳 N. 人有人的用处:控制论与社会[M]. 陈步,译. 北京:北京大学出版社,2010.
② 劳克斯 G. 从哲学看控制论[M]. 北京:中国社会科学出版社,1981.

系统的组织管理方面,显示出传统方法无可比拟的优越性。"三论"同时为管理现代化提供了有效的方法。它把管理活动作为动态系统,把信息作为分析系统内部和外部联系的基础,把控制作为实现系统优化的手段。没有系统论的理论指导,不能实现科学有效的管理,一切管理活动的正常进行都必须以获取信息为前提,而管理过程也可以认为是信息的交流过程。而控制论则是对系统实施控制提供具体的操作方法。控制论的原理则是将系统功能过程的详细化反馈、信息和控制有机统一的原理①。对控制论中涉及的关键概念和要素进行具体分析如下。

(1) 系统

控制论的控制对象是系统,研究控制论必须建立在对系统论有清晰认识的基础上。控制论作为一门科学,同一般系统论有机地联系在一起,使用一般系统论的概念和方法。为了分析控制论的各种概念,首先应该分析所要研究的"系统"。

《牛津英语大词典》将系统定义为"组合的整体,有关联的事物或部分集合""相关的、有联系的或相互依赖的一系列要素或要素的集合,形成一个综合体"②。钱学森先生是我国系统论和控制论的研究先驱,其对系统的简明定义为"依一定秩序相互联系着的一组事物"③。由此我们可以理解,系统是结构、功能的统一体,系统内部各组成要素之间在空间或时间方面有机联系或相互作用的方式、顺序成为系统的结构,而系统与外部环境相互联系和作用过程的秩序和能力成为系统的功能。

系统论创始人贝塔朗菲(Bertalanffy Ludwig Von)把系统确定为处于一定的相互关系中,并与环境发生联系的各组成部分的总体。这是对系统比较经典且完整的定义。由此定义还可以看出,系统论由这样一些概念所组成,如要素、功能、结构、层次、系统环境等。要素是构成系统的组成部分;结构是指系统诸要素相互联系、相互作用的方式或秩序;功能是系统在与环境相互作用中所呈现的能力;层次是指系统各要素之间按严格的等级组织起来,形成性质不同的子系统;系统的环境则是指存在于特定系统之外,并与系统发生相互作用的事物的综合。要素与要素、要素与整体、整体与环境之间存在着相互联系和相互作用的关系。而且,每一个系统的特征(在控制论中叫作状态),都是用这个系统所具有的性质和反映系统

① 杜栋. 管理控制学[M]. 北京:清华大学出版社,2006.
② 尼格尔·泰勒. 1945年后西方城市规划理论的流变[M]. 李白玉,陈贞,译. 北京:中国建筑工业出版社,2006.
③ 高振荣,陈以新. 信息论、系统论、控制论120题[M]. 北京:解放军出版社,1987.

与环境间的联系来表示。对于系统的特征,贝塔朗菲还提出了以下 3 种观点:反对简单相加的观点,认为系统不等于各部分之和,应该把事物看作有机整体;反对机械观点,认为有机整体各部分的关系不能用机械关系来解释,而应该运用动态的观点来理解有机整体的自组织性;反对被动反映观点,生物活动不是受环境刺激做出简单的反映,而是具有自调节功能。

在通常的意义上,系统的基本原理包括以下几个方面①:

整体性原理,即所有的系统都是一个整体,系统不是部分的简单总和,而是各要素相互作用的复合体。系统不是要素的简单相加,而是要素相互作用的组合。

相关性原理,即系统的整体性是由系统内部诸要素之间以及系统与环境之间的有机联系来保证的。

层次性原理,系统内部主要要素间的相互关联、相互作用,在结构上表现为各要素都按严格的等级组织起来,形成层次结构,即子系统;系统本身又是更大系统的组成要素。系统的层次具有多样性,纵向的母子系统,可构成垂直系统的层次;横向同一层次中,又可以构成各种平行并立的系统;综合交叉的网络系统,可以构成各种交叉层次。

动态性原理,即系统内部诸因素之间以及系统与环境之间的相互作用、相互关联,使系统总是处于积极的活动状态。

有序性原理,系统的相关性和动态性,都使系统具有有序性,即具有整齐确定的结合和有规则的运动状态。系统的有序程度与系统的组织程度有关。

目的性原理,即系统具有自我趋向稳定和有序状态的特征。任何开放系统都有这样的特征,在与环境的互相作用中可以适应环境。

在控制论中,我们还强调组织界系统的概念。所谓组织界系统,就是指有目的地组织起来的系统。我们研究系统,正是为了更好地实现系统的某种目的。没有目的、没有组织的要素堆积不是系统,因为仅仅指出系统中有哪些要素,并不足以确定一个系统,还必须指出这些要素之间有着什么样的联系或耦合,它们为了一个什么样的目的在一起。这里诸要素在该系统范围内联系的内在形式和方式即指系统的内部结构。简要地说,系统内部各个要素的组织形式,即为结构。任何物质系统的结构,都是空间和时间结构的统一,都是稳定型结构和可变性结构的统一。同时我们必须认识到,系统的整体功能并非各个组成要素功能的

---

① 金炳华,张梦孝. 现代世界的哲学沉思[M]. 上海:复旦大学出版社,1990.

叠加,也不是组成要素简单的拼凑,而是呈现出各组成要素所没有的新功能。即使每个要素并不都很完善,但它们可以综合,统一成为具有良好功能的系统。

(2)控制系统

如上所述,结构说明了系统中各要素相互联系的性质、功能表达系统与外部环境相互作用的效果。控制论是在从结构与功能方面研究系统的基础之上,对系统进行控制,形成一种控制系统。控制系统一般由控制部分、被控制部分以及它们之间各种信息传输通道构成。控制部分也被叫作控制者,被控制部分即被控制的客体。对我们来说,应当把控制系统理解为"主体—客体"这一整个系统。直观地说,控制活动就是施控主体对受控客体的一种能动作用。控制作为一种作用,至少要有作用者(即施控主体)与被作用者(即受控客体)以及作用的传递者(即控制媒介)这3个组成部分(图3-13)。在一个控制系统内部,不仅是施控者作用于受控者,而且受控者也可以反作用于施控者。前一种作用是控制作用,后一种作用则是反馈作用。控制与被控制、施控与受控,是控制过程中的基本矛盾关系。

图3-13 一般控制系统示意图

图片来源:笔者自绘

控制系统在结构方面是控制者与被控制的客体、直接联系的信息渠道与反馈的信息渠道的统一。控制系统的活动正是由于使用反馈原理,被控制的客体被引入一种指定的状态。作为一个特定的控制系统,总是处于一定的环境之中,控制系统与环境之间是相互作用的。控制论着眼于从控制系统与特定环境的关系来考虑系统的控制功能。换句话说,控制系统的控制功能是在系统与环境之间的相互作用中实现的。因而,控制系统必然是一个动态系统,控制过程必然是一个动态过程。

如上述分析,城市设计的运行过程也是一个复杂的控制系统。城市设计是把城市未来发展目标及其实现过程中的多种不确定因素集中在一个系统中的控制过程,并且城市设计的实际作用并不是直接体现于最终的环境成果,而是体现在一个连续的环境形成过程,即对设计环境形成的各类具体工程项目设计及其建设活动所形成的动态系统进行控制和指导。

在控制系统中,控制者向被控制的客体施加控制作用,以实现所需要的控制过程,达到预定的控制目的。控制系统根据有无反馈回路,可区分为开环控制系统和闭环控制系统两大类。

开环控制系统的输入直接控制着它的输出,或者说,系统的输入在开环系统中根本不受系统输出的影响。开环系统的特征是,输出对输入有响应,但输出是相对隔绝的并对输入没有影响(图3-14)。在这种系统中,过去的行动不会控制未来的行动,它虽然结构简单,但对环境的适应能力差,控制精度低。城市交通的控制就是开环控制,通常只要红绿灯信号的更替时间适当,这种控制就是有效的,交通是流畅的。但是路上的司机对于信号灯的运行是不会有影响的,所以一旦出现非常事故,造成路况堵塞,这种控制就失败。

图3-14 开环控制示意

(注:这里的输入即目标值,输出即实际值)

图片来源:笔者自绘

闭环系统由于带有反馈回路,所以它的输出是由输入和输出的回路共同控制的,或者说,系统的输入受到系统输出的影响。在这种系统中,它能把系统过去的行动结果带回给系统,以控制未来的行动(图3-15)。带反馈回路的闭环控制系统通常更能抵抗环境干扰与系统本身不确定性对系统的影响,所以它对环境有较大的适应能力,控制精度高。

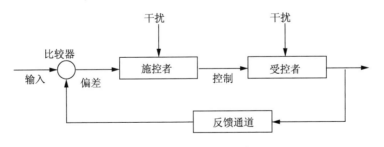

图3-15 闭环控制示意

图片来源:笔者自绘

由此分析,城市设计运作系统是一个典型的闭环控制系统。城市设计过程中的各项政策作为控制系统的输出,受到施控者与受控者的共同控制。虽然政府公共部门和专业的规划师制定相应的城市设计方案和政策，但政策的实行仍然时刻受到来自各个受控方（建筑设计师、业主和公众）反馈的影响。在城市设计运作的制度环境和社会环境中，这种反馈的结果被带回给整个城市设计运作系统，使得系统不断调整，从而形成一种闭环控制系统。

从严格意义上说，只有闭环控制系统才是控制论研究的范畴。苏联的控制论学者列尔涅尔把控制系统和控制论系统做了严格的区分。他认为，控制论系统不仅要求这个系统是控制过程，而且还取决于研究这个系统的工作者所持的观点和方法。也就是说，控制论系统不仅是控制系统，而且是以控制论的基本观点和方法来研究的控制系统。

控制论的首要观点是反馈，因此，控制论系统只限于带反馈回路的闭环控制系统，这是控制论的基本特点。控制论的另一基本特点是信息。它认为控制系统也是一种信息系统，因此必须用信息的观点来研究控制系统。因此可以看出，信息和反馈是控制论思想的核心。

（3）信息

信息之所以被称为信息，在于它的可传递性。信源（发信者）、信道、信宿（受信者）共同组成了一个最简单的系统，称之为通信信息系统。信息方法是维纳在其《控制论》中提出的。信息方法不同于传统的研究方法，传统的方法注重的是物质和能量在事物运动变化过程中的作用，而信息方法是以信息的运动作为分析和处理问题的基础，把系统的有目的的运动抽象为信息变换过程。它根据系统与外界环境之间的信息输入和输出关系，以及系统对信息的整理和使用的过程，来研究系统的特性，探讨系统内在规律。尽管生物装置与生物有机体中的反馈回路可以不相同，但作为信息通道来说，却是相同的。这样，就便于控制论从统一的角度来一般地研究各类不同的控制论系统。在控制论、系统论、符号学中，信息与符号并无本质区别。城市政策本身也是一种信息或符号，其运行机制可以用符号学的基本原理加以解释。

为了传达广义信息，就要通过有表意功能的符号构成的完整构成体作为信文原件。在信息的传达过程中，信源为了将抽象的信息传达给信宿，就必须借助于既可以感知又能承载内容的符号作为媒介，根据双方所共知的规则编制成信文通过特定的信道传送给信宿。而信宿在收到信文之后，有根据信源所使用的完全相同的规则对信文进行解码，重建信源所传送的信息。但实际过程中，无法保证信文每一次都如实传递，也无法保证信息的如实重建。如政策在非字面传递的过程中，就有可能产生信文的失真。又如，当单位或个人对政策的含义理解偏差,或对某些术语和词汇不太理解时,就会出现信息重建的错误。但如果政策的上下文,或者政策能对某些难以理解的地方做出注解或阐释,信宿就能对信文的理解做出纠正,可见,语境能对偏离规则的信文做出一定程度的解释,能对信息传达起到积极的贡献。因此,信文是唯一联系着信源、信宿、信息乃至语境的对象(图 3-16、图 3-17)。

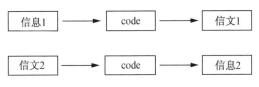

图 3-16　信息编码过程

图片来源:改绘自 高振荣、陈以新. 信息论、系统论、控制论 120 题[M]. 北京:解放军出版社,1987.

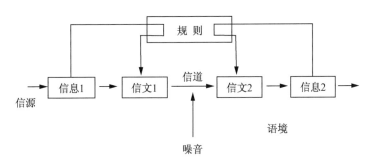

图 3-17　信息运作过程

图片来源:改绘自 高振荣、陈以新. 信息论、系统论、控制论 120 题[M]. 北京:解放军出版社,1987.

(4)反馈

如果用原因和结果来解释反馈过程,那么可以把反馈过程看成是系统的输出端的结果反作用于输入端的原因(图 3-18)。很显然,反馈的必然性是由于一个系统的运动总是受到内部要素和外部环境的影响和干扰造成的随机性决定的。维纳指出,如果调节器(系统中用来实现调节的部分称为调节器)、控制者使用关于被控制的客体情况的信息来达到目的,并

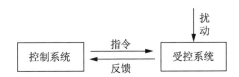

图 3-18　控制系统中的反馈示意

图片来源:笔者自绘

且此后一切作用都旨在消除被控制的客体的"现实的"东西——实际状态与"给定的"与目标状态之间的不协调性,那么系统就具有反馈作用。

调节器、控制者按照反馈渠道获得关于被控制的客体情况的信息,而起校正作用的控制信息是沿着直接联系渠道发送的。控制者系统施加控制作用,接受反馈信息;被控制的客体接受控制作用,提供反馈信息。从控制者系统到被控制的客体,传递控制信息的正向通道,而从被控制的客体到控制者系统,传递反馈信息的反馈通道,它们组成了闭环的信息通道,构成闭环控制系统。任何系统只有通过反馈,才能实现控制。反馈是保证系统按预定目标实现最优控制的手段。

通常来说,反馈有两种类型:负反馈和正反馈。如果现实状态的反馈信息与给定状态的控制信息之差倾向于反抗系统正在进行的偏离目标的活动,那么它就是使系统趋向于稳定状态,成为负反馈。如果两者之差倾向于加剧系统正在进行的偏离目标的运动,那么它就使系统趋向于不稳定状态,乃至破坏稳定状态,成为正反馈。简单地说,负反馈机制是使系统的输出始终趋向于它的目标,从而削弱控制部分的活动;而正反馈的机制则是系统的输出偏离它的目标,从而加强控制部分的活动。

认识世界的方法论有3个层次:一种是个别学科的方法论,如物理学的实验方法;一种是特殊学科的方法论,如控制论和系统论;一种是普遍的方法论,如哲学,它对一切科学研究都有指导意义。马克思主义哲学之所以对控制论感兴趣,因为它与辩证唯物主义有相同的实质。控制论和信息论一起,揭示了万事万物之间的信息和信息传递的共同规律,为世界的物质统一性和普遍联系提供了新的科学证据。控制论对信息的研究和应用,深化了人类对物质及其属性、结构、功能的认识。在认识史上,人们对物质世界的认识经历了3个阶段:人们对物质某些属性(如理化特征)的认识,是人类认识的第一次飞跃。对能量的认识,是第二次飞跃。对信息的认识,是第三次飞跃。控制论的许多科学概念,对于丰富和发展辩证唯物主义的范畴,有着重要的意义。因此,它为各门科学与哲学的联系搭起了一座新的桥梁。现代控制论不仅给许多科学、技术和生产带来新的方法论,而且它的规律性对人类社会本身也是有效的。

3. 管理控制论

1959年英国教授 S. 比尔(Stafford Beer)借助控制论几位创始人维纳、W. 麦卡洛克,特别是 R. 阿什比的思想,对组织的管理进行系统研究,出版了关于控制论和管理的第一本书

《控制论与管理》(*Cybernetics and Management*)①。依照维纳对控制论的定义,他定义管理控制论是人类组织中通信和控制的科学,或者关于有效的组织的科学。20 世纪 70 年代后 S. 比尔更汲取二阶控制论著名创导人、教授冯·福尔斯特(Foerster)的思想,出版代表性著作《变动的平台》(*Platform for Change*)②,他被公认为是管理控制论的首创者。除了比尔给的定义之外,英国管理学者 J. 贝克福德(John Bechford)和 P. 达德利(Peter Dudley)1998 年给出一个整体的管理控制论定义:"管理控制论是管理科学的一个分支,它从结构、信息和人员为出发点来研究任何组织的集成整体。"③管理控制论从多方面研究一个组织,所以又称组织控制论,是一个跨学科的探索,针对任何大小的组织,强调从整体上而不是从部分上进行研究,强调适应内外环境、以人员为出发点;强调认知的过程;强调信息处理及政策的制定。

前文已经细述了控制论的相关内涵和作用原理,控制论对集聚复杂性的管理控制系统的主要贡献在于,它试图应用相关的、简单的反馈机制来解释复杂系统的行为,虽然控制论中的控制与管理中的控制,从控制的基本过程、控制的信息反馈特点以及控制的系统性方面来看是有共性的,但也有所区别:

第一,控制论中的控制是一个简单的信息反馈,它的纠正措施往往是即时可付诸实施的,或在一定程序下是可自动纠偏的。管理控制则相对复杂得多,无论是信息反馈系统,还是纠正偏差系统都很难即时和自动完成。

第二,控制论中的简单的信息反馈,是指信息内涵比较明确而单一,而管理控制信息的内涵往往是不确定的、复杂的,是各种信息汇集的一个信息系统。可见,管理信息系统对管理控制成效起着决定性作用。

第三,控制论中的控制的目的是能及时纠正系统运行中的偏差,使其保持在允许的范围;而管理控制中的控制目的,实质上不仅仅是纠正偏差,实现既定目标,还要不断创新,达到更高的目标。从管理角度来看,真正的控制远不止限于衡量计划执行中出现的偏差,而是要通过采取措施,把不符合要求的活动拉回到正常计划轨道上来。

---

① Beer S. Cybernetics and Management[M]. London:English University Press, 1959.
② Beer S. Platform for Change[M]. London:John Wiley and Sons, 1978.
③ Beckford C. An Introduction to Managerial Cybernetics[EB/OL].

3.3.2 控制论方法应用

七十多年来,控制论在现代技术领域已经得到了广泛的运用,与第二次世界大战前相比,控制论和工程控制论所推动的自动化技术发生了翻天覆地的变化。目前,控制论的思想在全世界广泛传播,一方面发展新的分支,一方面控制论方法和各分支的研究正在更进一步地深入,在过去与自然科学"水火不相容"的社会科学领域中,控制论的应用已经处于积极的试验和摸索阶段。从行政管理、思想政治工作、国家创新体系等,研究者无不试图采用控制论的基本思想来解决问题或改进自己的工作。不论是维纳还是阿希贝,都认为控制论可以应用于社会。在人们理论活动和实践活动的各个领域里使用着控制论的两个方面——理论控制论(原理)和控制论技术(方法)。1960 年的英国,发展了基于系统论和控制论的系统规划理论,将规划视作一个控制系统。运用同样的原理和方法,如果对城市设计的运作过程做专门的研究,那么城市设计也是一个结构完整的控制系统,笔者将试图运用控制论的原理和方法对城市设计的运作进行分析。

1. 系统科学与城市规划

第二次世界大战期间形成和发展起来的系统思想和系统方法在 20 世纪 50 年代末被引入到了城市规划领域,用系统论和控制论的思想,从方法论和实践的角度建立起了更加符合科学模式的城市规划框架和方法体系。

前文已经提到,系统思想就是将世界看成是系统与系统的集合,它将研究和处理的对象作为一个系统来看。系统方法则主要是以数学、概率论、数理统计、运筹学等为手段以及电子计算机为工具来研究系统的相互租用和整体规律。第二次世界大战之后,西方国家出现了现代城市规划的"黄金时期",这一时期的规划师忙于描绘"理想蓝图",很少关心规划的实施问题,规划师更像是建筑师与工程师,城市规划被等同于城市设计或扩大的建筑设计,被称为物质空间规划理论。这种偏向于静态的、蓝图的空间形态设计,忽视环境塑造背后不同主体之间的利益关系,从而饱受批评。20 世纪 50 年代初,P. M. 莫尔斯(P. M. Morse)和 G. E. 靳宝(G. E. Gimball)等人提出了系统工程方法,并在"曼哈顿工程""阿波罗"计划等大型工程中取得了巨大成就。这些成功的实例促进了系统思想和系统方法的发展,并开始广泛地运用于各个领域。在美国,研究的重点从影响城市发展的若干子系统或要素之间的相互关系转移到了对城市整个系统的相互关系的研究,以城市整体模型的建设为核心,其代表人物为 J. 福利斯特(J. Forrester)。他的著作《城市动力学》建构了城市整体的发展模型，为用系统方法定量研究城市发展问题提供了基本框架和方法的支持。20 世纪 60 年代，系统科学逐渐转移到了在现代城市规划理论和实践方面有领先声誉的英国。研究的重点也开始向城市规划的方法体系转移，也就是运用系统方法论的基本思想对城市规划的运作过程进行重构。J. B. 麦克劳林(J. B. Mcloughlin)和 G. 查德威克(G. Chadwick)的代表作分别为《系统规划论：针对城市与区域规划过程的理论》和《城市与区域规划》，理论上的努力在实践中得到了大范围的运用和肯定，形成了城市规划运用系统方法论的高潮。

麦克劳林将城市和区域看作是一个系统，规划就是对这个系统的分析和控制[1]。系统规划论认为，个体的行为将对整体产生影响，个人的行为是为了追求自身利益的最大化，规划的作用是将个人与组织行为的负面影响最小化，使之对物质环境产生更好的效能。系统规划将规划看作变动的轨迹而不是终极蓝图，强调规划行为、动态和变化，规划成为一种约束和预测变动的决策，它是对变动状态的监测、分析与干预的动态过程。系统方法不仅是研究和理解人与环境关系的有力工具，而且也是控制这种关系的有力手段。他在 1965 年《城市规划协会会刊》(*Journal of the Town Planning Institute*)上的文章中指出："规划并不主要涉及人为事物的设计，而是设计连续的过程，这个过程起始于对社会目标的识别，并通过对环境变化的引导而试图实现这些目标。"在 1968 年出版的《系统方法在城市和区域规划中的运用》[2]中，他详细阐述了运用系统方法认识城市和环境、系统方法论的思想和具体方法以及在规划各阶段的运用："对人—环境关系的审慎控制必须坚决以系统观点为基础。"系统规划认为各类规划都是为了控制各种特定系统，空间规划只是其中的一个分支，它涉及城市和区域这个特定系统的管理和控制。根据他的方法，整个规划过程以目的的建立为起始，然后将目的深化并建立起具体的操作目标；按照实施要求为衡量标准来检验行动的选择过程和方案，并以目标来进行评价；在此基础上确定优先的行动方案并付诸实施；在实施的过程中，由于存在着大量的决策，这些决策会导致连续的变化，因此必须运用按控制论建立起来的机制对选出的方案和政策进行连续的小幅度修正，并进行阶段性的检测。

系统方法在城市规划中的运用，主要是在一种新的空间范畴的规划研究——次区域研

① Taylor N. Urban Planning Theory Since 1945[M]. London：Sage Publication，1998.
② 麦克劳林 J B. 系统方法在城市和区域规划中的应用[M]. 王凤武，译. 北京：中国建筑工业出版社，1988.

究(Sub-regional Study)①的广泛使用,并开发出了建立在系统方法论基础上的具体的规划方法。如 1971 年进行的 Coventry-Solihull-Warwickshire 次区域规划研究②,是麦克劳林和查德威克思想的具体实践,同时也对规划研究的方法提供了一个新的起点,尤其是在结构规划中得到了较好的应用。中央政府在推动系统方法在城市规划中的运用中发挥了重要的作用,如英国环境部(DOE)在 1973 年发布了《结构规划使用的预测模型》(*Using Predictive Models in Structure Planning*)等一系列文献,为在结构规划中运用系统方法提供了指导。

系统方法在城市规划领域中的推进,对于城市规划的过程特征有了更进一步的认识。我们可以认为,城市规划是一个战略决策的过程,确立问题和决策的领域并对其进行深化,运用相关模型揭示产生这些问题与可能决策领域相关的联系,然后经过深入细化,在预测分析的基础上提出可能的对策。这一过程既可以运用到城市规划编制,也可以运用到城市规划实施中。继而出现的"过程规划"(Procedural Planning)的方法论思想,则是建立在控制和检测的基础上的。从某种角度讲,对控制和检测行为的强调,是现代城市规划实现从蓝图式的规划编制向完善的规划过程转变的关键。A. 法吕迪(A. Faludi)认为,过程规划方法就是一种当系统收到的信息要求变化时就能使计划做出调整的方法,因此,战略性的信息和反馈与行动是紧密结合在一起的,这些行动所提供的信号可以直接导致对它的方向和强度进行渐进的调整③。控制和检测是周期性的不断重复的过程,它起始于对战略规划决策和环境变化的相关信息的收集,然后需要仔细检查和比较战略的相应部分,以识别出战略所期望的变化和来自对新信息分析所得到的证据之间可能出现的任何差异,然后对这些差异进行评价以确定这种差异是否会导致对已决定的战略的重大背离。一旦有对行动进行调整的需要,系统的检测因素就要考虑可能的行动方案以及对整体战略的局部调整甚至全面调整。过程规划论使得对城市规划的整体认识发生了重大的改变,并且在促进了有关规划方法尤其是定量方法、模型建立等方面不断进步的同时,也促进了规划评价方法的完善,尤其是在对规划内容和目标之间关系的评价上迈出了重要一步。

---

① 此区域研究主要集中在人口增长和经济发展的分布方面,而且在规划研究阶段,工作小组可以从地方当局繁忙的日常事务中解脱出来,因此可以有充分的时间和环境进行技术上的创新,并且所针对的领域相对较新也鼓励了新方法的应用。

② Batty M, Hutchinson B. Systems Analysis in Policy-Making and Planning[M]. New York: Plenum Press, 1983.

③ Faludi A. Planning Theory[M]. Oxford: Pergamon Press, 1973.

系统规划理论批判了物质空间规划理论过于注重规划艺术性的问题,它试图借用系统论和控制论的思想,将城市规划过程科学化。它相信如果人们对作为"系统"的城市空间环境有了恰当的科学认识,并且能够使用理性决策和行动的方法,那么城市空间环境就能通过规划得到改善。但是系统理性规划理论还是将规划看作是专家用技术方法解决城市问题的过程,并没有考虑到价值观和不同利益主体的政治争论。即使他们承认规划是建立在价值基础之上,他们依然倾向于把确认规划目标看成是一件专家的技术工作,而不是一场关于价值和政治的讨论,查德威克就认为"目标形成"是规划人员在技术上更擅长的活动,因而比公众成员或他们选出的代表更有发言权,"规划师的客户从未给规划专业人员清晰的目标……这给了规划师很大的责任:大体而言,当客户不能提供清楚的目标时,他们必须自己确定'规划目标……在某种程度上,专业人员对他们所规划的对象的情形要比他们的客户知道更多,这差不多成了一个职业传统"。

2. 城市系统

1988 年,F. 梯波特(F. Tibbalds)试图这样总结城市设计的对象:窗外你能看到的所有一切。实际上,从环境学的角度,城市设计的对象还远不止这些,而是你能体验到的所有一切,由此我们可以体会出城市的复杂性。根据贝塔朗菲的观点,城市无疑是一个有机整体,是具有高度复杂性的社会动态大系统,而城市设计则承载着为这个社会大系统创造物质形态空间和场所体验,并维持其运营良好秩序性的过程,这个过程伴随着多个参与方、多个组织、多种利益和价值观的整合和协调,从而城市设计同样是一个要素繁多,各要素之间相互联系的、相互依赖的复杂系统,而城市设计中的控制则是应对这种复杂性而产生的。城市设计的运行过程通过组织参与项目建设的各要素,以提高城市空间环境品质为最终目的,是一个有明确目的性和组织性的组织界系统。

按照系统学家对城市的定义:"城市是以人为主体,以空间和环境利用为基础,以聚集经济效益为特点,以人类社会进步为目的的一个集约人口、集约经济、集约科学文化的空间地域系统。就城市的本质来说,是历史范畴,是经济实体、政治社会实体、科学文化实体和自然实体的有机统一体。"①因此,城市是一个巨大的系统,该系统太过复杂,无法用简单的因果关系论述。在该系统中,人们利用反馈回路模式做出大量判定,即使利用系统分析也无法论

① 孙施文. 现代城市规划理论[M]. 北京:中国建筑工业出版社,2006.

述其复杂程度。亚历山大在《城市并非树形》中强调两种城市类型:那些经过常年的累积和叠加自然生长的城市定义为"自然城市",如罗马、京都等,而那些在第二次世界大战以来有设计师和规划师大范围重新创建的城市定义为"人造城市",如印度的昌迪加尔市和英国的一些新城。"人造城市"严格按照功能分区且功能之间彼此独立形成树形结构,其明显的等级化空间组织破坏了城市各个功能空间以及城市人与人的纷繁复杂的相互关系。亚历山大主张将城市看作一个复杂系统来研究现代城市所存在的问题。

城市形态是整体城市系统的物质基础,城市形态是相互作用的多层次结构。为更好地理解城市系统和便于分析研究,首先我们将城市形态系统划分为六个层次,他们叠加在一起就囊括了城市所有构成部分[①]:

第一层次对应人类及其活动。社会交往很大程度上决定了一个城市的结构,就像城市构成也会对其互动交流产生影响一样。从定义来看,城市是交流和活动的场所。

第二层次对应城市的街道和公路网。不管是依地势自然形成,还是由决策人策划,道路布局一方面在交通运输和交通方式等社会活动中发挥基础性作用,另一方面对其所覆盖的区域也有重要影响。

第三层次对应地块的划分。地块的组织和安排方式对建成环境的形态起着决定性的作用。例如,土地分区越小,摩天大楼等高层建筑越难建设,因为建筑之间将没有充足的空间营造良好的环境。

第四层次对应建设基地的地形地貌。地形影响着道路格局。中世纪时期,苏黎世紧凑的道路格局一直沿堤岸和河流建设,直至先进科学技术的引入才使这座城市克服四周群山的限制。在罗马和东京,道路格局依地势分布,蜿蜒环绕在山脉和河流周围。

第五层次对应土地利用和活动场所分布。它们是影响人口流动、交通能源消耗和不同建筑要素组织分布的决定性因素,具有重要的社会、经济及环境影响。

第六层次是以三维视角看待城市。风和阳光是疏散污染物以及改变城市温度的重要因素。将对气候因素的考量纳入对建成环境的形态研究,可帮助我们制定一套对寒带和温带气候进行供暖能量需求评估的方法。

城市系统首先是社会性的,也是将人类活动在城市形态六个层次的描述中占首位的原

① Salat S. 城市与形态:关于可持续城市化的研究[M]. 陆阳,张艳,译. 北京:中国建筑工业出版社,2012.

因。城市既是一个空间性实体,也是一个复杂的、开放式的空间系统。城市最基本的特征在于人口在一定空间范围内的聚集,而人口的聚集则带来了人类活动和各类设施的聚集。正是这种集聚,使城市地域具有了一定规模的经济效益,需要有特殊的社会结构和制度来维持其运作秩序。同时人口的聚集又促使了人与人之间相互作用方式的变化,形成了新的关系模式。因此,从本质上讲,城市是一个社会大系统。英国规划理论家布莱恩·麦克劳林(Bryan Mcloughlin)就曾指出:"城市系统的组件是用地功能和区域位置,它们通过交通和通信网络互相联系和相互作用。"[①]城市中所形成的一切关系和现象,都是特定地域范围内人与人之间在高度密集状态下的相互作用关系的反映。正如 R. 帕克(R. Park)所领衔的"芝加哥学派"在研究城市空间中所得出的结论那样,在社会中相互作用的群体、组织或机构之间的独立性和相互依赖性是城市演进的最根本依据。从宏观层面来说,城市社会系统可以理解为由以下四个部分组成[②]:

(1)经济系统。经济系统是城市中人与人之间相互作用过程中涉及的有关资源分配及其利用的行为和关系,这种相互作用关系以财富的生产与分配为核心,以效率为准则。在城市社会的发展过程中,经济是一个非常重要的作用因素,任何有关发展的设想、行动及其所产生的结果,都或多或少地要受到经济理性的考察。在城市的发展过程中,不同的生产方式、不同的经济发展阶段、不同的城市产业结构、不同的城市经济运行的效率类型等,都会导致城市整体的组织状态的不同。国际资本的运作、资本循环的节奏和分配等在当今经济全球化的背景中是影响城市发展的重要因素。

(2)政治系统。这是以权威和权力的形成、分配和发挥作用所建构起来的人与人之间的相互作用关系。任何城市发展的决策及其实施都是政治权力相互作用的结果。人类历史发展的过程已经证明,城市社会的发展和进步都与以权力斗争为核心的政治运动的演替直接相关。城市中的阶级斗争、社会运动、国家机构与市民社会的互动、城市治理的方式等都直接规定或制约了城市发展的方向、内容及其速度。

(3)交通通信系统。这是城市系统内容相互联系、相互作用的媒介和途径,是社会系统运行和发展的重要基础。人与人之间的相互作用都必然借助于一定的物质手段才能实现。

① 尼格尔·泰勒. 1945 年后西方城市规划理论的流变[M]. 李白玉,陈贞,译. 北京:中国建筑工业出版社,2006.
② 孙施文. 现代城市规划理论[M]. 北京:中国建筑工业出版社,2006.

维纳就提出："社会通信是使社会这个建筑物得以黏合在一起的混凝土。"从最基本的面对面的交往到汽车的使用，一直到现在借助最先进的高科技通信设施所进行的交往，都是影响城市发展和演进的重要因素。

（4）空间系统。这是城市社会中的各类相互作用的物化及其在城市土地使用上的投影，它使城市作为一个重要的大系统能以物质形态而存在，并使各相关系统在物质层面上得到统一。马克思精辟地指出："空间是一切生产和一切人类活动所需要的因素。"城市社会作为人和活动聚集的场所，也必然是以此作为凭借和依托的，没有空间的支持，城市的社会经济活动便无法得到展开。城市空间既是城市活动发生的载体，同时又是城市活动发生的结果。

这四个系统决定了城市的基本态势，对于城市社会而言，经济系统和政治系统是组成城市社会的"上层建筑"，从本质上决定了城市社会系统的性质；而交通信息系统和空间系统则是其基础结构，是城市社会系统得以运行的基础。城市作为一个有物质环境、非物质环境和人类活动共同作用形成的复杂系统，是在非物质环境的引导和影响以及人类活动的干预下建立起来的，城市形态就在这种不断发展进化的过程中逐渐形成。从系统理论出发，现代城市作为区域政治、经济、文化、教育、科技和信息中心，是劳动力、资本、生活基础设施高度聚集和子系统繁多的多维度、多结构、多层次、多要素之间关联的复杂系统，具有高度的复杂适应性（Complex-adoptive）、自组织性（Self-organizing）和涌现性（Emergence）等特征。复杂适应性体现在城市形态和其形成过程之中，城市系统若干个子系统都具有各自的复杂适应性特征。其次，作为一个开放系统，城市无时无刻不在与周围环境进行物质、能量和信息的交换。城市的生长过程，本身就是一个自下而上的自组织演化过程。这种复杂适应性和自组织性最终导致了城市系统的涌现性结构。城市发展的非线性、跨越层次性、随即整体性等都是涌现性结构的具体表现。

由此可见，城市系统不是简单的各种子系统的累加，研究城市问题应该以非线性、复杂性的观点来理解城市系统的多样性与层次结构。为了更好地理解城市系统，我们可以将之划分成各个子系统，但划分不等于拆解，这种划分方法也不能用于城市项目的建设。与所有生命系统一样，城市系统不能被拆分。分解一个系统就等于摧毁该系统。多重分解无法将牢不可破的并且在所有层次上保持高度复杂性的系统整体真正分解殆尽。

只有认识到城市系统的复杂性，我们才可能建造具有活力的城市。但事实上，迄今为止,实现城市化的标准方法都有过度简化的趋势。20 世纪,受到现代主义建筑运动的影响,城市建设千篇一律地都以直线排列,无法产生必要的联系。从光辉城市到 20 世纪 80 年代的太阳能城镇,都是坐北朝南,这种形态在我国住宅小区的规划建设中体现得淋漓尽致。这种单一功能的方法只能产生出枯燥单调的城市景观。诸如布坎南主义的简化论,旨在以交通干线对城市重新进行分层布局排列。20 世纪 60 年代,基于路线和循环功能的方法导致这种理论出现,这种方法无法建立起充满生机和活力的城市。一座充满生机的城市不仅是一排排并列建筑的集合,还有来源于城市内部的联系。这种联系可以像古城内部的联系一样表现为建筑物之间的紧凑的联系性,也可以是路径的连接延伸和人员及信息的交流。许多至今仍为之称道的历史古城,就是以交错分层的组织构造为特征,维持着社会性的多种多样的联系。

3. 城市设计的系统性

依照前文所论述,城市空间发展是一个复杂的巨大系统的运作过程,以物质空间形态的运动变化为外在表现形式,以社会、经济结构的进化(有序化)为内在动力和目标。城市设计同样是一个各要素之间相互依赖相互关联的复杂系统,保证其良好的运行秩序就必须以社会公共管理部门作为操作平台对过程中各参与方和组织要素进行控制。从过程上看,一个系统的管理首要任务是解决好整体性、内部的协调性和外界环境的适应性等问题。从城市设计现状来看,纯粹的物质性过程是没有生命力的,需要有支撑这个物质性过程运行的社会性系统。达米恩·马格文(Damien Mugavin)认为,城市设计除了作为核心的物质形式合成内容外,追求公众利益作为目标,很明显还是一个政治过程①。这种政治过程实际上体现的是一种城市设计的社会秩序。秩序反映的是一种系统运行状态,具体地说,就是系统各构成要素在运行过程中所形成的状态的稳定程度。系统秩序的形成是该系统所有内在要素按照一定的规律和规则协同作用的结果,也可以理解成系统各要素之间形成的诸多关系中较为稳定部分的总和。

总的来看,参考发达国家的城市设计经验,可以将城市设计系统化分为三大组成部分:保障系统、设计编制系统和过程管理系统,贯穿其间的是各系统之间的互动与反馈机制(图3-19)。在保障系统中,理论上讲,公众参与是基础,由公众参与自下而上形成保障系统,通

---

① Mugavin D. Urban Design and the Physical Environment: The Planning Agenda in Australia[M]. TPR, 1992.

过过程管理系统指导城市设计的编制系统,在城市设计形成成果后,再经由过程管理系统的运行保障其成果有效地贯彻与执行。这一体系是目前在保障城市最广泛利益的前提下建设城市空间环境的有效运行体系。但就我国现状分析,城市设计运行远还没有形成如此完备的体系,城市设计在我国仍在探索和发展。

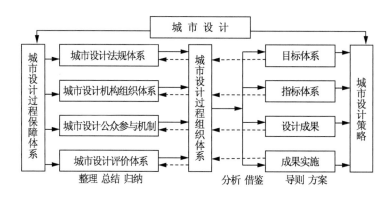

图3-19　城市设计组织系统

图片来源:庄宇. 城市设计的运作[M].上海:同济大学出版社,2004.

如果用控制论和系统的观点来理解城市设计:控制主体(规划管理部门)首先进行目标系统的选择,在此基础上制定控制的内容(设计依据),通过一定的管理过程来实现。过程中控制主体、控制目标、控制内容和控制对象共同组成一个系统,从控制目标实现上来说是不可分割的整体。从过程上看,一个系统管理过程最重要的任务是解决好管理的整体效应、管理内部的协调性,与外界环境的适应性等问题。既然系统的结构框架是由其组成部分及其相互关系所确定的,那么系统组织如何运作是我们关心的问题。我国学者鲁品越分析了"组织"系统的运行特点,他认为通过任务的专门化对组织进行"分化"与"整合",是组织结构形成和运作的基本过程。所谓"分化",是"通过任务的专门化而产生出的对组织的划分"①。对规划管理部门来说,组织分化的过程可以归纳为以下主要形态:

一是垂直分化,即组织分化为若干管理层次,一方面它包含了城市设计过程控制的管理秩序,如先制定控制内容然后据此设计审查、设计评审、设计决策等管理流程。另一方面纵向的管理层次还指决策权限的划分和决策等级秩序的上下级关系,如设计决策中技术审查

① 鲁品越. 社会组织学原理与中国体制改革[M]. 北京:中国人民大学出版社,1992.

和行政审查的区分、公众在设计决策中的身份定位等。

二是横向发展分化，主要是依据管理职责划分出多个平行部门，如规划管理部门内设的规划、用地、建筑等科室。由于系统的整体目标的单一，每一个部门都在归属于总目标的子目标指引下工作，因而在操作中常常会造成部门职责的交叉，导致管理低效，进而影响到整体。管理对象如城市的用地、规划乃至建筑形态作为一个整体，有可能和管理意义上部门横向分化形成矛盾。可能的解决办法是进一步细化横向部门职责，同时强化整体目标的指导性。

三是技术等级分化，垂直与横向仅仅指的是部门，但管理是由具体的人来完成，对于一个技术含量较高的管理组织来说，应当明确不同的管理人员所适合从事的职业，也就是我们常说的"人尽其材"。对于技术含量较高的岗位，自然要分化出相应的人员来从事，在设计过程控制中组织、参与制定法规、规划，以及设计审查等都要求具有相应的技术等级的人员配备。

因而，对一个个系统的运行，"分化"是基础，但从目标实现来说更重要的是"整合"。"整合"是指将"分化"形成的各单位活动进行协调，组成一个统一的整体，没有整合就没有实现整体目标的可能。鲁品越认为系统的"整合"基于三个基础。第一是组织内部的凝聚力基础，一个组织如果没有凝聚力，各部门和成员之间则很难加以整合。对于城市设计来说，则要加强公共规划管理部门的制度建设。第二是权力基础，应当协调好权力分配和权力发挥之间的关系，避免权力的越位和缺位。第三是科学性基础，既包括管理的科学，也包括对管理对象的技术运用上的科学①。

在实际操作中，城市设计的各个系统经常出现"分化"而缺乏整合的机制，如政策的编制强调"技术性"、政策的实施强调"管理性"，常常被人为地割裂开来，城市设计的控制内容常常和设计审查在相对独立的情况下进行，难以形成互动和反馈。但这两个系统应该是同一个目标下的大系统的两个部分，缺乏整合的运作管理会大大降低城市设计运作系统的控制效率。

4. 控制论与城市设计

城市设计的过程从过去的"不自知"到如今的包含多个参与方有明确运作体系的"自知"

---

① 鲁品越. 社会组织学原理与中国体制改革[M]. 北京：中国人民大学出版社，1992.

的转变,意味着城市设计运作过程同时受到多方因素的反控制和影响。由于城市设计运作过程中多元主体价值观的客观存在,且每个参与主体都要求对设计的过程施加影响以满足各自的诉求,从而形成对城市设计运作过程施加管理和控制。

管理的关键在于控制,在工程技术领域主要注重"控制",在社会经济领域主要注重"管理"。控制不仅是管理的一项重要职能,而且管理的成败关键在于能否实施有效的控制。在现实环境下,城市规划和设计过程复杂,参与方众多,且很多情况下即使有好的城市设计方案指导,实际上的实施成果却差强人意,并没有达到理想的效果。其实这种问题的产生不能简单地归咎于某一个部门或个人,很大程度与整个运行过程中的管理控制体系不够完善有关系。

对于上述的规划系统与设计系统,其实施基本属于控制范畴。城市设计运作无疑是一个可控制的复杂系统。这里所说的控制,并非是狭隘的限制和禁止,而是全面的控制,其中包括积极的刺激和干预。之所以要对城市设计建立控制系统,是要对城市设计的整个制定和实施程序做进一步完善。"程序"之所以重要,是因为过程往往决定了结果。"从哲学上说,程序反映了客观事物的一般发展次序,科学的程序则揭示了客观事物发展的必然秩序和完整过程以及这一过程中相关因素的制约关系。"[①]程序说明了系统中各要素的结构关系、过程连续性和主体行为的规则性等内容。因此,操作中"程序"表现出某种规定性,和一定的约束、限制、控制有关。城市设计的运作作为技术和管理的综合过程,除了行政权力的制约、技术力量的支持以及制度规定的刚性以外,更有赖于有效的"过程",这是"机制"得以建立的基础,也是本书所要研究的内容和出发点。

笔者认为,用控制论的概念和方法分析城市设计的社会控制过程,更便于逻辑而理性地分析和描述其内在机理。从某一角度来说,城市设计过程的控制可以理解为"误差控制调节"。系统与控制器相连接,而控制器则不断地接受关于现实状态偏离设计要求的信息。如前文所述,所有的控制都包含四个共同特征:需要加以控制的系统;对系统的设计要求,即系统的理想状态;测定系统实际状态以及对理想状态的偏差的仪器;提供用以校正偏差使之不致超越允许限度的工具和方法(图3-20)。对城市系统建成环境的实际情况,通过各种调查加以测定,与城市设计运行相比较,从而相关部门实施适当的调节。在这个控制过程中,规

---

① 雷翔. 走向制度化的城市规划决策[M]. 北京:中国建筑工业出版社,2003.

划师和设计师需要不断地观察以确定城市设计的成果和实施,从而施加对政府投资、建设以及有关政策方面的影响。但随之而来的问题是,如何相对正确地判断城市建设活动,对政府的有关建设方针应持何种态度。这类问题也许可以根据专业和经验做出一部分判断,但要对城市和城市设计过程等极为复杂的系统施加控制,仅凭经验是不够的,必须借助模型的帮助。模型不但有助于设计框架的制定,也有助于设计成果的实施。模型能够扩大设计师的经验,同时也是一种预警器,告知人们需要采取调整行动,连续的城市设计过程将会吸收关于城市变化以及各种规划项目对城市所产生的影响的信息反馈。

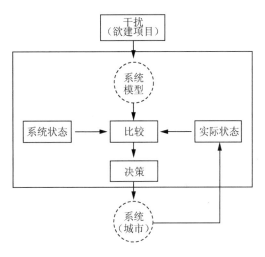

图 3-20 控制偏差程序

图片来源:笔者自绘

3.4 概念模型

3.4.1 模型的构成结构

按照前文控制论原理,一个控制系统大体包括施控主体、受控主体、控制目标、信息传达和反馈等基本内容,整体是个可控系统且其过程的关键是信息的传递和反馈。在控制系统中,设定控制目标,以信息为载体将控制内容从施控主体传达到受控对象,通过一个合理的控制运作程序来完成目标的实现,并以信息的反馈为参照不断调整控制系统来增强系统的适应性,在运行过程中,整个控制系统还将不断受到外部情境的干扰和影响(图 3-21)。作为一个整体性和适应性的城市设计过程,其目标就是利用和整合现有资源,输入全局资源,求得最有效的运作效能,从而体现在城市设计成果和成果的实施保障两个方面。而从输入到输出的过程,则是城市设计控制系统内部的不断控制与反控制的动态过程。

1. 以情境资源为行动基础

情境资源是城市生存的基石,广义上,情境资源指包括经济资源、社会资源和生态资源

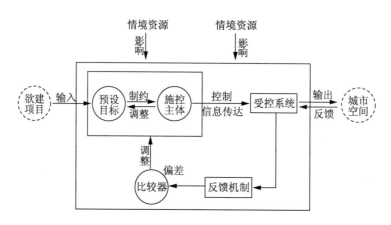

图 3-21　城市设计控制系统理想模型

图片来源:笔者自绘

在内的所有城市发展发挥作用的要素。狭义上,城市资源则由人类资源、社会资源、文化资源、智力资源、环境资源、自然资源共同构成。城市生产资本的资源领域,主要指城市基础设施,即交通、能源、供水、污水处理和固体废弃物处理等方面的配套设施。在对城市资源配置过程中,城市设计是对城市空间和景观资源这种有着特殊性的城市资源的分配,其特殊性表现在难以明确地说明自身归属于哪一个资源分类,是综合性的资源;既是资源,又是产品;既包含自然资源,也包含社会资源;既包含公共资源,也包含私人资源;既作为资源本身,也作为资源作用的环境与背景。同时,城市空间资源作为一种综合性资源,不仅体现为空间本身,还体现为空间内所包含的人、事件以及它们之间的关系,体现为空间所产生的经济、社会、文化、环境等多方面的效益。从这个角度来说,提到城市空间,就必然涉及方方面面的资源及其效益,这些资源之间相互作用。城市设计作为分配城市空间资源的行动,需要从全局的角度来全面认识空间及其相关资源,从相互之间的关系着手,以实现社会层面的综合最佳效益。

城市设计控制系统的理想模型,是在对情境资源的全局理解的基础上进行构建的。首先,城市一定范围内可供组织的空间、景观、交通等要素均为城市设计系统的资源,不仅包括目标地区内部直接相关的资源,还包括外部能够影响目标地区发展的资源。而更为有价值的是,城市设计控制系统因其对资源管理过程的控制和引导,实现了对资源在时间维度上的全局考虑,表现为一种"资源链条"的形式,整个城市设计过程就表现为对整个资源链条的配置过程。

但是，对资源的全局理解不仅表现在空间层面上，还表现在这些资源背后潜藏的无形的社会层面上。人们看到的资源往往都是比较表面化的、明显的资源，容易忽略许多隐藏着的有待挖掘和开发的潜在资源，表面资源和潜在资源形成类似于"金字塔"的模式，越是潜在的资源越会对城市空间景观环境形成持久而决定性的影响。因此，在表面化的资源无法解决问题和实现目的的时候，就要用深度和精度来挖掘这些潜在的资源。对于城市设计控制系统而言，不仅意味着对空间、景观等有形的资源的有效利用，还意味着对有形资源背后的

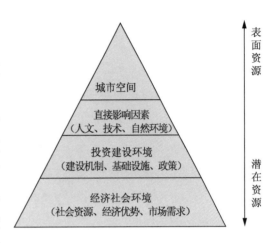

图 3-22　城市空间发展资源的"金字塔"模式

图片来源：笔者自绘

利益、资金、政策、人力等无形的资源的充分挖掘。同时，既要考虑资源分配的效率问题，也要考虑公平问题。对这些表面资源和潜在资源的综合利用和优化配置是控制模型的价值体现（图 3-22）。

2. 以空间远景为行动指向

城市设计控制系统在资源全局考虑的基础上，为城市设计提供了具有焦点性、一致性和连续性的发展指向。由于城市空间发展的复杂性和未来的不确定性，而且在城市设计过程中涉及的各个利益主体又都有着各自的诉求，并存在一定的分歧和冲突，因此，城市设计需要提供发展的方向，协调各方行动，使他们统一朝既定目标努力。

戴维·库夫就认为，城市项目规模巨大，仅就其规模而言需要这些项目具有一定的确定性。系统地实施一个大的城市项目不仅是一个长期而艰巨的操作过程，而且是对"理念"的延续，整个操作过程必须坚持"有目的的宣讲"以引导项目的不断发展，尤其是当最初的热情衰退之后[1]。为应对这种不确定性和保证有效率的行动，城市设计控制系统必须指向一些宏伟的目标，只有这样，项目的发展方向才会历经长期的实施过程而得以维持。这里所指的

---

① 理查德·马歇尔. 美国城市设计案例[M]. 沙永杰,译. 北京：中国建筑工业出版社,2004.

宏伟目标，被称为空间"远景"（Vision），从而使得人们面临环境或情况的变化时，能够快速识别自己的角色和行为，这是一种效率的体现。

在概念上，"远景"有着多种理解：一个内在一致的关于未来可能是什么的观点；一种使某人对可选择性的未来环境的感知有序化的工具，其中某个决策可能正确地实现，计划部分与管理未来不确定性的工具和技术有关；一个用于想象可能的未来的训练有素的方法，在可能的未来中组织的决策可能被实现。显然，远景区别于一般预测或蓝图，也区别于想象。远景是为应对未来不确定性而提出的、预期的未来景象。用人类大脑做个类比，健康大脑总是能够为即将到来的未来设计情景，进而提前考虑和处理将要出现的信息。"正如历史作为一种反馈对于人类发展很重要，远景作为一种'前馈'也同样重要"①。

就计划或规划而言，无论是个体还是组织，都是在不断地制定计划。在稳定条件和时间跨度短的情况下，决策通常需要清晰的蓝图式预测就可以做出，无须考虑长时间可能出现的不确定情况。但是，时间跨度越长，需要决策的系统就越复杂，蓝图式预测的方式就会变得越来越离谱。为了正视不确定性问题和潜在的风险与机遇，为多个而非一个未来做准备，就需要远景规划工具来描述和引导未来的环境发展。同时，我们不必探索每种可能的未来。为了能应付未来，需要减少复杂性，把大量的不确定性减少到少数几个合理的选择方面。空间远景的价值对于城市设计目标导向过程来说，就是减少城市空间发展的不确定性，使得整个过程趋向"合理"与"效率"的结合、"理想"与"可操作"的结合。

首先，远景是建立在"回剥城市发展历史"基础之上的，只有了解它们"如何成为现在这个样子"的，才可能获得未来活动的基础②。其次，远景是建立在对地区具有的优势、劣势和当前所面临的机遇和挑战进行综合分析基础之上的。此外，远景归根结底是来源于地区真正使用者对地区未来的期许。城市设计控制系统在运作过程中，与相关利益群体的协商是贯穿始终的重要环节，远景的确定也是如此。而事实上，只有这些地区真正的使用者才知道地区未来需要什么，还需改进什么。

此外，来源于历史、时势和地区的远景，在培育市民的信心和荣誉感方面有着不可低估

---

① 麦茨·林德格伦,汉斯·班德霍尔德.情景规划:未来与战略之间的整合[M].郭小英,郭金林,译.北京:经济管理出版社,2003.

② 拉斐尔·奎斯塔,克里斯蒂娜·萨丽斯.城市设计方法与技术[M].杨志德,译.北京:中国建筑工业出版社,2006.

的价值,也能够吸引外来者能够到达、消费、驻留甚至迁至该区。从作用来看,远景不仅指引人们努力的方向,也给人们提供了解城市设计过程的途径,这对城市、社会的可持续发展是具有积极意义的。在这一点上,城市设计控制系统远景中包含的"焦点"与市场营销中的"卖点"概念有相似之处,即通过确定"可以撬动市场的定位点",获得快速标识产品差异性、区别于其他产品的优势所在,来赢得人们的消费。城市设计控制系统的目标也是通过主题这一卖点,来赢得相关人员和市民的支持,并愿意为之共同努力。这正如培根对远景的认识:"用来获得一致意见的一种交流的形式,一种公共语言,或者一个参考系统。"其目标是把城市造就成一项人民的艺术,让每一个居民都感受到城市设计的成果,使城市设计"成为生活方面人人共享的一种伟大的民主状态"①。

3. 以反馈机制为控制原则

面对纷繁复杂的客观世界,人类对行动主体的认识有着从"理性"到"有限理性"的变化。西蒙从人的意识、决策环境与人的能力等方面否认了"完全理性"的假设,提出了"有限理性"假设。他认为人的"有限理性"体现在两个方面,一是环境是复杂的,在非个人交换形式中,由于参与者很多,同一项交易很少进行,所以人们面临的是一个复杂的、不确定的世界。而且交易越多,不确定性越大,信息越不完全。二是人对环境的计算能力和认识能力是有限的②。城市设计就是环境复杂、参与者多和发展不确定性的有限理性过程,把人类对世界的认知付诸现实行动中,维持或改变主体与客体,个体与社会,历史、现在和未来之间的关系。对城市设计项目而言,可以探讨的对问题理解的有限性可能表现为:项目条件界定的相对性,设计范围、层次、类型等划分的随意性,历史、现在与未来的冲突,需求满足程度与视角的差异,社会发展阶段及水平的局限等。

这种有限理性的认知,要求城市设计的每一环节都要符合城市社会当时当地的实际需要和所能提供的资源和能力。因此,对于城市设计行动而言,有着一定"游戏规则"所限定。在任何实践活动中,"游戏规则"是保证行动合法性、合理性的前提和条件,也是行动有效性的保障。规则是指参与其中的人们的共同协议,是关于什么行动是必需的、禁止的或者允许的强制性规定。所有规则都是为了实现人类的秩序和预期性而付出的明显或不明显努力的

①　Svirsky P S. The Urban Design Plan for the Comprehensive Plan of San Francisco[Z]. San Francisco:Department of City Planning,1971.

②　赫伯特·A. 西蒙. 管理行为:管理组织决策过程的研究[M]. 杨砾,译. 北京:北京经济学院出版社,1988.

结果，这是通过创造人们的等级，进而根据现实世界的需求，允许或禁止的状态来要求、允许或禁止采取的行动等级①。因此，城市设计实践的"游戏规则"就体现为对上述有限性的认识基础上，城市设计团队成员所共同认可的协作规则。

在城市设计这一社会实践过程中，因其多主体、不确定以及公共利益的目的价值等特点，主体间相互协商和相互作用成为规则制定的最为主要的途径。正如 Lindblom 在《民主的智慧》(*The Intelligence of Democracy*)中所说：民主的智慧是寓于社会互动之中的个体行为，无论其目的和意义如何，最终会形成一种合力和规则，像一只看不见的手推动着社会前进。城市设计控制系统关键的反馈机制就决定了系统的制定和实施不是独立城市设计师能够完成的，而应是一个能够吸纳各个利益主体意愿的集体共同完成。信息和反馈是城市设计控制系统运行过程中主体行动组织的核心，与相关利益主体的协商是城市设计运行开发的重要因素，其目的是为了尽可能多地了解来自地方使用者的需求和期望，从而获得地方人们对系统的认可和实施，达到与相关人员在协商基础上不断获得反馈信息以调试整体系统从而达成共识的目的。

一般而言，通过反馈与调节来达成共识过程有七个需要注意的环节：一是合法性，相关法律要明确共识的含义、作用，要依法保证各有关方面的利益得到体现或作为讨论问题的依据；二是代表性，参与讨论的只代表他们各自的组织或仅仅是他们个人；三是共同认可，参与方认可决策过程的程序规定和共识的基本标准，承担大家都接受的责任；四是灵活性，代表们可共同设计决策过程，寻找最好的讨论方式；五是有调节者，找到一个对全体代表负责的调节者，保持一个安全的交流环境；六是有信用，保证形成的共识，而不是少数服从多数的表决；七是执行监督，有推进共识实现的决心和手段。

达成共识需要全过程的努力。在前期，要衡量手段是否有效，鼓励利益有关方面的参与，找到调解人，计划整个过程；在中期，要组织好讨论，善于发现共同点，并充分表达意见，形成共识文件；在后期，要监督执行文件的所有条款，并针对可能出现的意外情况，列出参与者应该重新进行商量的条件。

最后，需要强调的是，在行动基础、指向和规则的模型建构中，还应贯彻动态的观点。因为城市设计控制系统建立了相关人员认识和行动的焦点，但焦点也可能变得过于死板，将无

---

① 保罗·A. 萨巴蒂尔. 政策过程理论[M]. 彭宗超，等译. 北京：生活·读书·新知三联书店，2004.

法适应灵活变化的环境,这是一个悖论。因此,城市设计控制系统在提供方向的同时,还应在威胁和机会等新情况出现时,能够进行检讨和适应性的调整。城市设计控制系统只有开始,没有结束。因此,评估和反馈始终贯穿于城市设计控制系统运行的全过程,形成动态的循环反馈机制。从空间关系和范围来看,包括目标地区内部、外部的变化程度和效果评价;从反馈的内容来看,包括价值、利益等的有形反馈和信息等的无形反馈。但不管是内部反馈还是外部反馈,不管是实物反馈还是信息反馈,一个持续性增值的系统是靠持续性的有效反馈来保证和维系的。因为它们都可以对系统输入动力,对系统的偏差进行校正,对系统的运转提供监控,对系统的决策提供依据,从而保持和推动整个系统成为一个可持续发展的良性系统。

3.4.2 模型的应用范畴

1. 适用项目类型

目前,各个城市都在开展各式各样的城市设计项目,但总体来看,缺乏城市设计项目的整体、系统性的谋划,其动因或是出现了严重的城市公共环境问题,或是始于某些领导的个人意见和政绩企图,而缺乏对城市环境变化的内外部潜在影响因素的系统分析,缺乏对城市公共环境的整体平衡发展的思维和行动的充分考虑。

在某种程度上,城市设计控制系统模型正是针对上述问题,站在系统和整体的角度,识别和挖掘城市某一事件或变化的内外部因素和未来趋势、潜力,进而为一定时期内环境的变化和行动的组织提供一个理想框架。影响环境变化的诸多因素是城市设计控制系统需要重点研究的内容,而存在变化的潜力和可能性就成为城市设计控制系统启动的前提条件。只有当目标地区出现并积累了具有有效数量的不确定性因素和变化的潜力时,或者说目标地区要进行范式或非线性变化时,城市设计控制系统才具有价值。例如,当地区正在经历更新和复兴、重大资金投入或项目启动等重大变革,或者出现了新的发展危机和机遇时,或者当城市某个地区内部或多个地区之间的开发建设出现非良性竞争时。可见,城市设计控制系统的对象是由相关的若干城市设计项目所组成的一定区域,或特定城市区域的城市设计行动组织框架,其目的是协调各城市设计项目或单个城市实际项目内部各要素之间的关系,构建和谐、健康的城市环境和形象结构,避免出现空间发展的无组织和不平衡。从过程来看,我们平时经常所说的工程项目类型的城市设计,可以理解为以独立设计者为操作主体,运用城市设计相应的设计技能,以成果为导向的进行过程;而城市设计控制系统则是以城市设计团队为操作主体,以城市设计理念为主线,以共识的远景目标为导向的过程,体现了过程中各个利益团体和城市各个系统之间的权利与义务、资源和收益之间的制约和平衡。在这个意义上,城市设计控制系统并不能准确地归类于整体城市设计或局部城市设计,而是根据事件或变化的影响范围,抑或是根据某一特定目标,而单独提出的设计范围。但是,这个设计范围在很多情况下,并不是确定的。这种设计范围的超越性和非确定性是城市设计控制系统区别于一般城市设计的一个重要特点。

此外,城市设计控制系统的逻辑思维与专项城市设计相似,专项城市设计是针对整体或局部城市设计中某一特定要素的系统研究,城市设计控制系统则是对整体或局部城市设计中多个要素及其相互关系的系统研究。

从具体的项目类型来看,城市设计控制系统适用于整个城市、社区邻里、城市街区、改造区、城市中心区、城市扩展区、交通走廊、特殊政策区,如滨水区、特殊景观区和历史保护区等。总的来说,不管是整体城市设计范围,还是局部城市设计范围,城市设计控制系统都包含多个城市设计项目,是较大规模的城市设计。这是由城市设计控制系统整合城市空间的作用所决定的。

由于城市设计控制系统的这种综合性,决定了其以政府为主导的组织形式,其意义在于为城市发展提供一个基于系统性和整体性思维的研究性成果,配合政府和规划管理部门引导城市开发和城市公共环境建设。但这种综合性也意味着更多的挑战,比如与公共部门之间集体协商以获取开发许可的过程会更长。协商的核心通常是一种平衡,即保证它对公共事业和邻里不会造成有害影响,同时保留一定的灵活性让开发者完成一个需历经多年的建设项目。再如大规模城市设计项目不可避免地需要与基地之外的自然系统和市政设施配合。对外部的一些影响能通过创造性地利用基地内的设施来解决,这通常涉及在开发之前动用大量资金,但这些初期投资能为后续的发展步伐和功能结合定下基调。规模开发的优势意味着基地上的设施可以共享,但这些设施的长期所有权和管理必须在一开始就解决,例如对公共开放空间的管理和维护资金及市政设施就需要提前建立起来。

2. 与相关规划的关系

(1)战略规划或城市发展战略

城市设计控制系统是在战略规划或城市发展策略的基础上,在三维的空间环境形态层面,贯彻和延续其战略地位及相应的政策和原则,并与相应的行动联系起来的。在国内,战略发展正在经历着如火如荼的发展阶段,在新一版的《城市规划编制办法》明确把战略研究作为总体规划前期工作的重要环节,强调了战略规划的重要作用①。当前实践常见的战略研究的形式主要包括战略规划、概念规划以及城市发展策略等。例如 2000 年编制的《广州市总体发展概念(战略规划)》被公认是我国第一个战略规划的实践,被视为新千年以来城市总体规划编制工作中最具革命性的探索。再如深圳市发展策略《深圳 2030 城市发展策略》是深圳在城市规划体系上一个创新实践,在本质上是城市规划体系里一个重要的组成部分,是一个战略性的规划,是在宏观层面对深圳城市发展进行较为深入的战略性研究,并进行前瞻性、开拓性的政策分析,对影响城市发展具有全局和战略的意义。可见,战略规划与城市发展策略是为适应城市整体发展和提高城市竞争力而制定的,是在规划层面的创新规划类型。那么,具有系统研究特征的城市设计控制系统则是在三维城市空间层面的创新工具,它延续和传达城市发展的总的目标和政策,以空间控制系统指引行动,以行动控制系统优化效率和效益。

(2) 城市总体规划和分区规划

城市设计控制系统与城市总体规划和分区规划之间是互为基础、互相补充的关系,这由城市设计控制系统具体的设计范围和对象来决定。一方面,城市设计控制系统要以总体规划以及其他上层次规划成果为基础;另一方面,城市设计控制系统并不局限于总体规划等对土地功能和用地分配的规定和控制,而是根据具体情况,识别关键原则,在此基础上对总体规划结论进行适度的反馈与调整。

(3) 法定图则(控制性详细规划)和详细蓝图(修建性详细规划)

在实践中,法定图则(控制性详细规划)和详细蓝图(修建性详细规划)是与具体开发建设直接相关的重要环节,局部城市设计的研究成果经过抽象转译到法定图则中,以城市设计导则为主要控制形式。城市设计控制系统不同于详细蓝图,不会给出地区将会如何发展的一个最终的蓝图式景象,系统提供灵活性,通过辨别关键原则而不是有限的解决方案,为未来提供多种发展的可能性与潜力。它包括地区可能如何发展的设计远景和对关键场所必要的细节,以适应经济和功能的要求。作为一项研究成果,城市设计控制系统的概念、原则和

---

① 李晓江. 战略规划[J]. 城市规划,2007(1):44-56.

策略应进一步转译为具体的城市设计导则,指导具体地块和项目的开发建设。

3.5 价值预估

3.5.1 实践价值预估

1. 空间发展政策与行动的联结

人们的实践如要获得成功,必须让自己的行为符合客观实际。意识决定行为,如果人的意识正确地反映客观现实,并符合客观规律,那么其行动就会有良好的效果;反之,没有正确的意识作指导,或没有系统的、理性的秩序框架,行动只会以失败而告终。

对于复杂的城市空间发展过程,体现为自上而下和自下而上的两类过程。但自下而上的演变过程往往是相对漫长的,面对当前快速的城市化进程,更多表现为自上而下的进程。然而,由于城市空间发展管理过程的整体性观念的缺失,导致了"思想"与"行动"的脱节,在行动中重视设计结果而忽视管理过程和实施过程,重视局部形象而忽视整体效益等,宏观和整体层面的空间发展政策难以切实、有效地指导城市空间的具体行动,这导致了城市空间发展的诸多不平衡和不协调问题的出现。

在这种背景下,城市设计控制系统以整体性、全局性的思维,将局部空间视为城市空间的组成部分,将城市空间发展政策与设计过程、管理过程以及实施行动计划视为完整的城市设计过程,有效地实现了城市发展政策与空间具体行动的联结。在空间层面,从空间之间关系入手,进行合理定位。从过程层面,建立稳定、开放的工作框架,组织全局资源在时间与空间上的有序展开。

简言之,城市设计控制系统是在城市空间发展政策,例如在战略规划或城市发展策略的基础上,在三维的空间环境形态层面贯彻和延续其战略地位及相应的政策和原则,并与相应的行动联系起来。

2. 空间及相关资源的优化配置

当前,全球化竞争日益加剧,而资源却日益紧缺。城市竞争力很大程度来自城市资源条件及其利用情况。在众多的城市资源中,土地及其承载的空间是城市经济社会活动的载体,也是城市各种资源的聚集体,它们的利用和分配都直接影响着城市经济社会的发展变化。

比较城市土地,城市空间资源具有更加多样化的特征。自然景观、历史文化景观、公共场所和活动都是城市可以充分挖掘利用的空间资源,都能够更好地塑造城市特色,提高城市竞争力;城市空间环境的改善和提升,又会很大程度地提升本地居民的归属感,也能够吸引更多的人到来,进而为城市带来活力。因此,城市空间资源价值的深入、可持续的保护和挖掘越来越受到人们的重视,在这些年出现的诸如空间景观眺望权、优美环境享受权等新概念上可见一斑。

城市空间资源如一般资源一样,也具有稀缺性。但区别于一般资源,城市空间资源具有强烈的外部性和公共性。尽管城市规划确定了土地的使用性质,用地红线确定了包括公用和私用的不同功能地块的边界,但红线只是平面上的概念,土地之上的城市空间的边界并不清晰和明确。虽然因土地所有权(使用权)不同而被赋予公与私的不同属性,表现出来的空间整体就会由相对不同开放程度的空间形态"拼接"组成,"私人财产造成了空间粉碎化"①,但城市空间不会因为红线的存在而"孤芳自赏",即便是地块内部私人所属的城市空间,也因其视觉影响和与周边环境的关联而具有公共物品的特征。"公共物品"在经济学上通常被作为公共利益主要的现实物质表现形式,其使用具有非排他性和非竞争性的特征。因此,城市空间尤其公共空间的供给渠道相对单一,除城市公共部门外私人单位不会主动提供,公共空间容量不足是所有城市面临的问题;同时,现存公共空间的质量普遍较低,难以保证空间开放性和公共性,导致城市资源的浪费。也正是这种空间资源稀缺性和配置的不合理性,导致了诸如"公益诉讼"等事件频发。例如,2000年,一些青岛市民以青岛市规划局批准在音乐广场北侧建立住宅区,破坏广场景观,侵害了自己的优美环境享受权为由,将市规划局告上法庭;2004年3月,一位老人状告杭州市规划局批准浙江老年大学在西湖风景区内建设2万平方米的项目,违反了《杭州西湖风景名胜区保护管理条例》。这类诉讼案例的出现反映了人们对空间资源,尤其是公共空间资源的日益重视。

然而,城市空间这一"公共物品"又具有区别于一般公共物品的复杂性,单纯依赖城市公共部门很难满足城市和市民的需求,是需要公私部门充分调动各自的人力、财力及相关资源,共同协作促进城市空间的发展。实际上,当前社会层面的政府和市场协同作用的领域正变得越来越多,特别是进入1990年代中后期,国外在研究和实践政府公共项目融资中提出

---

① 亨利·列斐伏尔. 空间:使用产物与使用价值[M]//包亚明. 现代性与空间生产. 上海:上海教育出版社,2003.

公私合作(Public Private Partnerships,PPP)模式,为发达国家城市基础设施和公用设施建设注入了强大的融资空间,推动了如城市交通、电力、污水处理、医院、学校等公共项目快速发展,从而带动了社会经济的全面快速发展。

众所周知,市场和政府就像硬币的两面,缺一不可,各自有着不可取代的优点,也有着不容忽视的缺点。由于各自存在优缺点,因此完善的资源配置及利益分配要求政府与市场之间加强合作,根据各自的优缺点界定分工范围。考察国内外不同市场环境和规划体系的发展,就会发现在对待市场自由调节和政府积极干预的态度上,都经历着螺旋上升的过程。市场、城市越来越需要政府的干预,来避免出现公共物品不足和分配不平衡的问题,例如美国;而政府主导的国家和地区越来越需要市场的加入,来充分动员和利用社会资源,增加地方活力,例如英国和中国等。

城市设计控制系统正是把空间视为整体性资源的一种城市设计工具,为城市空间资源发展找到了一个共识的远景与主题,进而从整体层面进行资源分配,实现资源的最优利用和相互整合。同时,城市设计控制系统一方面通过对资源的全局考虑,另一方面通过与私人部门的充分沟通和协商,使得私人部门接受并乐意从整体角度来保障个人利益和公共利益的双赢。

从广义上看,空间相关资源还涉及包括公众(使用者)在内的所有主体。无论是关注为人们改变生活空间的专业人士,还是关心自己生存空间变化的公众,都应该能够表达意见并能够参与到环境的发展过程中来,真正实现民主化的群策群力。

任何社会主体都处在一定的社会关系中,在任何社会行动中,完全孤立的主体是没有任何意义的,只有把参与主体用价值的内在链条连接成一个可以实现目的的参与者的链条和网络,才能实现各自的价值。但是,现实存在的主体间利益冲突,和不可避免的专业偏见,都会使城市空间向着不和谐的方向发展。因此,城市设计控制系统能够通过把握主体关系,来引导和制约主体的需求,使其能够配合整体的发展,并起到积极的作用。这正如弗里德曼的观点:"在行动规划之中,规划人员以个人身份登上前台,他的成功在很大程度上取决于处理人际关系的技能。"[①]规划人员以个人专业优势来协调主体关系,而城市设计控制系统却是集约了专业人士、公众等智慧的、动态的工具和框架,对主体关系做适度的规范和引导。但

---

① Frieden B J, Morris R. Urban Planning and Social Policy[J]. Social Service Review,1968,43(2):221-222.

需要说明的是,框架制约各主体要素,并不意味着不允许需求多样性的存在,而是在把握基本方向的前提下,能够求同存异,充分容纳多样化需求。

在城市设计控制系统制定的过程中,主体协作的实现依赖于具有开放性的城市设计团队,其核心包括决策和技术人员,其开放性则体现在对公众的开放,对各个专业领域的开放。城市设计控制系统在建立和实施过程中,不同主体之间价值观的冲突,需求和动机的差异以及利益分配的矛盾使得主体之间存在着某种张力,在制约着相关主体行动的同时也保证其应得的利益,总体趋向求同存异的目标。

3. 机遇与挑战的灵活工具应对

从工具角度理解,城市设计控制系统提供了一个类似机械的稳定结构,但只能是一个一个"半成品",提供了可在操作中共享的、可复制的结构。"开发者"把系统融入他们自己的操作,并加以拓展,以满足特定的需要。

实际上,城市设计控制系统正是以这一稳定又灵活的结构,面临创造一种平衡的任务,即在空间发展与决策过程中所必需的稳定,和连续不断的变化及对动态环境适应所构成的不稳定之间的平衡。这种变化一方面表现为作为地方审批通过的指导性文件,所要面临的环境改变,而应做出的适应性反馈;另一方面则表现为作为战略工具,面对研究地点和范围等具体情况的变化,而应做出的适应性调试。前一个方面实际上是单次城市设计控制系统实施过程中所面对的问题,后一个方面则是为了谋求实用性工具对城市设计控制系统这一工具进行的研究。

进一步来说,城市设计控制系统提供具有适应性的设计框架来控制和引导空间发展,它把焦点集中在特殊的发展机会和发展阶段上,还能重新评价原有政策条件与规划不符的地方,提出修改建议。

城市设计控制系统的适应性也体现在对环境变化的灵活和弹性控制上。系统一旦建立,便成为一种战略规划框架,其目的是为了确保未来发展和开发符合场所及其使用者的价值。从这个意义来说,城市设计系统只有开端,没有结局。城市设计控制系统强调的是一种空间环境的整体效果,各个局部之间可以在控制界限上下波动而保持总体均衡的态势。例如空间容量控制,根据实际需要将关系密切的项目联合开发,主要对人口、建筑、交通和公共设施进行总量控制,而各个项目的空间容量可以在一定范围内"此消彼长"式地进行内部调适。对某个开发项目提供开放空间的奖励建筑面积的制度,表现的其实也是在整体控制下的弹性,得到奖励的开发项目由于建筑高度增加而对空间环境造成一定的负面影响,但由于它提供了更多的公共开放空间,整体环境质量得到弥补甚至有所提高。

此外,城市设计控制系统不同于开发准则。开发准则是最基本的要求,通过相关法规来强制实现或加强,需要谨慎撰写,用词规范。而城市设计控制系统确定的标准将反映针对实际问题的发展目标与对象,鼓励对现有规定的合理挑战与改善建议,而且城市设计控制系统不需要面面俱到,也不需要满足各个系统的专门需求。

3.5.2 专业价值预估

在城市设计理论研究领域,各种城市设计理论纷繁多样,通过对几个有影响力的理论研究的梳理,大致可以分为空间、形态、环境、视觉、感知、社会、功能、可持续等八个学派,这些学派各自有其思维取向,但并非独立存在,而是呈现出相互渗透、相互关联、交织显现的关系。

城市设计控制系统作为工具,其在实践中帮助理解发展逻辑、推动力量、关键因素、关键角色和我们自己发挥某一影响的潜力,在比较宽泛的发展远景引导下,允许多样化的行动,并没有规定具体的操作路径。因此,给予了城市设计各个理论充分实践的空间,并促进相互之间的调和,同时,更给予了针对不同的社会、文化和环境差异,交互作用进而获得进一步发展的可能性。在这个意义上,城市设计控制系统不仅是一种计划的手段,也是一种有效的学习工具。

（1）专业人员视野和思维的拓展

城市设计控制系统的组织形式包含了多专业领域、多利益主体的团队,涉及社会、经济、文化、环境等环境因素。这对于参与这种工作情境中的专业人员无疑是一种视野和思维的拓展。首先,多学科领域的模式,使得城市设计师不再局限在空间设计的象牙塔中,更多的是与其他相关学科密切合作,把他们的知识和技能与空间设计联系起来;其次,多主体参与的模式,实现了城市设计师与空间真正的使用者的直接交流,协调的过程可能会坎坷甚至会拖延整个审批流程,但在达成共识之后的现实实施则会较为顺利。最后,由于针对的空间涉及若干关系的设计框架,城市设计师只有具备全局、战略的思维,才能有效地掌控空间发展的进程。

（2）专业的普及与大众化

城市设计是所有人参与的活动,但一直以来一方面由于专业成果的抽象特点,另一方面由于专业教育的学院化,使得公众对城市设计领域了解不多,甚至漠不关心,体现在当前公众参与数量太少和质量过低与公众对设计实施的意见层出不穷的矛盾时有发生。可见,城市设计不应只是学院里的学科,更应该是现实社会中的学科。城市设计控制系统作为与公众沟通、协商的平台和媒介,能够较好地促进城市设计专业在公众中的普及和接受。

简洁明了的城市设计控制系统的成果文件能够有效地向公众传达空间发展的远景和目标,这不仅是信息的交流,也极大地提升了公众参与的热情。城市设计控制系统的制定过程要求与公众共同完成,这给予了公众充分参与的平台和渠道。长久来看,这种良性的促进过程将有效地提升公众对于城市设计的理解和支持程度,反过来也有效地促进城市设计学科的发展。

4 城市设计控制系统的全局梳理

人类并不是满足于生活在社会中的种族,而是一个为了生活创造社会的种族,换句话说,是一个发明了新的组织和思维模式的种族。

——莫里斯·古德利尔《精神与物质》

4.1 城市设计运作环境

在我国,快速的城市化与城市形态的演变体现了城市发展目标的实现是一个典型的物化过程。随着形态生成过程的深入,规划的控制手段在技术上与设计组织上的缺陷逐渐显现,尤其是详细的环节,由于市场经济体制替代了计划经济体制,城市形态发展的细节更加依赖市场行为的介入,修建性详细规划存在基础和发挥作用的空间逐渐减弱。此时,城市设计作为规划成果与项目实施之间的过渡性环节,发挥的作用尤为关键。然而,与城市规划、建筑设计等控制城市形态的技术手段一样,城市设计的作用能否实现,除了自身技术内涵的完善外,其运行过程和运行体系也是关键。了解城市设计的运作过程,必须将其放在城市开发的大环境中考察。

4.1.1 城市开发过程

对某一个具体项目而言,开发过程一般分为准备、设计、建设和使用四个连续的阶段(图4-1)。土地与房地产开发过程是各种因素的结合,包括土地、劳动力、材料及资金(资本),并利用它们形成产品。开发商将这些因素组织到一起并赋予其价值,其产品则是改变了使用性质的土地,或是新建或修整过的建筑,它们的价值应高于为这些变化所付出的代价。阿姆布鲁斯(Ambrose)把该过程看作一系列的转换:资本被转换为在市场上买回的、作为商品的原材料与劳动力;原材料与劳动力又被转换为另一种可销售的商品(即建筑),通过在市场上出售该商品,再次换回资金(即资本)。要使该过程盈利,卖出产品所得必须大于生产成本。对回报的计算夹杂着为获得回报所冒的风险,这正是开发进程的驱动力①。

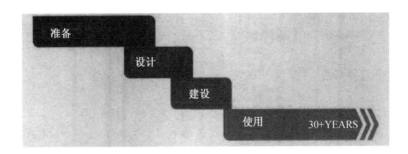

图 4-1　项目开发的 4 个阶段

图片来源:CABE. Creating Excellent Buildings: A Guide f0r Clients

因此,开发是一种特定时间和地点的社会关系运行过程,其中包括许多重要的参与者(投资者、开发商、专业设计人员、政府部门、使用者等)。地方政府与国家政府是其重要的组成部分,他们既有自己的权益,也规范、调整其他参与者的行为,这一系列的相互关系表现为一种"建设约束体系"。而这些参与者也各自与更广泛的功能、历史、社会、政治与文化等领域有着具体联系。

在城市开发过程的理论研究方面,马德尼波尔在 1996 年总结了两种关于城市开发过程的模型②:一类是新古典主义经济学的供给——需求模型(Supply-demand Model),基本假设是土地和物业市场是理想竞争状态下供需平衡的结果,在竞租过程中,购买者和销售者均是独立的个体,土地利用和区位、租金之间存在规律性的关系。在这种供需平衡模型中,现实多样性、非经济兴趣的需求以及利益风险等因素被忽视。另一类是政治经济模型(Political Economy),重视市场的结构以及资本、劳动力和土地的关系,如马克思主义经济学的劳资模型,认为在资本主义社会,空间是一种商品,其生产由劳资关系所决定。结构-机构模型

---

① Carmona M, Heath T, Tiesdell S. 城市设计的维度[M]. 冯江,等译. 南京:江苏科学技术出版社,2005.

② 王世福. 理解城市设计的完整意义——《城市空间设计:探究社会-空间过程》读后感[J]. 城市规划汇刊,2000 (3):76-77.

则认为政治经济的主要力量如政府、银行和建设企业在开发过程中各自扮演重要的角色,关注社会过程与城市开发的关系。

基于上述两种模型的分析,马德尼波尔认为这些模型都没有研究开发过程中城市设计的作用,城市设计至多被认为只是一种适应经济、政治需求或决策的工具。应该认识到,城市设计可以使城市空间在市场中的交换价值最大化,也可以为使用者创造更多功能和美学的使用价值,成为生产和消费的要素,因此,城市设计是城市开发过程中必不可少的一部分。基于以下四个相关的认识①:①城市空间具备物质、心理和社会属性;②要研究城市空间的形成过程;③要关注开发机构个体行为及由资

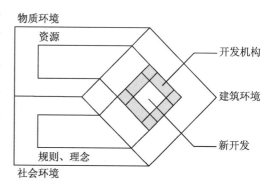

图 4-2 马德尼波尔的开发过程模型

图片来源:王世福. 面向实施的城市设计[M]. 北京:中国建筑工业出版社,2005.

源、规划、理念共同构成的框架结构;④要研究社会和物质背景。马德尼波尔提出了一个研究城市开发过程的模型(图4-2)。可见,开发机构在运用物质资源的过程中受到所处社会环境中规则和理念的约束,逐步渐进地建设城市的建筑环境,城市设计则是在这个过程中提供规则和理念,实施控制的重要方法。

4.1.2 城市规划体系

狭义的城市规划体系是指在以城市物质环境建设为目标前提下的城市规划编制体系,内容包括城市规划技术规范以及相关规定和规划文本,基本上与传统的城市规划体系的技术性、静态性、片面性和自然性等特点相吻合。广义的城市规划体系则指在特定的政治和经济体制控制和影响下,形成的城市规划理论、城市规划技术和城市规划实践,具有明确的城市规划目标,以城市发展和城市建设的需要为前提,具有特定内部结构及特定外部功能,是与自然经济技术社会系统这一外部环境相互作用而形成的一个开放、动态的复杂综合系统。

---

① Madanipour A. Design of Urban Space:An Inquiry into a Socio-spatial Process [M]. London:John Wiley and Sons,1996

1. 体系构成

不同国家的规划系统由于政治制度背景以及国情条件等因素，在运行过程和体系上有所区别。各国的发展规划体系虽有不同，但总体来说，基本包含两个内容：战略性发展规划和实施性发展规划（或称为开发控制规划），在许多国家也称之为发展规划和开发控制。例如英国的规划系统包括规划制定（Plan Making）、开发控制（Development Control）和上诉过程（Appeal Process）三个层面，它们之间构成一个过程，每个层面又可以分化为多个子系统组成一个完整的过程。

就我国的个体城市的规划体系而言，总体包括规划编制审批管理、规划建设管理和规划实施监督三个层面（图 4-3）。就我国的规划编制体系来看，总体规划到控制性详细规划再到修建性详细规划，编制主体明确，成果格式规范。就技术工作而言，规划编制体系的总体框架分为两个层次：结构层面——包括国家、区域和地方城市的战略发展规划；法定规划——控制和指导开发建设的法定依据。各规划控制环节技术规范系统严谨，成果的刚性强，评价标准统一，政府作为成果的责任方十分明确。因此，规划成果的控制性特点十分明确和突出，体现出强烈的硬性法律和法规效应。

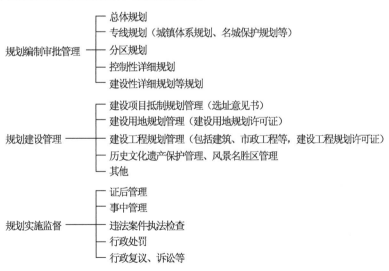

图 4-3 我国现行的规划体系的运行过程示意图

图片来源：郝寿义. 中国城市化快速发展期城市规划体系建设[M]. 武汉：华中科技大学出版社，2005.

2. 决策程序

我国已经逐渐形成了国土规划、区域规划、城镇体系规划、总体规划、分区规划和详细规划的分层次规划体系,其规划政策的决策依据也是相应分层指导的。尤其在计划经济时期,重点项目建设和投资的权力全权掌握在国家和地方政府,城市土地被分配给各个部门和所属单位使用,规划部门只是一个管理机构,对资源的分配只有很小的控制权。各级政府部门将自己的空间意志、审美观念等强加给公众和城市,独断的决策程序导致了城市空间环境的枯燥和非人性化。

随着市场经济体制的建立,国家明确划分了中央事权和地方事权,形成了不同行政地域层次政府之间的层次差别,规划体系有规定性向协调性和引导性分化。投资和土地使用以及项目建设都引入了竞争机制。建立公开和开放的规划体系具有十分的必要性,不同的利益主体进入城市规划的决策程序,各利益攸关者之间的协商使得城市问题的解决朝着更加健康的方向进行。东南大学段进教授根据我国已有的规划体制和传统,建立了一套新的整体规划决策程序①。在决策程序中,参与方的组成发生了根本的变化,政府、规划师和公众之间的交流除了对他方的意图和诉求有了更加详细的了解,更为保护和发展生存环境提供了十分有利的反馈信息。不同层级的规划系统之间关系的调整也更加协调和有机,建立起了一个整合的相互作用的动态的整体系统,系统中的城市在以后的发展中仍具有反馈的机制。同时,平行的规划系统之间也形成了交叉反馈机制。各个行业之间从决策之前就开始不断地交换意见、反馈信息和各种建议,逐步把部门的建议和地域空间的潜在可能性联系起来。

综上所述,规划体系是一个公共政策系统,属于城市这个巨系统中具有明显社会性的一个子系统,同时也是一个典型的控制系统。在城市发展过程中,国家相关城市建设的公共部门作为控制主体,以各级规划政策为控制信息传递到系统的各个部分(控制对象),通过控制主体与客体的相互作用,产生对规划政策的信息反馈,不断地指导规划政策的运行和调整,以控制和引导城市建成环境的发展和变化。

3. 城市规划体系的控制层级

由于不同经济成分的、投机的和政府指导的混合作用,以及私人开发者的决策作用的影

---

① 段进. 关于我国城市规划体系结构的思考[J]. 规划师, 1999, 15(4): 13-18.

响,大多数对城市发展趋势的准确预测几乎是不可能获得的。通过计划指导城市朝一个特定形态的发展和再开发,在现代经济社会中已经很难有效。因此,现代城市规划体系具有明显的控制性。一般来说,规划体系中的控制分为三个层次:法律、法规控制,远景控制(宏观层次规划),实施控制(微观层次规划)。

(1) 法律、法规

法律,"是指由国家专责机关制定的、以权利义务为调整机制,并通过国家强制力保证的调整行为关系的规范,它是意志和规律的结合,是阶级统治和社会管理的手段,是通过利益调整从而实现社会正义的工具"①。法律设定了人们行为模式的准则:允许做什么、必须做什么、禁止做什么,通过这些规定来实现规范社会、管理社会的目的。如在我国,由于制定法律的主体、程序、时间、适用范围不同,各种法的效力不同,由此形成了一个法的效力等级体系:宪法—行政和部门法规—地方性法规和政府规章等。这个体系的特点是效力层次越高的法律,越具有原则性和纲领性。

国家法律、法规的可操作性通过地方法规和规章来实现。从城市规划角度讲,其对城市建设的控制主要是规划部门制定的规划,这些规划在编制过程中首先受到相应法律、法规的制约,因而法律、法规也就成为规划控制内容的"源头"。它们在规划管理上界定了控制从内容到程序的方方面面要求,确定了从国家到地方规划管理部门活动的方式与边界。虽然各国由于体制的原因在法律、法规体系上有所不同,但都会十分明确规划编制的主体、规划层次。以英国为例,英国有两个层次的规划——"结构规划"和"地方规划",规定由郡来制定"结构规划",区制定"地方规划"。同时规定,规划的批准由环境交通和区域部的国务秘书来负责,国务秘书并不负责规划编制。他负责制定国家层次的政策导则,用以指导地方制定规划。这些导则相当于我国的《城市规划编制办法》,具有法律效应。在这一过程中,通过专业工作班子来制定政策,并将这些政策反映在政府白皮书、通知材料、咨询文件、指引说明、指令和规划政策导则中。规划政策导则作为政府的表达,常在规划上诉中被引用②。为适应地方政府行政界限重划带来规划编制上的变化,1980年代以来英国出现了一种新的整体"发展规划",由地方政府负责编制。它吸取原来规划体系中"结构规划"和"地方规划"的优

① 王世福. 面向实施的城市设计[M]. 北京:中国建筑工业出版社,2005.
② 克莱拉·葛利德. 规划引介[M]. 王雅娟,译. 北京:中国建筑工业出版社,2007

点。"发展规划"的第一部分集中在明确的战略政策上,类似于原来的"结构规划";第二部分则是详细的土地利用问题和具体地区的规划,类似于原来的"地方规划"。而我国的《城乡规划法》规定:城市和镇应当依照本法制定城市规划和镇规划,城市、镇规划区内的建设活动应当符合规划要求;城市人民政府组织编制城市总体规划,直辖市的城市总体规划由直辖市人民政府报国务院审批;省、自治区人民政府所在地的城市以及国务院确定的城市的总体规划,由省、自治区人民政府审查同意后,报国务院审批;其他城市的总体规划,由城市人民政府报省、自治区人民政府审批;县人民政府组织编制县人民政府所在地镇的总体规划,报上一级人民政府审批;其他镇的总体规划由镇人民政府组织编制,报上一级人民政府审批①。

有关规划控制方面的法律、法规本身既是国家政策指导,反映在规划编制的逐层深化的内容中,同时它们也直接是最终评判设计合理、合法的依据,包括了城市空间环境的多方面内容。其实,和规划相关的法律、法规在现代社会的发展过程中,也经历了从无到有,从简单到复杂的过程,最初也来源于"规划",作为设计审查的依据本来就是其基本功能之一。早期的规划工作,像美国20世纪初制定的《芝加哥规划》是在没有任何特定法律、法规制约下进行的,它的制定过程更像是制定法律、法规,而不是今天所说的制定规划。《芝加哥规划》由法律领导小组领导,没有法律的契约和权威的许可,地方政府根据地方的特性通过编制规划来为城市发展、控制提供依据。随着城市发展,然后出现了"区划""环境法""清洁空气法"等内容的法规,并逐渐健全。我国在新中国成立早期规划方面的法规也仅仅是1952年的《中华人民共和国编制城市规划设计草案》②,直到1980年后才连续出台了《城市规划编制审批暂行办法》《城市规划定额指标暂行规定》等一系列规定。随着城市发展,对城市规划的认识、要求、管理水平等都在提高,相关一系列的法律、法规不断地完善发展起来,既包括城镇规划法规体系,也包括相关的规章、规定、制度。我国经过多年发展完善,已经构筑了一个以《城乡规划法》为中心,庞杂、多层次的法律、法规体系。在英国,规划控制体系与城镇规划的相关法规,以及相关个案法规同时存在,共同保证规划管理部门实施规划。这意味着法律、法规虽然规定、指导规划的编制,但它们之间并不是一个简单地从抽象到具体的正对应关系,而是一个交叉的、深化的关系。法律、法规是在多年城市发展积累的基础上制定的具有

---

① 《城乡规划法》第14、15条
② 汪德华. 中国城市规划史纲[M]. 南京:东南大学出版社,2005.

普遍意义的约束,其内容不仅仅是原则性的,很多时候还有一些具体的规定。如《城市用地竖向规划规范》规定建设用地自然坡度小于 5% 时,宜规划为平坡式,用地自然坡度大于 8% 时,宜规划为台阶式。再如《居住区设计规范》规定的居住区、小区、居住组团等配套设施建设的规划指标等等。这些规定是一种在设计过程中以及设计审查中必须要遵守的内容。它们并不直接包含在规划编制里面,但需要在设计审查中考虑。规划的编制则是在相关法律、法规的指导下,针对的是具体城市的具体"规划"问题,具有特殊性,它们是对城市空间、城市环境、建筑的具体控制与引导要求。

另外,我国在建筑方面的其他相关规定、规范也是关于控制法规的一部分,如《建筑抗震设计规范》《管线综合规划规范》《防火规范》等。但对规划管理来说,它们并不是控制系统最关注的内容,因为这些法规对设计者具有直接的约束力,是设计者应该掌握的基本知识,国家另有相关的设计审查制度,比如建筑的"施工图审查"等制度,因而它们不包含在本书所研究的控制范围内。此外,根据我国当前的具体情况,这些法规中重要的、具有管理意义的内容大部分包含在各地的《技术管理规定》里面,地方管理部门在很大程度上通过它来体现相应的法规内容并控制设计。

（2）规划远景控制与规划实施控制

一般来说,在相应的法律、法规引导下,规划的制定在内容上都有一个从宏观到微观的层次,我们在这里将它区分为"远景控制"和"实施控制"。这是因为,规划的制定是规划管理部门在既定的目标框架下进行的,而目标的实现是一个逐渐物化的过程,最终要完成一些"看得见,摸得着的"控制要求,从而使目标体系从抽象到实际的运用建立一个渐进的层次。如果我们将相关的法律、法规作为控制的起点,那么它们确定的政策、原则就有一个逐层深化向实施落实的过程,也就是通过制定不同层次规划最终达到控制城市建设的目的。一般来说,宏观层次规划（远景控制）的制定是为了更好地指导微观层次规划,因此在内容上往往具有原则性、描述性特点,它的控制特性体现在对下一层次规划的控制上;而微观层次规划（实施控制）则在实际规划管理中与设计直接发生联系,因而,它的内容往往是具体的,具有规定性的。

在远景规划中,控制多以"宏观目标"的形式出现:如美国旧金山 1968 年在制定城市设计总体规划时,通过分析,确定了在规划中应重点强调的 4 个目标:城市整体形态格局——强调城市的整体风貌和独特的特点;自然和历史保护——强调对城市自然资源、历史文物、特殊地形、特殊地貌的保护;大型发展项目的影响——具有一定规模以上的开发项目均需要与四周景观和生活保持和谐;邻里环境——促进市民生活社区的安全性、舒适性和便利性。在我国,《城乡规划法》首先预设一个基本的宏观目标:制定和实施城乡规划,应当遵循城乡统筹、合理布局、节约土地、集约发展和先规划后建设的原则,改善生态环境,促进资源、能源节约和综合利用,保护耕地等自然资源和历史文化遗产,保持地方特色、民族特色和传统风貌,防止污染和其他公害,并符合区域人口发展、国防建设、防灾减灾和公共卫生、公共安全的需要。在此基础上提出城市总体规划:提出城市规划区范围;分析城市职能,提出城市性质和发展目标,提出禁建区、限建区、适建区范围;预测城市人口规模;研究中心城区空间增长边界;提出建设用地规模和建设用地范围;提出交通发展战略及主要对外交通设施布局原则;提出重大基础设施和公共服务设施的发展目标等①。在英国的规划体系中,"结构规划"指导"地方规划","结构规划"侧重于城市发展框架和政策设想,包括交通、其他基础设施、经济发展,以及所有新开发项目的数目、位置与类型,还有能源和环境保护、景观保护、历史建筑保护以及国家政策的和谐一致等内容。"结构规划"以结论和描述的文字为基础,而不是图纸,所以在这个层次上,规划对具体设计的控制不是直接性的。

规划实施控制主要集中在对城市建筑更为详细和微观层次的控制与引导中。在我国,在远景规划的指导下,《规划编制办法》对"控制性详细规划"的要求更加具体;确定规划范围内不同性质用地的界线,确定各类用地内适建、不适建或者有条件地允许建设的建筑类型;确定各地块建筑高度、建筑密度、容积率、绿地率等控制指标;确定公共设施配套要求、交通出入口方位、停车泊位、建筑后退红线距离等要求;提出各地块的建筑体量、体型、色彩等城市设计指导原则等②。在我国,通过法律上的规定,由"总体规划"与"控制性详细规划"构筑一个从宏观到微观的逐渐物化的控制内容体系。《城乡规划法》作为政策导引,"总体规划"作为"远景控制","控制性详细规划"作为"实施控制",共同在设计审查过程中起关键作用。

4.1.3 城市设计过程

由总体规划到修建性详细规划的过程是一个城市发展由理念与策略逐步向实施和形态

---

① 《城乡规划编制办法》第 29 条
② 《城乡规划编制办法》第 41 条

转换的过程,各环节都有明确的编制规范和审批程序,下一级的成果直接向上一级成果负责。因此,是一个典型的自上而下职能层级分明的过程。但显然城市设计不应该像城市规划一样实行自上而下的运行机制。从国外发达国家的实践经验来看,自下而上的城市设计运行机制常常能发挥更大的作用,甚至成为控制城市空间环境生成过程的主要手段,而且不仅只包括狭义的"设计"阶段,是包括规划、设计、建造、使用以及评价等整个管理过程在内的广义设计(图4-4)。特别是当城市发展的重心转移到精

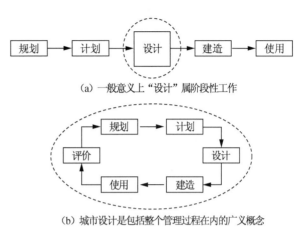

(a) 一般意义上"设计"属阶段性工作

(b) 城市设计是包括整个管理过程在内的广义概念

图4-4　城市设计的"设计"概念

图片来源:Carmona M, Heath T, Tiesdell S. 城市设计的维度[M]. 冯江,等译. 南京:江苏科学技术出版社,2005.

细化建设,城市设计的介入速度加快,其运行体系和运行过程的优化迫在眉睫。

宏观上,城市设计的运行过程有两种:"自知的"城市设计和"不自知的"城市设计①。前者是由那些有着专业技能的设计师和从业者,甚至是那些意识到城市设计的附加值潜力而愿意为之投入的开发商,这些组织或个人形成一个系统,或群体,通过计划、设计方案、政策和开发等,对不同的资源进行有意识的整合、平衡和控制。后者则是指那些较小规模的建设累积,通过试验和修正、决策和干预几个步骤,使得城市缓慢而渐进的发展,从来没有作为整体进行设计,也没有进行专门的规划。那些"不自知"的设计者甚至并未意识到自己对城市环境塑造产生的影响。正如前文所说,从某种意义上,这两种城市运行过程并无优劣之分,并且历史上一些看似"不自知"形成的城市如今正受到高度的评价和推崇。另一方面,普通民众对缓慢而渐进的城市建设速度也较容易接受。

但鉴于当代城市环境的复杂性,整体的"不自知的"城市设计也许不再能满足快速发展的需要,对总体城市发展和城市设计价值没有清晰的目标和认识也许会将城市环境的塑造过程变得拖沓而冗长,对整体环境质量的影响也不再是简单思考的结果,因此笔者在此将会

---

①　Carmona M, Heath T, Tiesdell S. 城市设计的维度[M]. 冯江,等译. 南京:江苏科学技术出版社,2005.

以"自知的"城市设计过程作为主要的研究对象。

1. 设计与管理

从城市设计字面上看,"设计"二字似乎让人们将其理解成感性而艺术的过程,城市设计只是一般意义上从属于城市规划的阶段性工作。而实际上,作为面向实施的城市设计,不仅仅是一个"艺术"过程,更是一个具有创造性和探索性的解决问题的过程,是一个包括研究和决策的管理过程的广义概念。在这个过程中,需要权衡利弊轻重,明确限制条件,整合各个单独部分,最后得出最优的解决方案。总体来说,所有的设计活动都遵循一个不断循环和反复的过程,通过一系列创造性的飞跃或者"概念转换"得出最后的方案。约翰·泽塞(John Zeisel)将其形容为"设计螺旋"(图4-5)。不难看出,设计是一个持续的试验—检验—修正过程,涉及想象力(关于解决方案的思考)、表达力、判断力和再想象力(重新考虑或者发展备选方案)①。对于这样一个复杂的系统过程,包含了从前期策划、设计组织、管理实施到运作维护,以及这个过程所涉及的工作内容、工作机理和工作方式等。在这样的一个复杂过程中,还会因为专业知识的急剧增加,扩大了设计师与专业外人士的隔阂,而不断地使这个管理过程变得越来越复杂。客户希望对他们的项目拥有更多的控制权,并且越来越多地参加到决策制定的过程当中。如今的项目设计甚至设计政策已经包括越来越庞大的参与团体的贡献,从而催生了持续的意见互换和信息与知识方面改进的设计程序的出现。有经验的设计团队也可能无法驾驭这个复杂的过程②。因此,需要合理而科学的运作管理程序作为保障才能使城市设计运转良好。

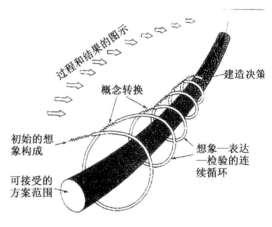

图 4-5 设计螺旋

图片来源:Carmona M,Heath T,Tiesdell S. 城市设计的维度[M]. 冯江,等译. 南京:江苏科学技术出版社,2005.

---

① Carmona M,Heath T,Tiesdell S. 城市设计的维度[M]. 冯江,等译. 南京:江苏科学技术出版社,2005.
② 克林·格雷,威尔·休斯. 建筑设计管理[M]. 黄慧文,译. 北京:中国建筑工业出版社,2006.

1965 年英国皇家艺术学会(The Royal Society of Arts,简称 RSA)颁发"设计管理最高荣誉奖"以鼓励企业设计活动,经由广泛性、合理性、计划性的步骤,使顾客、公司员工及相关人员对公司有整体品质的认同。"设计管理"一词由此已经被讨论了长达近半个世纪。"设计管理可以理解为对设计活动的组织与管理,是设计借鉴和利用管理学的理论和方法对设计本身进行管理,即设计管理是在设计范畴中所实施的管理。设计是管理的对象也是设计管理对象的限定。设计管理涉及设计和管理两方面,设计和管理两方面各自都有特定的内涵,有时其定义还比较宽泛,因此,设计管理有时指制造商的设计工程管理,有的又可以理解设计组织和团体管理,又可以指设计中蕴含的一种管理思想,即从管理学的角度将设计理解成一种管理的方式。这样,设计管理实际上包含着不同的层面和内容。"①

对于涉及所有个体组织的整个设计和建筑程序来说,在管理方面应该有一致的方法(图 4-6)。在理想的情况下,个体设计师们和技术专家们应该实现自我管理,但是对他们来说,

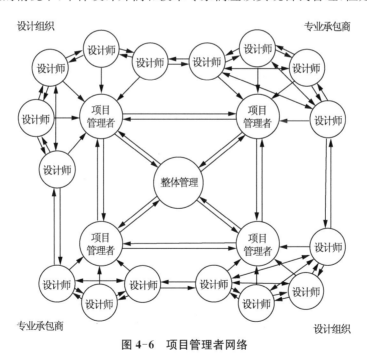

图 4-6 项目管理者网络

图片来源:克林·格雷,威尔·休斯. 建筑设计管理[M]. 黄慧文,译. 北京:中国建筑工业出版社,2006.

---

① 李砚祖. 艺术设计概论[M]. 武汉:湖北美术出版社,2002.

在整个项目中让他们准确地评定他们的角色是很困难的。协调各个项目团队成员的任务通常被委派给组织内部以及整体项目的管理者们,从而形生的项目管理者们的网络对于达到成功完成设计目标来说是至关重要的。必须有一个整体的项目设计和建筑管理团队,这个团队的责任包含了以下几个方面①:① 为设计开创组织框架;② 确定程序以及设计参与者们的优先考虑事宜;③ 协调所有设计师们的工作;④ 评估工作投入的质量;⑤ 程序管理在提供信息的时候要尽可能地避免任何中期或者长期问题。

同时,在为设计作出贡献的每一个组织内部的设计管理工作必须包含两个层次:针对设计以及它的产品的责任,拥有代表组织做决定的权力;针对与别的组织的接触点方面的责任。因此每一个组织的项目管理者们互相作用的网络就形成了。这些管理者们拥有共同的项目目标,可以在项目的商业框架中做出决定来维持生产的连贯性。

2. 城市设计整体运行过程与控制

根据前文所述,城市设计不只是从属于城市规划的设计阶段,而是依据城市设计目标,确认城市形态环境的设计概念和原则,通过相关的政策、图则、指导纲要和管理政策等工具加以实现的过程。在我国城市设计实践的发展历程中,对城市设计运作过程的认识有两种(图 4-7):一种是将城市设计作为城市规划的一部分,渗透在总体规划和详细规划内容中以指导项目设计,它的运作是伴随着城市规划而进行的,作为后续规划设计阶段的一种指导和控制而起作用;第二种是在城市规划(详细规划)的基础上,把城市设计的综合设计指导通过

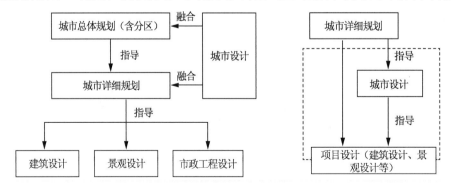

图 4-7　我国城市设计运作的两种形式

图片来源:笔者自绘

---

① 克林·格雷,威尔·休斯. 建筑设计管理[M]. 黄慧文,译. 北京:中国建筑工业出版社,2006.

与较大规模的单项或多项具体工程设计相结合直接体现,伴随具体工程建设项目而进行。虽然城市设计与后续工程的界限不是那么清晰,但城市设计综合指导形态环境设计的作用和意义仍然十分明确。本书所研究的城市设计运作系统主要指独立于项目设计,和城市规划体系各个阶段相融合的,对后续规划和设计活动起指导和控制作用的整体运作过程。

雪瓦尼认为,对设计师而言,设计方法、过程,已经成为对设计者而言是一个有疑问和敏感的滑梯。许多设计师强调设计艺术,寻求直觉的和创造性的表达方式,重视设计师的个人设计能力。另外一些设计师则强调与之不同的系统过程并采用一种设计的哲学途径。虽然两种方法各有利弊,但没有一个是公认的最好或最合适的程序[①]。他认为,设计师与规划师在城市设计中普遍采用了理性法,强调收集分析资料、提出目标、形成和评估方案,以及将方案转化为可实施的政策、计划、指导纲要及计划书等一系列的连续过程(图4-8)。

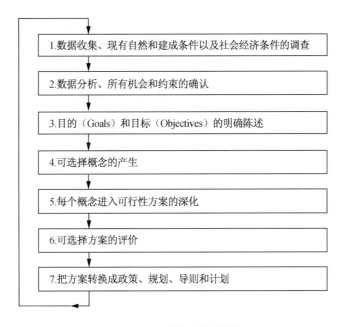

图 4-8 雪瓦尼的理性设计程序

图片来源:雪瓦尼. 都市设计程序[M]. 谢庆达,译. 台北:创兴出版社,1990.

从更加综合全面的整体运作程序来看,卡莫纳认为"自知的"城市设计过程一般包括四

---

① 雪瓦尼. 都市设计程序[M]. 谢庆达,译. 台北:创兴出版社,1990.

个阶段:定位、设计、实施和实施后评价(图 4-9)。各个阶段虽然看似是一个线性过程,但实际上都是一系列复杂的活动,并且会受到新的资料和影响因素、设计目标的调整以及其他外部因素的影响,对设计进行调整,不断循环和反复①。

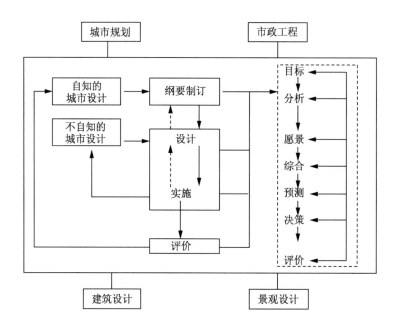

图 4-9 卡莫纳的"自知的"城市设计过程

图片来源:Carmona M,Heath T,Tiesdell S. 城市设计的维度[M]. 冯江,等
译. 南京:江苏科学技术出版社,2005.

受 20 世纪六七十年代系统论的影响,系统过程一直是规划设计过程中的最主要的思想和方法,城市政府及其管理部门的"精英"和专家是实施规划和控制的主体。20 世纪 90 年代之后,随着西方多元文化思潮的兴起,公共参与逐渐渗透到城市设计过程中来,对城市设计过程的控制也随之转换为由包括政府在内的多元化主体参与的政治过程。从美国设计师约翰·朗(John Lang)对设计过程理解的转变中可以清楚地看到这一变化。约翰·朗和 H. 西蒙(H. Simon)提出设计过程的总体模型是包括信息收集、设计、选择、实施和运行等五个阶段的智能阶段模型(图 4-10)。该模型同属于设计的系统(理性)过程模型。2005 年,约

---

① Carmona M,Heath T,Tiesdell S. 城市设计的维度[M]. 冯江,等译. 南京:江苏科学技术出版社,2005.

翰·朗在其新作《城市设计：程序和产品的类型学》一书中，对他的理性过程模型进行了修正（图 4-11）。与他在 1994 年提出的过程模型相比，引入了利益攸关者的价值观（Values of the Stakeholders）和道德秩序（Moral Order）两个重要概念，强调公众的参与以及道德、价值观等对设计过程的影响，标志着对设计过程的控制由技术过程向政治过程的转变。推动

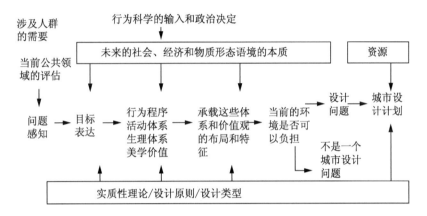

图 4-10 约翰·朗的城市设计智能阶段模型

图片来源：Lang J. Urban Design：The American Experience[M]. New York：Van Nostrand Reinhold，1994.

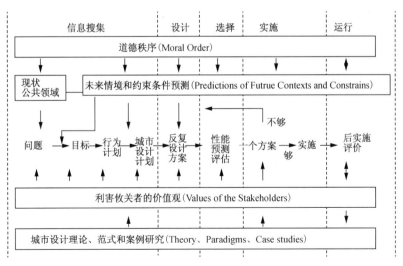

图 4-11 理性设计过程模型

图片来源：Lang J. Urban Design：A Typology of Procedures and Products[M]. New York：Van Nostrand Reinhold，1994.

这一转变的根本原因在于开发过程中多元主体的价值观的客观存在,认为城市设计可以分为策划阶段(Intelligence Phase)、设计阶段(Design Phase)、选择阶段(Choice Phase)、执行阶段(Implementation Phase)和运作阶段(Operational Phase)或实施后评价阶段(Postoccupancy Evaluation Phase)①。这里的策划阶段类似于卡莫纳模型的前期目标定位,设计完成后需要经过对设计成果进行预测和评价绩效,择优付诸实施。

2006 年,易道公司的总裁芭芭拉·费加(Barbara Faga)从设计师的角度结合自身的设计经历,进一步揭示了控制政治过程的实际运行(图 4-12)。她总结了在多个城市设计项目

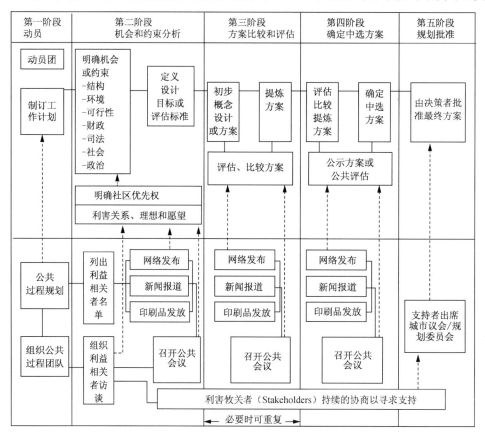

图 4-12　芭芭拉·费加的设计过程+公共过程

图片来源:Fega B. Designing Public Consensus:The Civic of Community Participation for Architects,Landscape Architects,Planners and Urban Designers[M]. London:John Wiley and Sons,2006.

① Lang J. Urban Design:The American Experience[M]. New York:Van Nostrand Reinhold,1994.

中设计师如何有效参与公共过程的经验,并提供了从实践中总结出来的使公共过程更易于管理的方法。她认为"规划师和设计师参与到公共过程中,为了达成建设性的意见,不得不成为狡猾的政治家、有同情心的顾问、有耐心的教育家和有想象力的专家。这远非是外围的工作,恰恰相反,公共过程(Public Process)是我们工作的中心"。①

在《设计公共共识》(*Designing Public Consensus*)一书的附录中,她提出了一种把设计过程与公共过程(其中也包括与政府管理部门的协商)结合起来的模式,强调与利害攸关者(Stakeholders)持续协商寻求支持在设计过程中的重要作用,以及公共媒体在这一过程中日渐重要的作用。

从国内相关研究来看,刘苑认为城市设计是一种设计社会空间和物质空间健康发展进程的社会实践,包括总体策划阶段、设计组织阶段、实施执行阶段和运作维护阶段,这四个阶段在不同层级循环往复(图 4-13)。

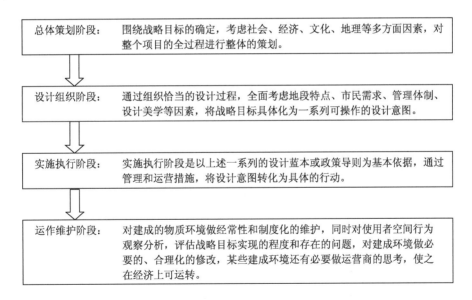

图 4-13 刘苑提出的城市设计实践的 4 个阶段

图片来源:刘苑. 城市设计实践论[M]. 北京:中国建筑工业出版社,2006.

---

① Fega B. Designing Public Consensus:The Civic of Community Participation for Architects,Landscape Architects,Planners and Urban Designers[M]. London:John Wiley and Sons,2006.

综上，我们可以从宏观层面归纳出城市设计运作过程中的控制主要体现在三个方面：

（1）城市设计的政策和导则等内容对具体开发项目实施的控制。这是一种间接的控制，通过刚性规定和弹性指导，结合各地区的政策法规和导则，包括对整体城市建成环境质量的要求，也包括对历史文脉、自然环境、人文环境等特殊地段的要求，同时针对特定的建设地块，设定环境和建筑形态特征、风格、高度、退让等具体实施细则等。

（2）城市发展中的复杂性因素，如经济、人文、政治等要素对城市设计形成过程的隐性的长期控制。在城市建设历史中，城市发展的内在驱动力和深层价值一直都在从宏观层面控制城市建设的运作过程，尤其是城市设计的目标确定、内容形成及其过程的参与。观念、权利、舆论等作为主导性的控制手段使城市设计始终围绕城市发展和社会要求的目标运转，避免和减弱目标的脱节和偏离，防止产生不好的城市环境和形态。虽然城市设计也涉及对社会和城市发展的理念及对环境整合的专业理论，但只有当其与城市发展的目标和规律有机结合时，城市设计才会为城市建设的过程及作用机制所接受。这种有机的结合，一方面是通过控制和指导城市发展的政府机构及其所属公共部门的参与并确定城市设计目标这一过程来实现；另一方面也是直接参与城市建设开发的公司团体以及以市民为主要代表的社会公众团体多方参与和认可城市设计的过程，从而确认设计目标符合或接近他们各自代表的价值观和要求。

（3）城市设计整体是一个系统在运作过程中的自我调整的自控制。在城市设计过程中，根据控制内容的实施对象，以及使用者和业界人士的信息反馈，调整城市设计内容。从设计目标的确立到设计内容的实施，除了受到城市发展各方面的宏观因素制约，还要考虑实施过程中的各方反馈和使用者的评价，作为城市设计的自检查依据。因此，城市设计是系统过程，是一个需要不断自我修正的动态过程，然而这种对自控制的重视和研究，目前在我国的城市建设规划体制中较为欠缺。城市设计系统的这种自控制也是本书所要研究的重点。

3. 城市设计的层次

城市设计一方面是面向物质空间的设计实施过程，强调设计对三维空间的技术性干预，城市设计所涉及的空间范畴也很广泛，呈现出极度复杂且难以厘清的状态。埃德蒙·N. 培根（Edmund N. Bacon）指出"任何地域规模上的天然地形的形态改变与土地开发，都宜进行城市设计"[①]。在《城市设计》一书中，培根将城市设计的层次分为"国家、区域规模—大城

---

① 埃德蒙·N. 培根. 城市设计[M]. 黄富厢，等译. 北京：中国建筑工业出版社，2003.

市规模——一般城市规模—局部地段—单体建筑—细部"6 个等级。希尔德布兰·弗雷（Hil-debrand Frey）在《设计城市：迈向更加可持续的城市形态》（*Designing the City：Towards a More Sustainable Urban Form*）中指出城市设计可以划分为 3 个层级：城市或城市群层面—城市中的城区层面—独立空间或组群空间的城市设计（表 4-1），即宏观、中观、微观层次。宏观层次主要是指城市的空间格局，是"城市所在自然基地和人工开发构成的视觉框架，它犹如笛卡尔坐标体系的作用一般，使城市在视觉上获得空间定位的参照系"①。宏观层次中，城市人工景观和自然景观一起构成了人们感受城市的知觉框架。中观层次则是指城市空间的肌理主导因素——建筑群的布局，中观层次的建筑群构成了城市空间的实体部分，留出的"白"则是公共空间，为城市空间的虚体部分。城市空间图底关系对中观层次的实体和虚体表示得尤为清晰。城市里公共空间的"白"则是城市空间中最有活力的部分，承载着城市生活和集体记忆。不同城市空间的虚实关系构成了不同的肌理。微观层次则是城市建筑、空间和景观的质感和体量，包括维护公共利益的指标体系等。

表 4-1　具有历史保护价值的近现代建筑认定指标构成表

层次	第一层次	第二层次	第三层次
特点	城市或城市群层面	城市中的城区层面	独立空间或组群空间
控制范围	结合城市中城区的发展，设计城市乃至城市群层面的城市设计发展框架； 确定整体发展结构，如线形、网格形或组团式结构	结合城市中局部空间及城区建设项目的发展，设计城区层面的城市设计发展框架； 确定每个城区的整体发展结构，如空间组织与场所关系	在城区范围内确定独立城市空间及建筑的城市设计导则； 确定城市公共空间的主要设计特征
	每个独立城区的发展尺度与形态保持可调整	每个独立项目的发展尺度与形态保持可调整	肌理、图案与细部设计保持开放和可调整

　　不同层级的城市设计对应着不同类型的运作方式，从区域到城市，再到城市的局部地段，乃至建筑单体到环境细部都可以作为城市设计的对象。按照雪瓦尼的论述，层次越宏观的城市设计，指导性越强，具体建设性减弱，通过程序保障加以落实的要求越高，从而表现出明显的"政策导向"；层次越趋向微观的城市设计由于与实际建设紧密相关，可操作性强，设计内容更加详尽具体，从而表现出明显的"产品导向"（图 4-14）。

---

　　①　陈秉钊. 试谈城市设计的可操作性[J]. 同济大学学报（自然科学版），1992(2)：21.

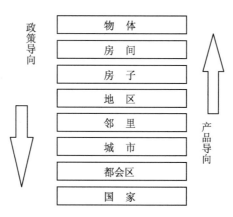

图 4-14 城市设计层次的导向性

图片来源:笔者自绘

4.2 控制系统要素分析

根据上一节所论述,城市设计运作是一个动态的循环体系,合理的城市设计程序和行为管理可以激发设计师的创作兴趣,调动开发商和公众的参与意识,使城市设计成为一种积极的社会动员行为。但这种多元主体价值观的客观存在,又不可避免每个参与主体都对设计的过程施加影响以满足各自的诉求,因而,我们需要相对完善的管理控制体系对城市设计运作过程施加管理和控制以防止其"走偏"。

系统方法在城市规划领域中的推进,有助于更进一步地认识城市规划的过程特征。笔者认为,运用基于系统原理的控制论概念和方法来分析城市设计的社会控制过程,更便于逻辑而理性地认识城市设计的社会过程和管理过程,从而有利于分析和描述其内在机理。前文已经论述过控制系统理想模型,以下将控制系统理想模型与城市设计过程相结合,具体分析城市设计控制系统内部各结构要素和运作原理。

4.2.1 情境资源

如前文所述,城市设计控制系统是建立在对城市发展过程中可以利用的资源的基础上的,正如帕特里克·格迪斯(Patrick Geddes)在《进化中的城市:城市规划与城市研究导论》中写道:"我们不能草率开始,也不应该同时推进太多项目。保持通畅的沟通和联系,是开展工作的基本原则。要充分认识和考虑城市的美学本质，要将自己注入城市的精神生活。要了解城市的历史本质和生活形态的演进，要了解它的特色、精神和日常生活。"①城市设计的处理对象作为系统考虑，包括相关的组织机构、利益攸关者以及参与者等的社会范畴，为了清晰说明问题，在此将影响系统的外部资源定为情境资源，包含物质上的可见的空间环境资源，还包括非物质的不可见的社会和主体资源：既有规则、社会背景以及周边地区直接或间接相关的资源。

　　1. 既有规则

　　依据埃里诺·奥斯特罗姆在考察公共政策制定过程中得到的关于规则的说法，在开放、民主的治理体制中，"规则是参与其中的人们的共同协议，它是关于什么行动是必需的、禁止的或者允许的强制性规定。所有的规则都是为实现人类的秩序和预期性而付出的明显或不明显努力的结果，这是通过创造人们（职位）的等级，并进而根据现实世界的要求、允许或禁止的状态来要求、允许或禁止采取的行动等级"②。城市设计控制系统的既有规则包括法律层面和政策层面的以硬性条文为主的规定，也包括主体行动背后潜在的，具有"社会习惯"意义的价值观意识和行为准则、规范，具体表现为从国家到地方政府层面的相应法律、法规，主体行动的行为准则和技术规范，以及既有的城市相应政策和城市规划等。

　　法律、法规：在市场经济社会，法律理所应当是主导型规范形式。城市设计控制系统处于一定的法律环境中，其执行必须有坚实的行政法理基础。以宪法为核心的法律体系对包括城市规划和设计的所有行动都具有规范作用。"所有其他社会控制的手段都认为只能行使从属于法律并在法律确定的范围内的纪律性权力……家庭、教会和各种团体在一定程度上起着在现代社会中组织道德的作用，它们都是在法律规定限度内活动并服从法院的审查。"③对于城市设计行为，更为直接的法律、法规是在城市规划及其相关专业层面，现行城市规划法规体系既确定了城市规划法律地位，赋予有关主管部门以具体的权利和义务，又规范了相应的法律程序，并保证其有效实施。

　　行为准则：在开放、民主的治理体制中，个体行为准则来源有很多，有法律基础的成文规

---

① 帕特里克·格迪斯. 进化中的城市：城市规划与城市研究导论[M]. 李浩，等译. 北京：中国建筑工业出版社，2012.

② 保罗·A. 萨巴蒂尔. 政策过程理论[M]. 彭宗超，等译. 北京：生活·读书·新知三联书店，2004.

③ 罗斯科·庞德. 通过法律的社会控制[M]. 沈宗灵，译. 北京：商务印书馆，1984.

则,也有在合法范围内主体之间约定的成文或不成文规定,此外,还包括约定俗成的"社会习惯"等。从约束自己的来源来看,可以分为"他律"和"自律","他律"是指凭借外部规范来控制自己,包括前面提到的法律、法规和职业规范,"自律"则是凭借伦理道德规范从内部控制自己,指导规范自己言行。对于城市设计框架的参与人员来说,除了法律、法规和组织机构规章的制约以外,其采取行动的标准往往来源于自己的职业道德和所掌握的职业技能等方面。此外,在集体行动中,个体之间的相互作用方式也能够改变个体的行为,而这也是带来城市设计框架不确定性的原因之一。因此,掌握一定的心理学和社会学知识,考虑主体间外在和潜在的作用方式,也为进一步的决策排除非本质的干扰找到关键提供依据。

政策规划:城市政策与城市规划,是城市设计框架需要遵守或考虑的既有资源,一方面是为了保证城市发展意图的连贯性,另一方面为了集思广益,尽可能获取更多的信息。就城市设计框架制定而言,城市或地区的发展政策将是进行研究的基础和前提,必须能够充分理解和把握城市发展的命脉,才能与城市管理衔接起来,发挥最大的效用。从理论上来说,城市政策的主题是城市管理和管治,应该涉及所有影响城市地区功能的主要方面,比如说土地利用、基础设施维护、房产开发、就业、财政、社会福利以及其他各个部门领域的政策等。相对城市政策,城市规划与城市设计框架有着更直接的关联。城市规划是以体系存在的,表现为从城市总体层面到局部地段的上下层次规划的延续性,和城市相邻地区规划的关联性。对于地方城市设计框架的制定工作来说,并不是对地方研究的重新开始,而应是尽可能地分析、评估和利用现有的信息资源,包括城市设计框架目标地区的上层次规划成果,例如战略规划、总体规划与分区规划以及近期建设规划等(图4-15);相关规划成果,例如道路、公共空间、步行系统、绿地系统等城市专项规划与设计研究等。

2. 社会背景

社会背景包含对历史与当前地区所拥有的资源、发展的状态和面临的机会、威胁等。

历史背景:过去的时间为建立预测提供了一个清晰且引人注目的载体,理解和重建历史的价值是预测未来的基础[①]。城市是历史的产物,城市的起源和历史沿革不仅是城市发展的基础,还是城市发展取之不尽的资源。城市设计控制系统中的很多政策性和框架性内容

---

① 保罗·C. 纳特,罗伯特·W. 巴可夫. 公共和第三部门组织的战略管理:领导手册[M]. 陈振明,等译. 北京:中国人民大学出版社,2002.

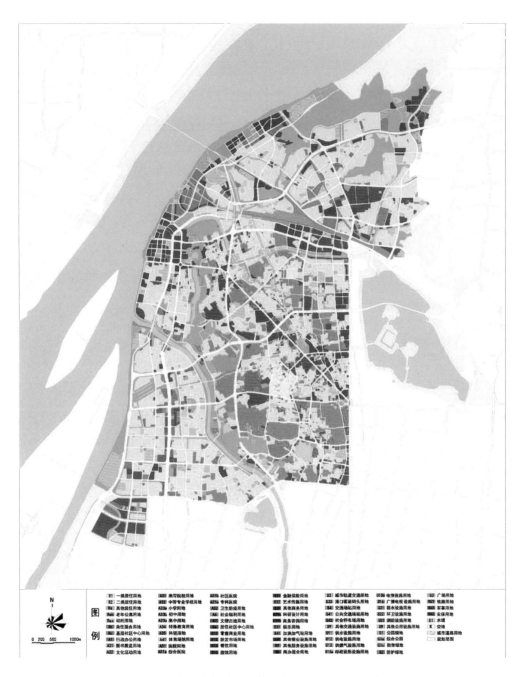

图 4-15 南京市鼓楼区总体规划 2013—2030：土地利用

图片来源：南京市规划局

一般是对目标地区未来 10—20 年的空间发展进行谋划,是对历史和现有的空间资源的组织和配置,也就是说,应认真整理城市的历史背景,并使其充分发挥对城市空间发展的提升和触媒作用。"从现状开始,沿着历史发展次序逐层剥离分析,能够揭示其现状和功能形成的原因。了解它'如何成为现在这个样子'是一切未来活动的基础。20 世纪末出现的城市单调乏味的现象,部分原因是一些城市设计师所普遍持有的孩童式的观点所造成的,他们把城市的历史与城市的现代发展割裂开来,将历史现状与未来发展看作是不相关的事情。"①

　　同时,对地区历史的分析,还有助于理解和发现当前城市问题的症结所在(图 4-16、

图 4-16　宁波优秀近现代建筑初步名录建筑空间分布

图片来源:熊婷.宁波市优秀近现代建筑保护与规划研究[C]//中国城市科学研究会,天津市滨海新区人民政府.2014(第九届)城市发展与规划大会论文集—S15 历史文化街区保护与更新.中国城市科学研究会、天津市滨海新区人民政府:中国城市科学研究会,2014:4.

---

　　① 拉斐尔·奎斯塔,克里斯蒂娜·萨丽斯.城市设计方法与技术[M].杨至德,译.北京:中国建筑工业出版社,2006.

表 4-2）。对历史建筑的研究和保护利用，也有助于新开发的城市项目更好地与原有城市肌理的融合。西方很多国家对历史区域的保护和利用都有着十分先进的理念和实践，例如法国的"历史保护区及保护和利用规划"体系；英国也是开展近现代建筑保护研究工作最早的国家，有完善的管理制度、法律制度和资金保障制度。我国近些年也开始对城市历史背景和街区保护和重视，近年来对有着深厚历史背景的街区保护，对保持历史文化的延续性、完整性起到了重要作用。

表 4-2　具有历史保护价值的近现代建筑认定指标构成表

历史价值	科学价值	艺术价值	社会价值
1. 历史悠远度	5. 结构技术特点	8. 整体艺术及风格特色	11. 地理地标性
2. 名人故居或纪念性建筑	6. 施工工艺水平	9. 建筑细部装饰与工艺	12. 精神地标性
3. 地域文化的反映	7. 材料与构造特色	10. 建筑园林及配景特色	
4. 历史构件的原真性			

地域特征：地域特征是特定区域自然和文化的特征，反映着地区空间形态的地方性特点，强调了城市空间形态和自然格局的协调统一，注重城市形态的演化机制与自然进化的统一。因此，从形态差异性来看，地域特征包括了以水体、绿地等天然要素为主的自然环境和以建筑物、构筑物等人工要素为主的人工环境。但不管是自然环境还是人工环境，对于城市空间发展而言，都是作为可利用的资源存在。强调具有优势的地域特征，改善劣势的地域特征，对城市空间地方特色塑造有着重要的意义。与历史背景一样，地域特征也是发现和解决当前城市问题的症结所在。城市地域特征是动态和系统的，地形地貌和气候条件是地域特征主要的表现要素，也是形成地方特色的主要资源。

现状与机遇：城市或地区发展现状是政治、经济、文化等若干系统发展状况共同组成的。城市设计控制系统需要建立在对地区当前形势做出比较清晰的判断上，就需要对上述各个系统的状况进行全面的了解和分析。当然，想要了解这个综合的范畴，并不是几个人短时间内能够做到的，这就要从团队成员构成和工作效率层面来进行运作，即要汇集各个领域的专家，对既有研究进行学习汇总等。城市政治、经济、文化等子系统及其要素之间相互作用，形成城市复杂的社会网络。城市物质空间是这个复杂社会网络的载体，空间出现的诸多问题归根结底来源于政治、经济和文化等系统内部和相互之间存在的矛盾。从城市设计与这些子系统的关系来看,城市设计已经成为经济、社会规划的一环,又以经济、政治手段来实现这个"形式",而建成以后的"形式"又为经济、政治、社会的目标服务。对于发展状况对城市设计的意义,可以引入佛尔的话:"创造城市形象不仅仅继承了形象创造在美学上的法则,物质规划不是以经济规划的对立物而重新出现的,它是作为城市发展中众多要素之一而出现的,这些要素日益紧密地结合在一起。"①研究未来与研究历史背景同样重要,对当前形势的评估,即对当前地区发展的优势、劣势、机遇与威胁的识别和准确理解是预测未来的重要基础,是地区发展的动力,也是城市设计控制系统之所以启动并发挥作用的前提。因此,制定城市设计控制系统,就应该找到一种合理的方式来应对机遇或挑战。但在找到合理方式之前,了解目标地区当前所处的局势,辨清机遇和挑战的表面和本质缘由则成为重要的前提和准备。在这种情况下,开放、全局、战略的视角和思维就显得尤为重要。

4.2.2 施控主体

在城市设计控制系统中,直接施加控制的主体是政府部门。

广义的政府部门指在规划过程中,那些属于"政治体制内的、行使公共权力的参与者,一般包括国家机构、执政党、政治家和官员"②。狭义的政府部门指的是规划职能部门和地方政府。本书涉及的政府部门主要指后者。规划管理部门往往是城市设计过程的主导,通过立法、组织、管理等方式对城市设计活动施加影响,常常扮演"城市的所有者、管理者、控制者的身份"③。在整个系统中,规划职能部门可能是最重要的一个部门,将担负起对城市进行管理和建设的重要职能。但在实际生活中,我们常常认为规划部门的主要职能就是制定规划,或者说对规划政策制定享有决策权,这不得不说是一种误解。笔者在与多名任职规划部门人员的交流中发现,他们常常把自己定位在规划制定者的身份上。实际上,规划部门无法独自承担规划制定的任务,既无权力依据也不符合事实。

笔者认为,在整个城市设计控制系统中,规划部门的真正职能是为各个参与主体搭建一个交流沟通的平台,也就是这个控制系统的搭建者。在城市设计过程中,设计师、专家、开发者、公众等,在某种程度上来说都是单一目标者,他们的目标价值取向很难与一般意义上的

---

① 张庭伟. 超越设计:从两个实例看当前美国规划设计的趋势[J]. 城市规划汇刊,2002(2):4-9,79.
② 陈振明. 公共政策分析[M]. 北京:中国人民大学出版社,2003.
③ 杨帆. 城市规划政治学[M]. 南京:东南大学出版社,2008.

"公共利益"取得绝对平衡，他们很少会用一个综合的观点来考虑相对宏观而复杂的城市问题，因此这种"公共利益"一般由作为公共部门的规划管理部门来考虑并提供一个控制系统。各参与主体基于这个系统，通过利益争夺、"讨价还价"、相互妥协等方式进行博弈。参与主体的利益涉及多个方面，有地方党政领导对城市发展的宏观构想，有利益集团对经济利益的追求，有社会公众对美好生活环境的期待，有对城市公共利益和整体利益的维护等。规划政策和设计政策制定活动，实际就是搭建了一个交流沟通的系统，力图能公正地解决各方利益纠纷问题。在当前我国的城市设计过程中，政府部门的行为主要集中在以下几个方面：

法律规章制定。法律规章是城市设计活动的总纲领性的规章制度，对设计活动的顺利开展具有重要作用。规划管理部门据此运用公共权力来实现其管控职能。美国规划师查尔斯·霍克(Charles Hock)指出："地方政府运用规定来组织和指导一块土地的布置，决定地界、后退红线、项目开发强度、环境影响评估，以及权衡基地及其环境之间一些细节条件时，他们都行使着政府的管理权力。"[1]因此，"确保地方政府以正确、合法并且符合宪法的方式运作，是他们的职责"[2]。比如在我国，《城乡规划法》明确了规划活动的合法地位，"制定和实施城乡规划，在规划区内进行建设活动，必须遵守本法"[3]；规定规划过程的具体内容，如"城市总体规划、镇总体规划的内容应当包括：城市、镇的发展布局，功能分区，用地布局，综合交通体系，禁止、限制和适宜建设的地域范围，各类专项规划等"[4]等。法律同时界定了规划管理部门的"两证一书"的审批权，这样规划管理部门就有了对城市设计进行选址、功能划分、审查等控制的权力。

制定控制目标。作为控制系统的主导者，规划管理部门应该在制定控制信息之前有一个深入研究过程，弄清需要解决的问题、解决的手段以及未来的预期，即控制目标，这是系统控制的前提。对城市设计控制系统而言，应当针对具体城市的特点提出具体要求和目标。制定控制目标应该体现在所有设计控制信息过程之中，不能仅仅将控制信息交由技术部门

---

① 美国规划师协会. 地方政府规划实践[M]. 张永刚，等译. 北京：建筑工业出版社，2006.
② 约翰·彭特. 美国城市设计指南：西海岸五城市的设计策略与指导[M]. 庞玥，译. 北京：中国建筑工业出版社，2006.
③ 《城乡规划法》第一章第二条
④ 《城乡规划法》第27条

独立来完成,而不去考虑成果的形式、发挥的作用和预期的效果等问题。城市设计目标的确定是各方参与主体利益均衡的结果,较广泛地代表了各参与主体的共同利益,成为在城市设计过程中大家共同行动的纲领。

制定控制信息。规划管理部门负责建立规划体系和其他控制办法,参与城市设计的设计和实施过程,但一般来说,规划管理部门并不直接作用于建设过程,也不直接作用于开发过程中的私人参与者,而是通过建立公共政策和规划体系,为具体项目提供宏观环境和设计依据。卡莫纳认为,规划控制经常被看作对开发的限制,但这是一种狭隘的观念。虽然他们可能减少了开发商所能获得的回报,却保护了基地所在地段的环境与综合性资产价值,并提供了更安全的投资环境①。因此,规划管理部门以施控主体的身份制定控制信息,是为了更好地实现预设目标。

组织协调决策过程。在设计政策制定阶段,规划职能部门还要从事大量的具体工作。第一,在规划政策制定阶段的前期,根据城市经济社会发展要求或城市空间发展现状,提出城市空间面临的发展问题,供决策者参考。第二,制定规划设计要求,并委托设计(咨询)机构进行方案设计,并对设计方案进行初步审定。第三,组织各参与主体开展方案成果讨论,协调参与主体各方的利益,并接受反馈信息,要求设计(咨询)机构对方案进行修改。第四,组织开展设计方案评审,确定设计目标和设计方案成果。

4.2.3 受控主体

对于城市设计控制系统来说,受控主体不是单一主体,而是一个包含多种参与主体的系统。这些参与主体按照控制系统输出的信息,在控制系统制定的框架之内将设计项目一步步付诸实施。现对业主和设计师两个主要受控主体进行分析:

(1)业主

对于城市建设来说,规划管理部门常常要面对各种机构类别,从大型的居住社区到居民自建住宅,从追求利益最大化的开发商,到各层级的"非营利性"组织,本书将其分为"私人业主"和"公共业主"两大类。一般来说,私人业主主要是面向私人开发和投资性质的项目,如居住区、商业中心、综合体等的开发,其基本特点是最容易受利益驱使追求利润最大化,过程

---

① Carmona M, Heath T, Tiesdell S. 城市设计的维度[M]. 冯江,等译. 南京:江苏科学技术出版社,2005.

中表现出较大的投机性,是一种典型的功利性角色。由于私人业主最关心的是生产适应市场需要的产品,他们必须预期使用者的需求与选择。一般来说他们对设计的关注是潜在使用者的口味、产品的价格、建筑与基地布局的灵活性以及适应各种条件该标的需要、资金使用的效率等。"公共业主"的定位则相对较为复杂。首先,他们的政府背景使其具有行使提供"公共产品"的职能;其次,作为独立面向市场的开发机构,他们又具有利益主体的特征。因而,在大多数情况下,"公共业主"混合了两种开发目的,集多种职能于一身。既有非功利性的角色,也有功利性的角色。要防止角色失调,重点应明确这类建设主体的公共职能与非公共职能。

无论是"私人业主"还是"公共业主",在整个设计控制系统中,都必须遵守国家的法律和规章,在这个基础上获得法律保障的开发权利。虽然"公共业主"表现出多元的目标倾向,或者表现为对局部单位利益的争夺,或者表现为政府的"盲目建设"热情,但谋求利益最大化是所有业主的共同特征。由于法律、法规等内容具有一定模糊性,导致各种"钻空子"的现象频繁发生,特别是对城市设计运作过程更是如此。在实际操作过程中,容易出现的问题是开发者最大化利用设计约束条件,并总是试图钻一些政策空子来达到个人目的。在这种情况下,设计的决策往往受到政治的巨大影响力,对城市设计控制系统的技术性要求有被"边缘化"的可能。

(2)设计师

在各个时期,不管建筑师的作用何等重要,他们都从属于施控者的"理性"。就如同伯曼所描述的:"所有纪念碑的悲哀在于其材料强度和稳固性实际上毫无价值并完全不重要,它们正式被其所赞美的资本主义发展的力量驱散,如脆弱的芦苇一般。即使是最漂亮的最感人的建筑物也可以任意处置和遭规划废弃,其社会功能更接近于帐篷和宿营地,而不是埃及金字塔、罗马输水渠或哥特式教堂。"[①]

在控制系统中,设计师往往是作为最直接的被控制者角色。他们首先必须要满足业主的需要,更为重要的是他们在设计中还必须同时面对规划管理部门依据设计控制目标和控制信息制定的"规划设计要点"。实际操作中,对规划管理部门的"控制"提出最多抱怨的往

---

① 亚历山大·R.卡斯伯特. 设计城市:城市设计的批判性导读[M]. 韩冬青,王正,韩晓峰,等译. 北京:中国建筑工业出版社,2011.

往就是设计师,他们希望争取最大的设计创作自由和设计成果落实的顺利性。客观来说,很多建筑师的抱怨是狭隘的,从城市建设整体角度来看,城市的整体环境、秩序、活力、公共利益等问题是建筑师无法解决的,这是设计需要控制的基础。建筑师的"私人性"决定了他们考虑问题的局限性。但不可否认,大量设计控制政策的制定在着重强调规划的"公共性"同时,与实际的物质空间建设有越来越割裂的趋势。这也恰恰说明了整个城市设计控制系统中控制信息与实际建设或城市空间、城市建筑的联系不够紧密,因此应大力加强控制,而不是抛弃控制。优秀的建筑师应该是善于甚至是乐于在不同制约条件下创造优秀作品的,很多时候,设计控制的政策往往可以成为推动设计的重要外力。

4.2.4　控制目标

在城市充满着相互作用和矛盾的发展进程中,充满着诸多的不确定性。而事实上,人类就存在于不确定的环境中,正如查尔斯·汉迪(Charles Handy)所言:"这确实是一个不确定和非理性的时代。喜欢也罢,不喜欢也罢,我们将不得不生活在其中。"[①]不确定性理论认为,不确定性是本质的、常态的,确定性是非常态的。但是不确定性不等于不可知,经济、社会发展演进是具有规律的,但这种规律性不应该进一步发展到决定论,即使我们已经完全认清了内在规律,经济社会的发展也不会按照确定的轨道运行。法国思想家埃德加·莫兰(Edgar Morin)在《方法:天然之天性》一书中指出"我们不可能清除认识论中的不确定性……复杂性问题既不是把不确定性弃置一边,也不是陷于不确定性中变成彻底的怀疑者;为了理解对自然的认识本质,我们需要将不确定性深深地整合进认识,把认识整合进不确定性"[②]。不确定思想对于未来的理解:既是可以预测的,也是不可预测的。由于系统的行为对初始条件具有敏感依赖性,因而其长期行为是不可预测的,但其短期行为确实可以预测。当今,城市规划领域以战略规划和近期建设规划来分别应对长期和短期的预测需求。

由于城市设计面对的是主客体相互作用的复杂对象系统,是对这一复杂系统要素进行时间和空间的配置活动,而其本身又是处于广泛的社会、经济、政治、文化及技术背景之下,

① Handy C. 非理性时代[M]. 王凯丽,译. 北京:华夏出版社,2000.
② Morin E. 方法:天然之天性[M]. 冯学俊,吴泓渺,译. 北京:北京大学出版社,2002.

城市设计整个过程中充满了不确定性因素。弗兰德提出城市规划过程中有 3 种类型的不确定因素:第一种类型,即工作环境的不确定性,参与决策或规划的人员需要通过调查、测量、研究和预测获得更多的信息和资料;第二种类型为指导价值的不确定性,是城市规划中应考虑和执行的政策不明确,需要得到政府有关部门更多的政策澄清;第三种类型,即相关政策方案的不确定性,实际指的是来自不同决策者所制定的政策之间的协调问题。城市规划与设计面对这些不确定的环境和过程,任何一劳永逸式的确定性目标都是徒劳无功的[1]。正如林奇所言:"我们所面对的城市建设过程是复杂和重复的、充满矛盾的、多目标性的,同时得出的结论也常常是不公平的,甚至不是大家想要的,整个过程似乎像一条冰河一样无法控制。"[2]

行动通常可以分为 3 类:目标导向行为、目标行为和间接行为。其中,目标导向行为是寻求、选择和确立目标的行为,而目标行为是单纯实现目标的行为,这两种行为在人类活动中始终存在,并以因果逻辑关系交替进行。城市设计从根本上来说就是目标导向过程,以改善人们生存空间的环境质量和生活质量为目标,对城市空间和场所进行塑造的行动过程。

考察城市设计的全过程,目标是贯穿始终的行动指引,是行动的起点也是行动的终点。随着城市设计目标和目标体系的确立,城市设计对象的发展方向也随之确立,从而可以以相应的策略和行动实现它,城市设计目标是在对城市空间发展远景的预期和构想下建构,包含时间和空间、个人与社会等多层次的目标集合,表现为城市设计目标体系。目标体系是由不同的时间序列和层次结构中的子目标组成,相互分离且相互制约,共同促进整体目标的实现。在每一时段和每一层次上的目标,都可以看成是未来时段和上一层次的手段,由此而构成了目标—手段链,这样的目标—手段链并非是一种意识的虚构,而是一种现实。赫伯特·西蒙(Herbert Simon)曾对此阐述道:"手段—目的层次系统,既是个人行为的特征,也是组织行为的特征。"理解城市设计控制系统的目标,就是将城市设计系统放在不确定性的过程中,关注系统的变化和趋势,对前进的方向进行不断的调试和动态的调整。基于此,西蒙在有限理性的基础上推崇"无终极目标设计"的思想和方法。对于特定的、具体的规划目标而言,目标实现的过程是渐进的、连续的,也只有当行动在目标的引导下使目标成为现实行为

---

① 于立. 城市规划的不确定性分析与规划效能理论[J]. 城市规划会刊,2004(2):37-42,95.

② 凯文·林奇,加里·海克. 总体设计[M]. 黄富厢,等译. 北京:中国建筑工业出版社,1999.

并产生影响之后,目标才是有意义的[①]。

麦克劳林提出:"虽然规划的每一个阶段与其他阶段都是密切相关,不可分割的,但我们还要强调确定目标阶段是规划中最重要的阶段,因为在这个阶段所做出的战略决定,会对其后做出的一系列其他小型决策产生至关重要的影响。"[②]目标是人类活动所要达成的结果,人类的行动都是目标导向的。在城市设计控制系统中,目标不仅是规划和设计工作的起点,而且也是组织工作、人员配备、领导和指导以及控制等活动所要达到的结果,同时也是对其间所有活动进行评价的准则。城市设计运作过程的一切活动都是在目标的引导下展开的,目标是建构统一过程的关键性因素。

我们可以将城市设计控制系统的目标分成等级。在每一个终极目标下都有一系列具体目标作为总目标的深化,同时又是实现这个终极目标的具体手段。所有的目标之间构成了一个网络,它们之间所表现的并不是线性的方式,不可能是在实现一个目标之后才接着实现另一个目标,事实上,目标的实现是一个交互作用的过程。而在目标所构成的网络中就需要保证所有的组成部分之间能彼此协调(图 4-17)。由于城市活动之间的相互关联性,一个城市设计控制系统内的各组成要素的重要性程度不同,但每一个部分往往都是不可或缺的。此外,一个城市建设项目的实施通常与另一个项目互相交织相辅相成,实施效果也会彼此影响。从目标确定的角度讲,如果各个目标之间不能相互协调,甚至彼此干扰,则会造成失控的情况。

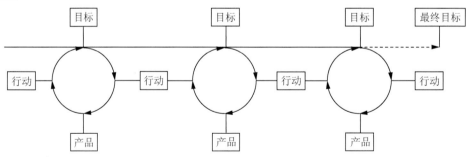

图 4-17　城市设计控制系统目标示意图

图片来源:笔者自绘

① Heyck H C. Herbert A. Simon: The Bounds of Reason in Modern America [M]. Baltimore: Johns Hopkins University Press, 2005.

② 麦克劳林 J B. 系统方法在城市和区域规划中的应用[M]. 王凤武,译. 北京:中国建筑工业出版社, 1988.

从某种角度来说,目标确定的实质是依据个体或群体的价值观对社会发展的状况以及有关于未来计划所做出的综合判断。对于城市设计而言,由于所涉及的不仅是对社会本身的研究,而且关系到社会实践和社会行动,价值观的因素更为重要,社会价值观构成了社会观念、看法以及创新和社会适应性的变化的选择框架①。因此,价值观的影响因素不仅贯彻在整个城市设计过程中的所有阶段和行动中,而且从城市设计的本质意义上来说,其本身就是建立在价值观的基础之上的。F. S. 柴平(F. S. Chapin)曾经进行了专门的论证:"无论是个人还是团体,对外部世界都有一套自己的价值观,这些价值观决定了他们会有什么样的需求和愿望,并以此为基础,确定它们的行为目标,在这些目标的指导下,去考虑行动方案、对策以及采取具体行动,当这种过程完成之后,个人与外部世界的关系就产生了变化,外部世界本身以及决策人也可能有所变动,这样一来,价值观有变动了,由此又产生了下一个循环。"②

城市设计目标的确定是各方参与主体利益均衡的结果,较广泛地代表了各参与主体的共同利益,成为城市设计过程中大家共同行动的纲领。因此,目标确定的过程是在社会价值观的主导下逐渐推进的,从目标实施角度来说,在理想的情况下,城市设计所针对的未来目标,在运作过程中总在不断地趋近(这种趋近是由城市设计在其目标所决定的框架内运作的)。随着这种趋近,目标就会发生变化。原定的目标逐渐接近被实现,就会有新的目标不断地被提出,原来目标的地位也会发生改变。城市的发展是一个没有终极的过程,城市设计的本质也是过程而非结果,因此,在任何时段中,各种目标处于不同的形成、生长、发育和衰败的过程中。

4.2.5 信息传达

信息时代的城市,信息和知识成为生产力的主要来源,并建立起一个新的发展模式。然而对信息的依赖引起的主要社会问题是由于权力和政治控制了信息在其中发展的构架,对它们的垄断就变成了主宰和控制的主要源泉。因此,信息越发展,通信渠道就必须得到控制。换句话说,为了让信息变成控制的根源,信息和通信必须脱节,必须保证信息的垄断,信

---

① 孙施文. 现代城市规划理论[M]. 北京:建筑工业出版社,2006.
② Chapin F S, Kaiser E J. Urban Land Use Planning [M]. Champaign:University of Illinois Press,1995.

息的发出和反馈必须规划安排。

在本书研究语境中,信息即公共政策与法律、法规。从广义上来说,公共政策是与法律、法规相对应的,相对于法律的刚性,公共政策则是具有弹性的可变性特征。如果将城市设计运作系统当作控制论系统来研究,各层级政策则相当于系统中的控制信息,是城市设计控制系统主体对于客体实施控制的主要依据和运行过程的媒介。我们首先要了解传递控制信息的政策的组成,以及其在城市设计运行过程的不同阶段所起的作用。

阿莫斯·拉普卜特(Amos Rapoport)认为,环境意义至少可以通过三种主要途径来研究:符号学、象征(Symbols)和非言语交流。"这三种研究的方法,尽管看起来似乎不同,但具有许多一般的共同特征。任何交流中的某些要素总是基本的:发送者(编码者),接受者(译码者),渠道,信息形式,文化代码(编码的形式),主体(发送者)的社会情境,预期的接受者,场合,预期的意义、脉络或景象"①。由此,我们可以建立城市设计控制系统中信息传达的基本过程:信源是具备专业技能的规划师,作为政策制定者的规划师作为信源实则是为政府代言,传达的是政府的开发意图;信宿则是开发过程中相关的其他政府部门,或开发控制过程中的开发者和设计师,他们是信文的接受者,同时还是信文的重建者。

(1)编码规则

规划政策与规范:用于规划控制中,是对建成环境功利价值、伦理价值的编码规则,一般是可度量的或绩效性的。

设计政策与导则:用于城市设计中,是提升建成环境空间质量的编码规则,一般是不可度量的或引导性的。

开发条例:一般用于涉及多个利益攸关者参与的重大项目或特殊项目的开发实施,为减少信息传达过程的失真,由政府规划部门组织利益攸关者共同参与编制的专门性规则。

编码规则不仅用于编码过程,而且用于解码过程。信息传达的有效性在很大程度上取决于编码过程与解码过程对评价标准的理解是否一致。作为信源的政策制定者,应该认识到信息传达过程可能出现的问题,及时对信文做出更新和修订,保证信文传递的如实性。

(2)信文

信文即经过信源把抽象的信息具象化成为符号的物质载体。在规划编制阶段是指规划

---

① 阿莫斯·拉普卜特. 建成环境的意义:非言语表达方法[M]. 黄兰谷,译. 北京:中国建筑工业出版社,2003.

编制文件,如规划文本、说明书、图则等,在规划实施阶段是指收信人综合考虑规划要求和其他方面要求之后制定的规划实施文件,如开发纲要、实施细则、设计图则等。

（3）信道

信道是指信息传递的通道或场所,即开发过程中保证政策机制运行和信息有效传达的相关制度和机构。由于管理的不透明造成的信息不对称使得开发者能够接收到的文本、所能掌握的信息并不完全等同于所有编制的规划信息,即信道受到噪音的干扰。为减少信道受到噪音的干扰,就需要一系列的制度和程序,如开发前期沟通、设计评审、公共参与等,保证通过面对面的交流和沟通,并建立常设的非官方的规划设计评审、设计中心、信息中心等机构。另一方面,通过提高管理水平和提高管理过程的透明度,减少信息不对称现象。

（4）语境

所谓语境其实就是符号所构成的虚拟世界与它所描绘的客观现实世界之间的联系。这里指信源或信宿的专业背景、文化背景和地方环境,与建筑学中所说的文脉或环境脉络（Context）含义相当。语境的效用正在于能在不理想的传达中对偏离编码规则的表现具备解释能力,从而对传达起到积极的贡献。城市设计控制系统中控制主体应当尽可能了解受控主体的语境,才能满足最广泛的使用者的需要,例如设计前对场地的前期评估,就起到这样的作用。同样在设计实施过程中,建筑师也应当尽可能了解管理者的语境,才能准确解读控制系统所包含的真实意图,从而使得整个城市设计控制系统的信息传达能够顺利进行(图4-18)。

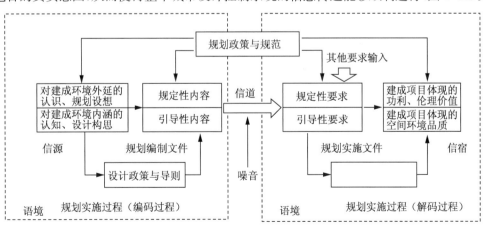

图4-18　城市设计控制系统信息传达基本过程

图片来源:笔者自绘

4.2.6 比较器

城市设计控制系统中作为比较器来衡量成果是否偏差的是设计审查程序。设计审查的目的是通过项目设计成果的控制来影响将要进行的开发建设,规划管理上表现为审批和决策。换句话说,设计审查作为一个规划管理过程,从目的实现上看是一个设计决策过程,这个过程在一定的制度约束下通过"比较设计成果是否偏离控制目标",从而做出决策,也就是说决策机制的构建与优化是设计审查的关键。虽然法律、法规一般有一些规定,但是一个高效的、适合设计审查特点的决策机制仍需要规划管理部门结合自身的管理实践来摸索,需要重点考虑以下几点:

一是决策机制建设是一个系统工程。任何决策都应该考虑技术上的可能性,管理效率上的合理性,在法律、法规的框架下操作的可执行性,政治上为各方面所接受性等几个方面。必须考虑决策前、决策中、决策后的合理秩序,并且有确保这些程序合理运行的措施。作为行政管理,还要强调作为其产生作用的必要前提——合法性。在设计审查中,合法性在几个层次上发挥作用,任何层次都相当重要。马克·斯库斯特(Mark Schuster)认为:"设计审查的合法性必须从设计审查委员会每天的运作中逐渐生成,为了使审查产生预期的效果,设计审查必须在确立它自身的合法性方面先发制人。"这句话实质上强调了运行机制中"程序建设"的重要性。程序形成一定的"惯例"进而成为机制并发挥作用。正如美国某位法官所说的那样,"权利规定的大多数条款都是程序性条款,这一事实不是无意义的,正是程序决定了法治与人治的区别"①。

二是完善专家咨询制度,这是由系统控制的技术性决定的。专家学者作为外部的决策参与者,具有相对独立性,可以实事求是地做出评价和比较,这就弥补了在复杂性条件下决策时,政府作为决策主体的各种局限和不足。专家咨询作用的发挥主要集中在设计评审与规划咨询上,有效地发挥专家的作用有赖于合理把握专家意见、建议的"尺度"。因此,设计审查是在一定的"控制内容"(各类各层次规划及相应的法律、法规)基础上进行的。马克·斯库斯特在系统研究美国城市波士顿的设计审查委员会(BCDC)时提出:"尺度是刻画权限的重要方面,设计审查应在何种程度上关注一些诸如建筑立面等细致的设计问题……""设

---

① 冯现学. 快速城市化进程中的城市规划管理[M]. 北京:中国建筑工业出版社,2006.

计导则的出现帮助描述了设计审查的决策过程,对依据明确的设计导则来进行规划控制的设计审查委员会来说,他们的审查应当局限于某个项目是否符合导则的要求上……"但这并不是说,由于设计依据的限制,专家就会无所作为。系统控制内容刚性与弹性结合的特点决定了专家仍有很大的发挥空间。

三是建立有效的机制以制约行政权力的滥用。行政权的扩张以及由此带来的行政权对社会生活各个领域全方位的渗透,一方面是现代社会的现实需要,另一方面也对社会中个人的权利和自由带来了潜在的和现实的威胁。特别是对"公众利益代表"的规划管理部门的管理过程更是如此。法国哲学家孟德斯鸠(Montesquieu)认为:"一切掌握权力的人都容易滥用权力。如果将一个国家的权力集中于某一个人或某一机关,这些权力就会被滥用,公民的自由就会被侵犯。"[①]在日本这样"政府主导型"的市场经济国家,为了防止决策权力过分向行政机关倾斜,有关方面组织有官、产、学等各方人士参加的审议会,对决策草案进行审议,取得良好效果。同样,各个国家在设计审查中所采用的规划委员会制度也是基于这方面的考虑。同时,这种多方参与的设计审查制度也有利于综合社会多方资源,从而得出相对更加客观和科学的决策,换句话说,就是一个更加科学有效的控制比较器,对于整个控制系统施控主体的反馈意见是举足轻重的,有助于系统的良性运转。

四是设计审查的过程同样需要考虑到"公众参与"问题,因为决策过程是一个公共权力的运用过程,有多种方式实现"公众参与",从参与强度的由弱到强可归纳为 3 种。一个是决策公开,通常是在决策达成后使公众有获取信息的途径。这对于了解政府做了什么决策、谁做的以及为什么这样做很有意义,但它无助于改变制定政策的实际方式。另一个是听证。美国许多联邦程序要求政府采取行动前举行公众听证。这种方式特别适用于那些直接与公众利益相关的内容,如环境项目、社会项目、土地使用决定等。第三个是协商民主,协商民主或者说"参与民主"的观念虽然主要是一种政治理论,不太涉及实际的行政,但它反映了更加公开的执政理念。它通过与公众发生直接关联,允许公众在问题上具有一定的决策权。对设计审查来说,无论是哪种"公众参与"方式,都应结合城市自身的制度环境、发展条件、管理效率、公平等多方面特征,没有绝对好或绝对不好的方式,重要的是因时、因地而异。

---

①　雷翔. 走向制度化的城市规划决策[M]. 北京:中国建筑工业出版社,2003.

4.2.7 反馈机制

现代主义城市设计"抽象人"的方法从功能主义出发,认为所有人的需求是一致的,淡化价值取向的多元化,极容易导致单向的、输出式(即前文所分析的开环控制系统)的城市设计。20 世纪 50 年代,"十次小组"已有"参与性设计"的思想,由下而上的参与式设计开始萌芽,并在美国和亚洲的一些地区迅速发展。1962 年简·雅各布斯的《美国大城市的死与生》对城市设计方法和设计价值观的改革产生了重大影响,提出了许多新的理念。有学者将其概括成为"多元争执""公众参与""动态渐进"和"整体协同"等几个关键性描述,对"公众参与设计"提供了强有力的支撑①。城市规划作为公共行政体系上的一枚重要的令牌,在城市规划的权力版图里各方话语权者互相角力。从土地正义到永续发展,从城市空间的设计到人的生活模式,无一不充满了资源紧缺下的矛盾及反思。而种种反思及自省背后立足的价值皆剑指一个经典的规划自省问题——空间权力的归属及运用。这个问题放在地产霸权烽烟四起的城市发展脉络中,不仅具有独特的时代意义,更为参与式规划设计留下一条伏线②。

(1) 梯子理论

就公众参与而言,面对不同类型的市民公众和不同的城市议题,会有不同的意义。谢利·阿恩斯坦(Sherry Arnstein)曾于 1969 年提出过"梯子理论"作为公众参与的分析工具(图 4-19)。她将市民参与层次分为 8 级,梯子理论不仅反映了参与形式的静态特征,还隐含了不同民主参与形式的发展状态——由低级到高级的过程③。在阿恩斯坦的观点中,更深入的公众参与形式,也就是最高等级的公众参与,是需要技术上的协助,使之有效地参与规划编制、设计、建造工作以及物业管理,并参与开发建设带来的经济所得。中等水平的公众参与,是西方民主国家中常见的形式,通常是由管理部门的专业人员所倡导和组织的。较低标准也就是阿恩斯坦所定义的无公众参与,则是更多客观和科学的信息收集方法,这些方法可以告知规划和设计过程,但是,最好的结果也仅仅是管理部门稍好的同情和人性形式,本质上还是完全的家长式做法。较高层次的公众参与要求权力的重新分配,简而言之,权力

---

① 段进. 城市空间发展论[M]. 南京:江苏科学技术出版社,2006.
② 李凯欣. 参与式规划——城市规划世界里的童话国度[J]. 城市规划,2014(s1).
③ 克里夫·芒福汀. 街道与广场[M]. 张永刚,等译. 北京:中国建筑工业出版社,2004.

必须从一些社会团体手中转移到另一部分社会团体中,谁处于阿恩斯坦提出的更高的阶梯,谁就具有更高程度的权力转换。这样的权力分散有利于建立积极和具有高度政治觉悟的市民社会。

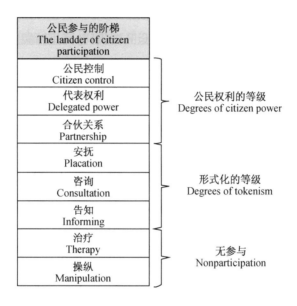

图4-19　参与阶梯

图片来源:克里夫·芒福汀. 街道与广场[M].张永刚,等译. 北京:中国建筑工业出版社,2004.

芒福汀在《街道与广场》中描述了空间单位层次,据他分析,在较低的空间层次中,包含了大量的形态决策的结果感兴趣的用户(图4-20)。例如我国目前的居住区内部常设的业主委员会,在居民和公众自治中起到越来越重要的作用,为居民维权和城市设计成果的认可做出了很多切实的贡献,公众参与的呼声和意识也日益显著,极大地维护了公众的合法权益。然而在较高的空间层次上,则无论在政治或管理环境中都很难取得其他有利条件,使得公民控制、规划以及决策制定都具有很大的技术困难。也

图4-20　公众参与的空间层次

图片来源:克里夫·芒福汀. 街道与广场[M].
张永刚,等译. 北京:中国建筑工业出版社,2004.

就是前文所描述的城市设计控制的对象系统,街道和片区级的控制系统从属于城市总体设计控制这个大系统,在层级较高的系统中,协同服务、基础设施和经济条件足够的情况下,也许就需要安排充分的公民参与,并将权利赋予选举出来的代表;而在大规模的空间层次上,通常表现为宏观的政策性和战略性,虽然从总体和长远来说关乎全体市民的利益,理论上应该包含公民参与的层面,但这些宏观性的规划设计和市民眼前的利益没有直接迫切的联系,而且在技术上也存在很大的困难,普通公众对于城市政策制定的社会背景、经济背景等没有全面的理解和把握,因此在城镇规模及以上的层次,公众参与目前只能是象征性的。但宏观层次的参与仍然具有它的意义,即将政策决策过程透明化,让公众不断了解决策和规划的过程,排除过去因为隔阂而产生对政府的排斥感和不信任感,从而形成一种良好的参与意识和信息传达的环境。对城市设计大系统进一步细分为层级较低的空间子系统,可以使得公众参与邻里和街区的单元尺度制定。

(2)社会意义

对城市规划和城市设计来说,公众参与的实质目的是为了更深入地了解使用者和公众的诉求和意愿,避免决策的主观性,增加决策的透明性,重视代表公众利益的反馈信息,从而不断做出和修订更加完善的城市决策,更好地控制城市设计运行系统不断趋向控制目标。而且从城市空间的社会意义来分析,公众参与仍具有十分重要的作用:首先,在庞大的城市结构中,一个好的城市环境品质应该包容功能与风格的多元性和混合性,公民的有效参与代表着多元价值取向,城市设计根据不同地区的具体情况以及来自公众的反馈信息而制定,有助于促成地区环境空间设计的有机性和多元性;其次,通过积极的公众参与,可以增进邻里关系,提升个人和社区意识的归属感和认同度,激发市民在日常生活中更加关注自身和环境的关系,增强社会意识的觉醒和地区的自然有组织化,从而也有利于公众对公共部门相关政策的理解,有利于公共部门获取更多的政治资源和管理、维护地区环境的品质;最后,阿恩斯坦在强调公众参与的重要功能时指出,政治制度应当发展、教育富有责任感的个体,"就像一个人只有通过游泳才能学会游泳一样,在一个逐渐民主的过程中,一个人只有学会了民主才能有效地在民主参与过程中发挥作用",这说明公众参与过程既是一个自上而下的教育过程,也是一个自下而上的学习过程。

虽然公众参与引发的问题也很多,如公众参与带来了价值取向的更多元化和难以协调性,甚至带有强烈的利己倾向,从而运作时间和资金成本将会随着公众参与的广度和深度的增加而增加,政府决策权力的分散也许会导致决策的效率降低,甚至会导致无法决策的状态,但扩大和强化公众参与,不论是从社会性和政治性的需要,还是从城市设计控制系统本身对强化反馈机制的需要来说,都是必不可少的,这就需要对公众参与的机制做出不断的完善和改进。

4.3　控制系统框架重构

　　任何事情的运作均离不开一定的动力和秩序,城市设计作为一项规划设计和管理实施活动,是在系统的良性控制与引导下的动态循环体系,合理的城市设计运作有利于整个片区甚至城市高质量空间环境的建设,并能统筹各层级资源进行优化整合。由于社会、经济、人文等外在情境资源的差异,城市设计程序在不同国家和地区表现出不同的特征,但根据前文所论述的基于控制论研究视角的认识和分析,我们可以总结和归纳出,任何良性运作的城市设计本身就是一个动态的可持续的城市设计控制系统。

　　(1)城市设计的整体运作是在政治、经济、法律、社会等情境资源和因素的制约下进行的一个循环往复、螺旋上升的自控制过程,包括前期策划、设计组织、管理实施、运作维护4个主要阶段,其中每个主要阶段又都是内部循环往复的过程,由一些复杂活动组成(图4-21)。

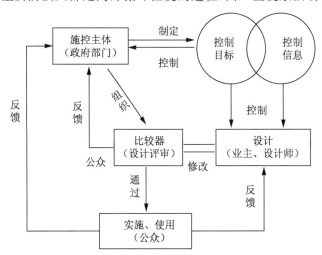

图4-21　循环往复的城市设计控制系统运作过程

图片来源:笔者自绘

（2）城市设计运作涉及区域、城市、街区、地段等多个城市设计层级控制系统，不同层级系统相互依赖、相互影响，上一层级运作程序的结束往往意味着下一层级运作阶段的开始（图4-22）。

另外，需要强调的是，城市设计控制系统中的关键仍然是"公众"[①]。因此，城市设计的整体运作应当是一个动态开放的过程，在运作的各个阶段都要欢迎和确保不同社会团体的参与，特别是公众的积极参与，如此才能获得较好的反馈信息以不断调试整个控制系统，增强系统对外部环境的适应性和内部的多样性，从而体现出城市设计维护公共价值的实践特点。

---

① 阿莫斯·拉普卜特. 建成环境的意义:非言语表达方式[M]. 黄兰谷,译. 北京:中国建筑工业出版社,2005.

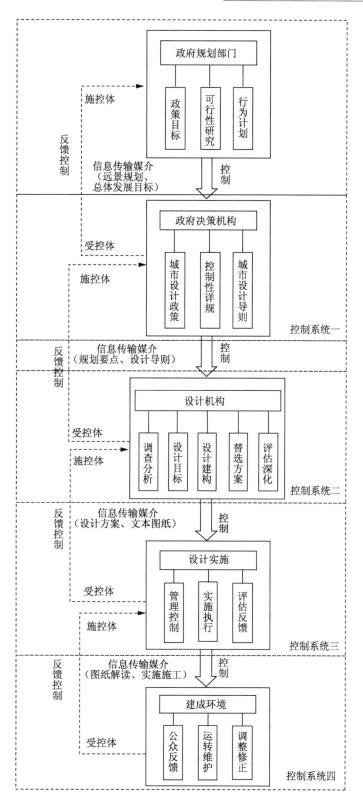

图 4-22　各层级控制系统之间层层相扣和联系

图片来源:笔者自绘

5 城市设计控制系统的机制优化

"机制"是指做事规则,如程序、原则等,它是系统不同功能之间的相互作用,这种作用是客观的、整体的,不容易受到主观的、局部的影响。从词义上考察,机制一词是英语"mechanism"的意译。在《牛津词典》中,机制的词义是指机械装置或机体的"结构"和"共同作用"。按照最新修订的《新华词典》的解释,机制一词原指"机器的构造和工作原理",后用来"借指有机体各部分的构造、功能、特性及其相互联系和相互作用等"。《现代汉语词典》对机制的词义做了更加广泛的理解,指出机制一词现在常被用来泛指事物之间的"有机联系"和"相互作用"。今天,机制的概念已成为国内外各个学科领域广泛使用的专业术语。对规划管理来说,机制是在制度决定的"谁(机构)""做什么"的基础上进一步决定"如何做",它的形成与完善需要制度的强制,它逐渐具有一种"纪律""习惯"类的带有规律性、不以个人意志为转移的性质。本书的研究主要集中在城市设计的运作管理机制层面。

现阶段,是否敢于对制度和机制进行创新和优化,以及采取何种优化路径和取得成果的大小,对整个国家经济建设和社会可持续发展具有重要影响。当前那种期望建设一套从中央到地方的、稳定严谨的城市设计管理体制,以及"国家—省—地方"不同层次"一刀切"城市设计政策(导则)的做法并不现实,应该提出一个具有整体性和适应性的控制系统框架模型,再根据不同地方有针对性地提出具体应对方案。总体来说,我国城市设计运作机制优化应确立地方政府为主导的城市设计运作机制。机制优化和创新的主体有政府、团体和个人3个层次。其中,政府处于核心地位,它是体制的最大供给方,是最为关键的生产性资源,甚至其本身就是机制的载体和基本存在形式。地方政府有着独立利益目标和一定的资源和经济决策的控制权和财产支配权,具有机制创新和实施的潜能,在我国社会转型过程中发挥着极其关键的作用。与中央政府相比,地方政府推动的机制创新具有更大的试验性,与我国"先试点后推广"的整体改革思路一致。因此,我国城市设计运作机制的优化应当基于整体发展政策,从地方政府出发,根据各自城市的特点确立不同城市设计的行为管理机制。

5.1   注重目标建立——设计决策

5.1.1   问题反思

首先是总体规划的目标缺乏针对性。总体规划最重要的是提出一定阶段的目标体系,通过不同层次、类型的规划,逐步落实到城市建设中。但在我国,为了方便审批,几乎所有的城市总体规划编制都刻板地遵照《城市规划编制办法》规定的成果内容、形式、编制办法等框架内容,不加具体分析地套在具体的城市中去。而不是根据特定城市的具体特点,经过彻底的调查研究后,真正找出城市空间发展所需要解决的问题和优化的方法。这会导致两个问题:一是规划内容没有重点,分不清城市一定时期内的发展需要强化或需要淡化的地方;另一方面,城市总体规划的目标呈现出教条化和通用化的趋势。在现实中,我们经常遇到的情况是,对于条件类似的城市,编制的总体规划的基本内容也是类似的,特别是由同一编制单位编制时尤其突出。甚至除了城市总平面不一样,大量的文本上的文字内容都互相套用,城市总体规划在某一程度上成为可以"批发的"技术文件,用这样的规划内容去指导城市的下层次规划编制和城市设计,很难体现出城市的具体特点。

其次是城市设计的控制目标没有明确的评判标准。城市设计运作的目标无非是为了更高质量的城市建成环境,但对于什么是好的城市设计和建成环境,在规划体系中未体现。我国现有的评判标准主要是规划设计技术规范等客观评判标准,城市设计成果中包含的大量有价值的信息无法转化为管理语言,城市设计的可操作性也就无从谈起。在控制性详细规划中仅有的几项引导性指标中,如建筑风格的规定,多冠以笼统的"现代""后现代"等含糊的词语。我国规划体系中尚未建立起关于城市设计的价值标准和评价体系。从控制论角度来说,这带来了以下3个方面的后果:

(1)没有明确的控制目标就意味着没有明确价值取向,即便建立相对完善的管理流程和严密的规划层级,也很难用一个相对明确的价值体系来衡量其成果是否偏离目标,从而无法对城市设计进行有效控制。

(2)规划管理部门作为政府体系的一部分,不可避免地具有某些官僚体系的特征,彼得斯认为"组织会将共同目标逐渐而且不易觉察地转变为私人目标。即使是为了满足社会需要而建立起来的组织,随着时间的推移,组织的维持与组织的发展也常常会超越原来的初衷"。① 缺少明确的控制目标会使得行政管理人员在核发规划许可的过程中拥有过大的自由裁量权,甚至会有领导者的个人审美强加于设计和审批过程。例如就有设计师抱怨某领导因为喜欢棕色的外墙立面,要求所有的新建住宅立面都以棕色为主,除此之外,还要求不管多层还是高层住宅,一律建成有坡屋顶,否则规划委员会不予以批准,如此独断的"领导个人评价体系"势必会恶化整个规划管理体制。另外,缺乏控制目标还会使得建设申请者很难理解规划部门的建设期望,无形中增加了申请者的困难,造成不必要的反复过程和时间浪费。

(3)没有控制目标也会造成规划编制和城市设计运行过程的脱节,由于没有一个最终目标作为指引,设计运作过程与规划编制过程很难保持一致,导致大量的信息误读。

5.1.2 良好的公共政策引导

在快速发展阶段中,城市设计顺应了地方政府土地财政的需要,助力 GDP 的快速增长,表面上看把城市经济发展放在首要位置上,实际上忽略了城市发展中的经济理性。其一,对投资去向的引导缺乏研究,导致城市投资非理性分配。包括房地产过热,不同地域空间发展差异加剧,对内城改造和城市更新的投入不足,产业发展引导不足等问题。其二,城市设计对建设项目的资金组织方式缺乏引导,过多地依赖政府投资。在全球化过程中,缓解不平衡的经济发展,并将发展的机遇从城市局部引至更广泛的空间尺度层次及其相应的场所,是城市设计在区域空间发展的重要任务之一。为此城市设计需要基于区域的空间发展趋势,制定城市发展的长期目标,对土地利用和基础设施的布局做出规定,同时塑造社区中整体或部分地区在场所和景观方面的意象。在经济理性中,城市设计的基本作用在于它提供了一种城市土地和生产投资的界限,它通过一种正确的方式来激发开发的潜力。

1. 作为公共政策引导经济理性

(1)适应经济转型,合理引导城市投资的流动和分配

欧美将扶持衰败地区的发展作为主要任务之一。例如,1967 年美国开始酝酿"城市就业机会发展法",推行企业区(Enterprise Zone)发展政策,旨在建立联邦税收抵免政策体系,

---

① 盖伊·彼得斯. 官僚政治[M]. 聂露,等译. 北京:中国人民大学出版社,2006.

加速折旧计划和职业培训项目，以吸引雇主到城市贫困地区经营。到 1979 年，各个州政府纷纷效仿该模式，建立起自己的专属区①。英国于 1970 年代中期引进了这一概念，1981—1996 年，先后建立了 38 个企业区，在这些区域内的企业可以享受的优惠政策包括：免除所有非住宅税；对于工业或商业建筑建设的相关花费，提供 100％的津贴补助；简化规划审批和立项管理程序等。

除了部分衰败城市，以及城市中部分衰败地区需要公共政策扶持之外，空间差异还重点体现在不同级别的城镇之间。因此如何通过城市设计引导城市投资重心下移，取得城镇均衡发展也是非常艰巨的任务。欧洲现在有超过 80％的居民是在中小型城市里生活和工作，这些城市的人口在 1 万～10 万人之间。这类城市都可以满足高品质生活的要求（诸如住房和包括学校教育、卫生和文化设施、购物中心、各类活动场所及银行等公共和私营服务）。日本通过乡镇"魅力观光区"的发展，较好地引导了全国范围内的均衡发展，三大都市圈人均收入与内地办公区差异很小②。这对于我国目前的新型城镇化发展均有借鉴价值。

欧洲国家对城市更新一直很重视。原因是政府及大众非常关注土地过度消耗的问题，而这一问题又受到后工业时代市民新价值观的支持。欧洲城市更新的主要方向是通过提高环境宜居性，带动内城的综合吸引力。通常是采用公私合作的方式，逐步把这些地区改造成新的功能混合城区，包括住宅、办公楼、文化设施和公共空间等各种用途。随着价值观发生改变，再加上生产模式的更新，人们重新意识到内城地区的优越性。城市的工作重点转移到提供高质量的生活、可负担住房、充满魅力的购物街区、种类丰富的文化与休闲设施，以及洁净的空气、高效率的公共交通、引人注目的公共空间、流行文化活动和迷人的城市空间等方面。城市设计发挥了重要的引导作用，比如 1982 年的纽约中心城区规划以及 1989 年的美国堪萨斯州的社区改造规划，都是以包括调整土地使用状况、改善交通、优化建筑和公共空间形态的策略研究为基础，提出一系列的设计方针和执行步骤，为该区未来发展提供城市设计的发展框架。

中国目前在经济转型期内，城市经济结构的变化必然会对空间产生影响，比如，工业废弃地的再开发，城市棚户区改造等。城市更新对于私人投资而言，由于周期长、内在权益关

---

① 李芳芳. 美国联邦政府城市法案与城市中心区的复兴（1949—1980）[D]. 上海：华东师范大学，2006.

② 易鑫，克劳斯·昆兹曼. 向欧洲经验借鉴：全球化时代城市设计的挑战[J]. 国际城市规划，2016，31（2）：12-17.

系复杂,其政策风险和经济风险均较大。城市设计公共政策有必要对此提供明确而稳定的政策方针和有效的空间发展引导,比如借鉴美国的容积率调控政策①,制定一系列具有可操行的规制,引导城市更新中保护历史文脉、凸显城市风貌特色、增加城市公共服务等。

新城市经济被认为更加密切地关联城市功能与环境品质。因此,城市空间生产不仅仅是转型期资本运动的需要,也将深刻影响新技术革命的产业转型模式。城市新经济的发展模式目前可以概括为以下两种。其一,关联性综合发展。保存城市即有的核心产业,通过前期城市开发所积累的资金、技术和人才,或借助外部力量,建立特色产业集群,使大量关联企业在一定空间内产生聚集效应。在延伸产业链的同时,实现产业的高级化,提高科技含量和附加值,从而发展成为科技型综合性大城市,如美国休斯敦、法国东北部城市洛林等。其二,知识经济发展。城市的"利便性"在知识层面的吸引力被视为一笔巨大的资产。比如,以创意产业和文化产业为先导,位于内城、交通便利的废旧工业建筑变成了受追捧的功能混合开发地区,生产、居住、文化和休闲用地在这里被结合起来。此外,智能技术(网上购物、网络机动性以及新的物流形式等)也正在进一步施加对城市空间的影响。因此,观察并研究新城市经济的特征,通过城市设计引导整合式生产空间,引导投资导向适应新经济形态的发展,都是城市设计经济理性的重要决策点。

（2）激励并撬动民间投资

首先必须认识到,政府不可能提供城市发展的全部资源,调动民间资本,让私人部门成为主角是必然选择。这有利于经济转型期投资重点从基础设施向新技术行业的转移,以及化解地方债造成的系统性金融危机。由于趋利避害是资本的天性,尤其当经济发展处于下行区间,社会资本的投入需要一系列提高信心的政策作为支撑,城市设计可以有计划引导释放政府资金和利好信号,向私人投资者表明政府决心,从而拉动社会投资力量。政府资金在其中主要起到激励和引导的作用。

城市设计的资金引导主要分为财政预算援助、税收减免或金融信贷支持3种形式。财政预算援助是指启用一部分政府财政预算帮助提供项目启动资金,如征收土地、改良环境、修缮老旧建筑等。比如英国城市开发公司②将中央拨款投资到长期衰落的地区,为其提供

---

① 梁江,孙晖. 城市土地使用控制的重要层面:产权地块——美国分区规划的启示[J]. 城市规划,2000(6):40-42.

② Berry J,Mcgreal S,Deddis B. Urban Regeneration:Property Investment and Development[M]. London:E &FN SPON,1993.

水、电、煤气和排水系统等基础设施,以提高私人投资者的信心①。美国在棕地更新改造中规定可以申请社区地块开发基金(CDBG)用于治理污染物滞存的棕地环境②。相比私人投资,政府直接投资只是起到前期撬动的作用,在大部分欧美城市复兴案例中,公共投资与私人投资的比例为1∶5左右。

税收减免制度则主要针对政府划定的特定区域,如城市历史保护、贫民窟改造、新兴产业扶持区等。如英国城市复兴中划定的企业区内项目可在多年内减免开发土地税;又如法国里昂维斯地区(Lyon Vaise)在复兴的过程中,为扶持信息产业的集聚,给予特定行业的企业在进驻时拥有60%的土地转让优惠③;而美国波士顿昆西市场建设是在没有政府资金投入的情况下,完全依靠减免租金与财产税吸引私人投资完成的。

金融信贷支持是政府近年来在吸引民间投资时普遍使用的手段。比如纽约巴特利公园城(Battery Park)在开发中曾借助政府授权发行债券渡过财政危机。除了发行债券,地方政府还可以通过借助第三方担保的形式增信等方式确保民间资本在城市基础设施投资中的利益。如我国正在推行的在城市基础设施建设中政府与社会资本合作(Public-Private-Partnership,PPP)模式,由于投资时间长,回报率存在较大风险,政府正积极尝试提供担保,以维持此融资模式的正常发展,以增强私人资本投入的信心④。据统计我国城乡居民人民币储蓄存款余额在2011年已达35.2万亿元,创新金融模式可以结合城市发展,通过发行地方债券等形式,为释放民间资本提供渠道。同时,随着中国保险市场的成熟和养老保障制度的改革,机构投资者入市的条件也已基本具备。这两个方面为未来城市发展中的公私合作奠定了良好的基础,城市的发展迫切需要建立以城市设计为核心的公共政策以鼓励和吸纳私人投资。

2. 作为公共政策引导社会理性

经济转型中的"社会可持续发展",就是强调在刺激经济发展与实现社会发展之间的平衡,既包括传统议题,如基本需求(住宅、环境、健康)、教育、就业、平等和社会正义,又涵盖新

---

① 黄泰岩.美国市场和政府的组织与运作[M].北京:经济科学出版社,1997.
② 冯萱.法国城市规划改革对加强地方公共政策效力的作用[D].上海:同济大学,2007.
③ 中安新闻(安徽日报网络版)[N/OL].[2015-06-12].http://ah.anhuinews.com/system.
④ Burby R J. Making Plans that Matter:Citizen Involvement and Government Action[J]. APA Journal, 2003,69(1).

的议题,如人口变化、社会和谐、本地文化、社区参与、安全及生活质量等①。今天欧洲的城市设计本身既反映了社会价值体系,又同时体现了人们的政治态度。对于中国的城市设计,公共政策引导社会理性尤其需要首先解决好以下两方面的问题:其一,通过组织机构创新,建立公共决策平台,完善审议制度,从目前的行政决策转变为"设计决策";其二,明确空间物权,建立城市设计规制,奠定公众参与的基础。

(1) 从行政决策到"设计决策"

城市设计"受命"于地方发展主体,因而发展主体本身的组织架构合理性也在很大层面上决定了城市设计决策的科学性。中国的分税制和土地财政共同赋予了地方政府较大的发展自主权,发展效率优先促进了城市快速发展,但同时也助推了"强势政府"的产生。由于缺乏共同决策的过程,很多地方政府对城市发展的主观意识过强,偏离城市发展基本的"成本—收益"原则,造成诸多非理性决策。以城市治理(Urban Governance)为代表的新型公共管理学认为,市民社会和城市政府之间形成了"委托—代理"关系②,必须有效发挥政府、市场、市民等多元主体共同参与公共事务的作用,强调多方在城市发展和管理中共同决策的必要性。这就促使城市政府的角色向着协调者的角色转变,将城市设计工作的重点放在推动包括公共部门、私人投资者、房地产所有者、社区居民之间的广泛合作的基础上,通过构建相应的议程和平台,使各方对城市空间的影响力能够相互得到反馈,从而实现协调发展。

从欧美国家的经验看,借助"第三部门"的力量建立城市设计的组织平台,加强了多方参与者进行指导、评价和推动城市发展工作。同时,通过城市设计法规、准则等约束管理起到了良好效果。英国在城市复兴过程中尝试了大量的组织机构制度创新,如1997年中央政府开始权力下放,同时要求地方政府将更广泛的私人部门纳入合作,包括社区和主要利益相关人的加入,以实现物质、社会和经济战略的整合。一般来说,开展城市设计工作要依靠地方政府代表和区域内部具有重要影响的利益相关方——包括大企业的代表、高等教育机构和各种非政府组织,其主要的任务是突破既有的政治限制,对城市区域的未来发展战略形成共识③。目前,多元化主体参与的城市设计决策组织机构被普遍认为是城市发展模式的合理更新。只有建立多元主体参与的公共决策平台,使城市设计在公共咨询与讨论的进程中确

① 张庭伟,于洋. 经济全球化时代下城市公共空间的开发与管理[J]. 城市规划学刊,2010(5):1-14.
② 周诚君,洪银兴. 城市经营中的市场、政府与现代城市治理:经验回顾和理论反思[J]. 改革,2003(4):15-22.
③ 易晓峰. 合作与权力下放:1980年代以来英国城市复兴的组织手段[J]. 国际城市规划,2009(3):59-64.

立为城市发展策略,才能真正发挥城市设计的政策咨询功能。

（2）城市设计规制与公众参与

城市设计中的公众参与不是一个新鲜的话题,但是首先要确立的是公众参与的权益基础,缺乏这个基础,公众参与无法进入务实的阶段。公众参与是由利益相关人共同处理城市发展中复杂权益关系的一种途径,因此,明确的物权属性和合理的制度安排理应是公众参与的基石。欧美国家在城市发展中由于土地私有制度的存在,因此权属关系较我国更为复杂,这也致使他们较早关注用城市设计政策协调和保障各方权益人的基本利益,而我国在城市进入存量更新阶段后,也将面临同样日益复杂的各种权益关系的博弈。

城市设计作为公共政策,首先需要对各种物权关系的处置提出合理的规制,制度安排的核心作用是通过形成人们之间稳定的行为结构来降低环境的不确定性。同时,通过对人行为的有效约束,抑制资产所有者在交易中的机会主义倾向[1]。如果没有明晰的规制,城市发展会不断地被卷入各种权益的争论之中。美国在城市设计导则制定和城市设计审议过程中都要求必须有社会公众参与。导则在制定中强调尽可能覆盖相关利益群体（Interest Group）的有限人数参与,其基本组成为企业集团、地方社区组织以及相关政府部门。城市设计人员基于这些利益相关群体开展各种问卷调研、公众听证会、社区论坛等,通过持续的"设计—评议"过程[2],最终获得为公众认可的导则成果。

对公众意愿的倾听与解释的过程是公共政策发挥化解社会矛盾的重要途径。"市民参与阶梯（A Ladder of Citizen Participation）"理论将其解释为"象征性参与",包括"安抚""咨询""通知"3个典型特征[3]。即便如此,用制度固定下来的公众参与仍然被证明是防止权益主体之间非合作博弈的有效手段。在中国,公众参与的历史较短,不同人群所追求的利益也存在巨大的差异。对这一过程需要不断地加以干预,而且这种干预必须以每个社会自身的文化传统、历史经验和政治意识形态为基础。

5.1.3　关注城市空间发展

因此,那些影响城市设计运作的参与主体应该对设计成果有明确的思路,尤其是作为主

---

① 徐晓燕. 从空间的资本属性谈当代城市设计的政策功能[J]. 城市发展研究,2015(12):20-24.

② Burby R J. Making Plans that Matter:Citizen Involvement and Government Action[J]. APA Journal, 2003,69(1).

③ 梁鹤年.公众(市民)参与:北美的经验与教训[J].城市规划,1999(5):48-52.

导并负责设计控制和导则的政府公共部门,否则政策会运作无效甚至导致不好的建成环境。这就需要对城市设计控制的目标有清醒的认识。

城市设计控制系统是把目标地区作为一个整体,把目光主要集中在具有纲领作用的城市空间要素及其相关关系上,进而以整体性城市设计原则组织这些纲领性要素。在这方面,城市设计控制系统的目标要素内容与传统城市设计基本上一致。在城市设计对空间和环境认知方面,一般体现为形态、意象和意义3个层面,形态是指空间的结构和形式层面;意象是指人们对城市形态的感知;意义则是指隐藏在形态中的内在精神。

(1) 指向主导结构的形态架构

一个更加包容的城市设计能够激发新的设计方法,鼓励规划部门、设计师甚至包括公众,为城市创造一个令人愉悦的具有崇高场所意义的城市环境作贡献。这样的城市设计承认城市的社会多样性和空间的公共用途,让根植于城市历史性的文化认同能够被大众所理解和记忆,与形式控制的作为纪念碑式的建筑不同,与地产投机驱动的城市设计全然不同。

城市设计的政策制定者应坚持在政策和规划中尊重并提倡"城市人群自发的自我多样性",也就是崔斯·马里恩·杨(Iris Marion Young)所谓的"对不同事物的开放性",她指出,在一个正直且文明的社会中,城市生活的标准理想正是在于"多元事物之间无阻碍的即时的社会联系。城市中不同的组群相互由此及彼,在城市空间中必然互动。加入城市政治是民主的而不是某个组群的观点所统治,那么,它就必须是承认并为不同的人群提供声音"[①]。总之,我们不应致力于消除城市公共领域中的差异,不应该强调所谓社会秩序而将其同质化,而是应该包容甚至刺激自发或自我差异性。

(2) 指向完整意义的场所营造

根据海德格尔存在空间论的观点,诺伯格·舒尔茨在《场所精神:迈向建筑现象学》一书中分析了建筑空间的真正含义:场所是存在空间的核心。场所作为一个复杂的整体,无法以分析性的、科学性的概念来描述,因而研究场所往往脱离不开"现象学"。现象学旨在将现象描述和理解为人类意识接受"信息"和反馈于"世界"的经验。因而,场所意义根植于其形态背景和活动,它们并非场所的属性,而是"人类意象和经验",强调的是一种"归属感"和与场地的情感联系。我们所说的场所精神,更强调的则是空间的非物质性方面,或者说是带有精

---

① Young I M. Justice and the Politics of Difference[M]. Ethics, 1990,3(1):168-170.

神内容的方面。场所对于人的体验来说是充满意义的,就像爱德华·雷尔夫(Edward Rel-ph)所说的场所的同一性,"内在于一个场所即去了解那个场所的丰富意义,并且去取得与此场所的同一性"。因此,设计师的责任就在于如何表达设计,使得个体或群众能够在"空间"的体验中获得场所感。例如伦敦的圣保罗大教堂经过多次的毁坏和重建,早已承载着市民无法割裂的对城市的集体记忆和宗教历史情怀;维也纳闹市区的鼠疫纪念柱在商业最繁荣的地带时刻提醒着人们那场夺去 2/3 维也纳市民生命的恐怖瘟疫,同时也成为商业街中市民熟知的地标之一;而作为"天鹅绒革命"的中心地带,文西斯劳斯广场对布拉格的市民来说也具有特殊的意义。

约翰·庞特(John Punter)和约翰·蒙哥马利(John Montgomery)将场所感的构成放到了城市设计思想里面,说明了城市设计活动是如何建立和增强场所感的。城市设计师们在想象一个成功的场所并感受它是相对直接的,但是要觉察其成功的原因以及类似的成功是否可以在别的地方产生则要困难得多。每个场所都有自己的"唯一地址",具有区别于其他场所的差异性和特性。"物理环境""行为"和"意义"组成了场所的特性(图 5-1),场所感来自人与它们的互动。成功的空间往往是人们乐于集聚的空间,并且处于不断自我强化的

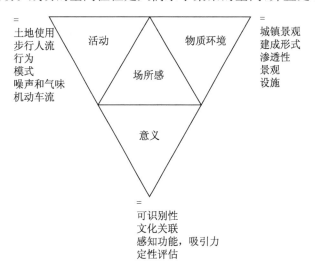

图 5-1　场所感的构成

图片来源:Carmona M,Heath T,Tiesdell S. 城市设计的维度[M]. 冯江,等译.

南京:江苏科学技术出版社,2005.

进程。要想创造具有吸引力的场所,就必须在场所中为人们提供他们想要的东西,从而使人们有可能将此场所看作是有意味的和有意义的场所。"公共空间计划"说明了4个塑造成功场所的关键:舒适和形象,通道和联系,使用和活动,社交性。

5.2　强化施控主体——行政管理

5.2.1　问题反思

现代城市设计在被引入我国的早期阶段,作为建筑设计和详细规划在某种层次上的扩大化,或者是规划设计在一定范围内的具体化,城市设计的成果具有明显的产品性特征,成为蓝图转化的结果。随着我国学者对城市设计理论和实践的不断拓展研究,我们逐渐认识到城市设计对城市空间的控制和指导作用,并成为城市规划管理部门管理工作的重要组成部分。政府作为公共管理者,即城市设计控制系统的施控主体,在控制系统中处于核心的引导与控制作用。然而,我国当前的政府规划管理部门的设置一方面缺乏城市设计管理的独立性,另一方面,其行政特性使很多城市的规划部门对人才引进的技术性要求不高,大多数与政府公务员挂钩,通过国家公务员考试来吸纳人才而淡化其专业性,这一点在中小城市尤为突出。这就导致了城市设计的多学科多专业性使得各部门分头行动,没有明确的引导控制核心,另一方面,人才的引进过于"官僚化",造成了应有的技术研究工作的缺失。

5.2.2　提高控制主体技术性

因此,应首先提高控制主体的"技术性"要求,以及技术对权力的制约和监督。本书提倡引进隶属于规划管理部门的专业技术人员,即为政府部门服务的政府规划师。这里所说的"规划师",是具有行政特性的,与我们通常所说的只提供"技术服务"的规划师不同,从而在这个平台上能够更好地体现规划与政治良好结合的可能。如美国规划管理人员有两类:一类是主管领导,往往由选举获胜的政党任命,代表该党的城市政策,一旦选举变化,这些官员也变化,这是"政治任命";另一类是专业规划师,往往担任副职,管理日常规划事务,不随政党选举的影响而变化。这些规划师不仅承担大量的技术事务,而且往往直接参与规划编制①。反观我国的规划师和政府的关系，基本还处于建筑师和业主的关系，是市场化和具有明显利益价值取向的群体。这样的一种委托和服务关系，很难作为基础去讨论诸如规划师与政治、权力分配、规划师与公共利益等问题。

因此，应该在结合我国现有体制和机构设置的基础上，尝试引进"政府规划师"制度，参与规划设计的前期研究、编制、成果转化、技术修订、技术建议等过程。另外，规划师还应通过设计审查的技术整理和汇报等工作，成为技术和管理决策的中介，对设计成果进行更高质量的技术性把关，从而更好地发挥政府主体的系统控制作用和体现控制的质量。

5.2.3 设置城市设计管理处

行政管理的前提是合理的机构设置。美国城市的城市设计管理机构主要有3种类型：专案小组、分权式组织和集权式组织②。"专案小组"是指在一段时期内，针对某一特定城市问题或计划设置的设计委员会或其他政府外团体。这种模式经济、方便、灵活，通常由专家组成工作小组，对特定地区提出详细的设计建议和审查。"分权式"组织指由某些政府机构共同分担城市设计任务，如发展局、规划局和交通局等都参与城市设计工作，各机关分别处理其权属范围内的特定设计课题。这种模式可能带来职能交叉，对整体城市设计政策认识不一致等问题。"集权式"组织指城市设计活动受单一机构的控制和监督。这个单一机构可能是政府机关，也可能是政府与第三部门之间的合作机构。第三部门是一种非营利性、半官方的组织，其职责是进行设计服务或担任中介角色，如旧金山的规划与都市研究协会、纽约的都市开发局等。政府与第三部门之间的这种合作对解决复杂问题起到了积极的促进作用。

目前我国大多数城市实行的是"分权式"管理，即各部门分别处理自己领域的内部专业问题，容易造成各自为政的现象。控制系统的施控主体与权力的分散，将会导致整个系统缺乏强有力的核心，大大降低作用效率。因此，应在我国各级规划管理机构建立专职的城市设计管理处，以吸收城市设计专家为主，并吸收建筑学、景观园林、道路市政、经济、人文等相关领域的专家一起集中行使城市设计管理权。在政府的授权下，机构可以负责为城市制定空

① 张庭伟. 中美城市建设和规划比较研究[M]. 北京：中国建筑工业出版社，2007.
② 雪瓦尼. 都市设计程序[M]. 谢庆达，译. 台北：创兴出版社，1990.

间环境发展整体框架,为城市建设工程提供技术支持和咨询服务,为开发项目提供设计建议或进行设计审查等。

5.3 优化信道环境——政策执行

城市控制系统的信道即开发过程中保证政策机制运行和信息有效传达的相关制度和机构。由于管理的不透明造成的信息不对称,开发者能够接收到的文本、所能掌握的信息并不完全等同于所有编制的规划信息,即信道受到噪音的干扰。为减少信道受到噪音的干扰,一方面需要一系列的制度和程序,如开发前期沟通、设计评审、公共参与等,保证通过面对面的交流和沟通,并建立常设的非官方的规划设计评审、设计中心、信息中心等机构。另一方面,通过提高管理水平、提高管理过程的透明度,减少信息不对称现象。

5.3.1 问题反思

当前我国的开发控制是"以简洁与快捷的地块划分和就地块而论的控制指标作为核心的空间管制体系"。这种管制方式意味着仅仅是对建设地块内建筑的控制,而不是从城市(地区)角度对建设的控制,"是一种对建筑物的控制,而不是城市规划的开发控制,也就是说这样的管制方式缺少了从整体环境角度对个体建筑物的控制,也缺少了从城市生活特征出发的对空间的有效组织"[①]。

我国现行的控制性详细规划总体上是一种"以不变应万变"的通则式规划,由于它并不具备类似区划的法律效力,并不规范土地的所有权、使用权,因此编制的目的在于适应市场经济开发的不确定性,但是由于其自身缺陷,带来的后果是控制性详细规划逐渐演变成一种消极的控制方式。当然,城市的大部分地区需要全面的、通则式的控制,以保证公共服务设施和市政设施的位置不受侵占,规范容积率、建筑高度和建筑密度等反映功利价值、伦理价值的指标,具有一定的作用。但是,对于城市重要地段、地区则显得捉襟见肘。

对于重点地区的城市开发,尽管在开发之前也进行整体的城市设计,也不缺乏好的形态设计方案,但是实施效果大多数不理想。主要原因有两点:一方面,设计停留在形态层面没

---

① 孙施文. 城市中心与城市公共空间——上海浦东陆家嘴地区建设的规划评论[J]. 城市规划,2006(8):71-79.

有转化为可操作的管理语言;另一方面,即便完成了从设计语言向管理语言的转化,但缺少在实施过程中的积极引导,面对多元开发主体、长时间跨度的开发过程,原先设定的规划设计原则往往得不到落实,甚至在强势的权力和金钱面前不堪一击。

5.3.2　建立总设计师负责机制

在欧美、日本等发达地区,总设计师负责制已经发展得相当成熟。美国早在20世纪中期就由格罗皮乌斯发起建筑师互相协作的提案,并成立一个基于资源整合运作环境中的"建筑师协作组",集合各个团队考虑整体的环境发展和需求,尝试创作"Total Architecture"。与其类似的还有日本建筑师内井昭藏提出的"主管建筑师协作设计法",由指定建筑师作为协调者,整合其他参与的设计师和各个专业的工程师一起参与并讨论城市设计。

除了以上总设计师负责的整合式城市设计,许多国家还实行了以指定建筑师为设计顾问的方式来干预城市重要地区或特殊地段的项目建设。例如,法国的历史建筑保护除了文化部部长严格把控之外,文化部还专门指定了总建筑师监管建设活动。早在1913年,历史建筑法就规定在保护建筑或注册建筑500 m为半径的视域范围内,未经国家建筑师(ABF)事先同意,不能给予建设或拆除许可。虽然在1983年的法律引入了保护城市文物和建筑保护区(简称ZPPAU)的条例,替代了原有的500 m半径的圆形范围,但其中所有影响到建筑外观的建设活动都要获得国家建筑师的同意。由此可见,国家建筑师在法国重要地区的项目建设和拆除申请中具有极大的干预权。美国的巴奈特正是充分运用在纽约市担任总城市设计师职务的特权,使多项城市设计工作高效而顺利地付诸实践并取得很高的成就。从某种意义上来说,总设计师是政府赋予主导城市建设最高权力的个人或一个机构,权力的支持是造就良性的城市设计系统的最好的保证。

纵观各个发达国家所实行的总设计师负责制,基于控制论原理分析,笔者认为有两大优势:

一是有利于城市设计控制系统中信息传达的有效性。由于城市控制系统中参与方众多,各参与方的价值观念和知识背景不同,对城市设计的政策和理念的理解难免会产生误解或偏差,也就是说,控制系统中的客体对信息(城市设计的政策或理念的译码过程)的解码常常会出现信息失真现象,造成了信息的不对称。针对某一地块,可授权总设计师负责协调设计,充分理解各级规划的指导思想,成为规划管理与设计师之间的联系桥梁。总建筑师负责制可以有助于城市设计思想的充分落实,使得规划的思想和亮点在下一步的设计与实施中得以充分发挥,保证信息在控制过程中传递的质量,提高设计实施效果的同时也减少不合理现象的出现。

二是有利于城市设计控制系统中多方信息和反馈的整合。总设计师沟通公共部门和其他各个参与方,收集整理公众、设计师、开发商等各个团体的反馈,整合业主、管理者和地方社团等利益攸关者的反馈。城市设计运作系统也是一个对各方开发利益或公众利益的协调和统一的过程,总设计师通过集合各方诉求,以一个统一的价值观对城市设计运行中各种冲突进行调整,防止因为目标和价值观的不同而导致的分裂和矛盾,从而形成一个以总设计师为首的整合的运作机制和团队,集思广益,通过团队的交流和讨论创造和发展城市整体形态。

我国许多城市也在尝试建立总建筑师负责制。1995年底,同济大学卢济威教授曾经负责主持过上海静安寺广场的城市设计,是一个从市中心开发到运营经济,修建市民广场、公园及地铁站区,维护历史文化古迹,安排城市人车交通及人防等诸多问题的城市设计项目(图5-2、图5-3、图5-4)。此项目获得了极高的评价。静安寺广场城市设计的成功,很大程度上归功于城市设计运作机制的成功。早在城市设计开始之前,为了实施城市设计,管理部门成立了静安区地铁指挥部办公室和静安寺地区开发办公室,借助于管理机构进行设计组织的协调,将各个系统的工程项目整合成一个协作团队。"指挥部"对整个城市实际运作拥

图5-2 上海静安寺广场城市设计

图片来源:卢济威,顾如珍,孙光临,等. 城市中心的生态、高效、立体公共空间:上海静安寺广场[J]. 时代建筑,2000(3):58-61.

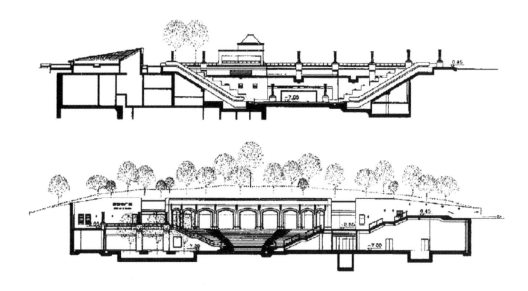

图 5-3 上海静安寺广场剖面

图片来源:卢济威,顾如珍,孙光临,等. 城市中心的生态、高效、立体公共空间:上海静安寺广场[J]. 时代建筑,2000(3):58-61.

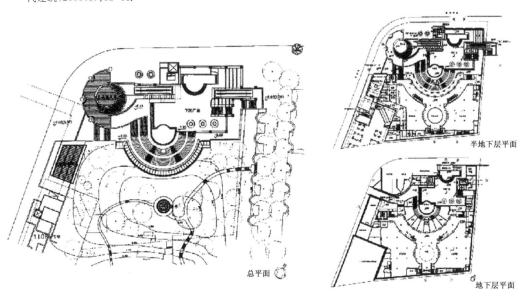

图 5-4 上海静安寺广场平面

图片来源:卢济威,顾如珍,孙光临,等. 城市中心的生态、高效、立体公共空间:上海静安寺广场[J]. 时代建筑,2000(3):58-61.

有协调权和统领权。首先指挥部对土地开发进行了统一的操作，打破了原有土地的使用界限，使零星分散的地块有可能通过重新组合形成完整的开发地块，强化了土地使用效率，获得了土地开发的增值效应；其次，指挥部一反常态地将原本独立操作的各项建设活动联系在一起，突破地块划分的限制，从城市整体的运行效率和空间环境出发，综合布局地下工程、绿化、交通工程等各项设施，互相交叉融合。地下商场与屋顶上起伏地形的绿化相结合，

地铁通风井与广场景观相结合、地铁车站与市政道路及下沉广场结合，使得这一地区获得了绿色生态化、多功能高效化和地上地下一体化发展的环境特征和运营效益。在这个城市控制系统中，"指挥部"作为控制主体，扮演着总设计师的作用。不仅将设计政策和理念在各级子系统中最大限度地传达和落实，更体现了总设计师负责的高效性和统一性，是城市设计由总设计师负责的成功案例。

另一个值得注意的案例是由北京大学陈可石教授领衔设计的四川汶川水磨镇重建项目（图5-5、图5-6、图5-7），该项目从整体运作程序到项目建设实施的全过程所采用的运作框架就是总设计师负责制。由于该镇在地震过后整体破坏严重，援建队作为主要开发商拥有自主权，负责开发建设市政、公建、安居房、老街旅游等一系列项目，承担改善灾民居住环境和生活条件的重任，并希望通过市镇建设使投资得到一定收益，从而为当地居民带来稳定的

图5-5　四川汶川水磨镇城市设计总平面

图5-6　四川汶川水磨镇核心区设计草图

图片来源：陈可石，周菁，姜文锦.从四川汶川水磨镇重建实践中解读城市设计[J].建筑学报，2011(4)：11-15.

图 5-7 四川汶川水磨羌城建成实景

图片来源:陈可石,周菁,姜文锦.从四川汶川水磨镇重建实践中解读城市设计[J].建筑学报,2011(4):11-15.

收入来源。共同的理念和目标在灾后重建中尤为关键,由权威的建筑师个人或一个设计机构担当总设计师的总设计师负责制,对设计与实施的结果整体负责,有利于协调不同利益群体的不同诉求,也有利于构建城镇风格和形态的完整性。总设计师参与项目的全过程,从总体布局、总体形态设计,到景观设计和建筑设计,进行了全方位控制,保证了设计理念和目标贯穿始终(图5-8)。

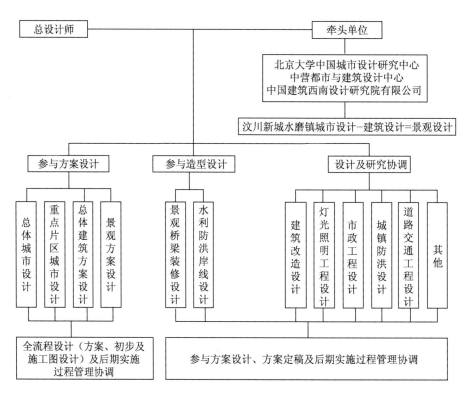

图5-8 四川汶川水磨羌城项目总设计师负责机制

图片来源:陈可石,周菁,姜文锦. 从四川汶川水磨镇重建实践中解读城市设计[J]. 建筑学报,2011(4):11-15

另外需要特别注意的是,应该配合总设计师负责制建立设计师跟踪机制,为了使城市设计方案和设计导则的实施更加全面,在设计导则编制完成之后以及设计方案实施过程中,公共部门授予相应的设计师对方案和设计导则的实施提供跟踪服务,辅助指导建设单位理解方案理念和导则要点,并介入项目的设计审查(图5-9)。

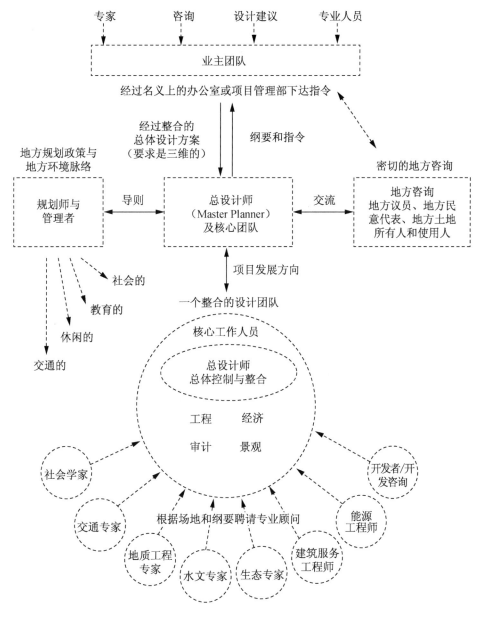

图 5-9 总设计师负责制示意图

图片来源:笔者自绘

5.3.3　优化控制系统外部环境

城市设计的有效运作已经不能仅仅依赖于系统自身的合理性及其在城市规划建设过程中的自我操作。在实际操作过程中，城市设计运作的各个环境都随时和外界环境产生着联系，在我国逐步走向民主和开放的社会运行机制下，城市设计控制系统时受到来自多方面外部因素的影响和制约。

我国的城市管理决策层对城市设计成果的采纳和实施具有极其深刻的影响，甚至直接具有否决权和决定权，这可能是我国特有的社会大环境和体制所决定的。如果决策层具有较高的城市建设社会性意识和审美素养，支持好的城市设计成果以及理解城市设计成果实施的过程，将会使得此城市设计系统更容易被多方面采纳和解释，也会被更顺利地贯彻和落实，使得实际操作中的财政权、协调权、管理权等具体责权的沟通成为可能。

城市设计是一个综合城市规划、建筑学、景观设计、市政工程和交通工程等多方面专业知识的领域。城市设计在运作系统中，合格而富有经验的专业人士的参与将会极大地推动地区的城市建设活动。这里的"合格"不仅仅是要具备过硬的专业素养和相关领域的知识，而且更要具有社会性立场和责任心，从城市总体开发控制到建筑设计都需要具有城市性和社会性的考量，同时，还需要具备和其他专业人士和利益攸关者进行积极有效沟通的能力，形成提升城市环境品质的智囊团。另一方面，专业人士的参与仍需坚持使城市设计面向城市使用者，如市民、利益团体等，争取市民对城市设计的关心和参与。通畅的交流渠道和沟通方式是协调认识和价值观，取得统一思想和行动的有效方法。

此外，对于城市设计运作实施的影响因素还可能来自其他更多方面，城市设计是一项社会实践，并牵涉土地资源、人力资源和资本的运作，因此城市设计运行系统自然避不开市场竞争规律和机制的约束、城市人文环境和自然环境的发展以及社会资源的配置问题，这些环境对城市设计编制系统到实施系统各个环节都起着或多或少的影响，有时甚至是决定性的作用。

总之，城市设计运行系统需要创造优良的实施外部环境，优化城市设计控制系统的"信道"环境，使得系统中各个参与方减少外部的干扰，激发决策层的参与积极性，提高系统各参与者的高品质城市环境的意识和素养，鼓励公众参与，从而使城市设计得到高效率、高质量的实施。

5.4　优化反馈机制——公众参与

城市设计实施到一定阶段,在部分(或全部)项目完成和投入使用以后,对城市设计目标和具体内容是否达到预期目标,城市设计实施的过程和手段是否维护了确定的目标和原则,实施的城市环境是否满足使用者的要求及确立的城市发展目标,是否达到了对环境品质的改善和提升效果等,这些多方面的信息需要及时反馈至整个城市设计控制系统中,反馈至城市运作的系统管理和设计机构之中。这样,既能为及时修正已在酝酿或实施的城市设计项目从目的、原则、手段乃至政策上提供直接的参考依据,进一步完善城市设计控制系统,又能积累和总结城市设计实践经验,为以后进行的各项城市设计活动提供有益的借鉴。

反馈机制是控制论系统最为重要的环节,同样,在城市设计控制系统中,实施反馈是完善城市设计运作的关键。从城市设计控制系统来看,反馈机制将提高城市环境品质作为控制目标,将形态环境进行综合安排的设计成果转化成法规和实施管理的执行工具来塑造城市环境的控制过程。相对于一般工程而言,城市环境的建设是一个较为漫长的过程,是对未来城市发展状态的一种模拟及在此模拟基础上的评价和决策。对模拟的结果及其涉及的相关影响,由于认识的局限性和审美的主观性,城市设计控制系统中的控制主体或多或少会产生不够全面的主观认识,这种不全面的认识会对城市设计实施的效果造成一定的影响。从这一意义上来说,城市设计实施的结果反馈是客观评价这一理想模型的标准,来自受控者的反馈信息将会使得整个城市设计运作系统对其有效性和合理性做出反思和修正,并为以后的城市设计政策和理念提供参考,改善和提升城市环境品质。

5.4.1　问题反思

我国开发控制迫切需要一系列的制度和程序,如开发前期沟通、设计评审、公共参与等,保证面对面的交流和沟通,并建立常设的非官方的设计评审、设计中心、信息中心等机构加强沟通。

例如现行的设计竞标的评审方式缺少专家与设计方的直接沟通。第一,评审会时间过短,一般在半天左右,而每个设计方汇报一般限定在30~45分钟,在如此短时间内,无论是设计方对规划思路和主要内容的阐述还是评审人员对所提供资料的把握都相当困难。因此专家只能根据多年经验来把握和理解规划成果,并提出较为笼统的意见,往往缺乏针对性;而各部门评审人员或选择不发言,或提出一些无法在该规划层面解决的建议和要求,使得一些规划方案中存在的问题潜伏下来。一旦进入到控制性详细编制阶段甚至是到开发建设时期,各个部门的各种问题就接踵而至。第二,委托方通常作为专家与设计方之间信息传递的中介,这既容易导致信息传递失真现象的出现,也使专家与设计方工作的有效性依赖于委托方工作的有效性,导致工作效率低下。管理过程中也存在以下几个方面的问题。一是缺少透明度,现有开发控制的过程存在大量的暗箱操作,造成信息渠道不畅。二是管理过程缺少对公众参与环节的法律规定,使得公众很难参与到设计的编制和实施过程中来。目前我国流于形式的公众参与,往往只是停留在简单的"批后公示"的层面,很多市民甚至大部分市民对城市建设往往没有参与的机会也没有参与的兴趣。设计行业与普通民众之间的隔阂越来越深,导致了民众对很多新晋城市开发项目漠不关心甚至产生憎恶。这在很大程度上受我国城市设计运作系统体制缺陷的影响。三是对于管理过程出现的争议缺少复议和上诉的环节,此外,对于整个管理过程的运行也缺少相应的监督和评估。

5.4.2 鼓励公众参与机制

城市设计作为一项政府职能,维护公共权益是其主要责任和法理基础。尽管城市设计在大多数状态下表现为一项城市空间管理的技术性活动,但由于其牵涉土地等较多的资源,城市开发的结果必然会给某些参与方和利益团体带来损失。作为公众部门,政府在城市开发过程中应该起到维护公众利益尤其是社会能力较弱人群和社区的利益,对各主体利益做出平衡,针对城市设计控制结果对城市环境建设的影响寻求社会伦理和政治上的可行性。公众参与是利益攸关者的参与,是对利益平衡和政治平衡的最有效方式。这也是城市设计必须公正策划的重要原因,实际上就是追求专业科学性和政治决策民主性一体化的过程①。规划决策的本质是政治的。在民主社会里,公共权力不可避免地应当受到民众的制约和监督。正如戴维多夫·保罗(Davidoff Paul)所说:"政治的本质是谁获得什么,或者叫作分配的公平性。公共规划过程作为政治体系的一部分,是与分配有关的无法回避的问题。"②

---

① 王世福. 面向实施的城市设计[M]. 北京:中国建筑工业出版社,2005.
② 约翰·M. 利维. 现代城市规划[M]. 孙景秋,等译. 北京:中国人民大学出版社,2003.

过去传统的城市设计往往就是委托人根据自己的目标和要求,邀请设计师做出设计成果。理解问题和解决问题的只有这两方,设计者提出解决思路,若与委托人的目标和价值取向一致,设计成果就能被顺利实施,否则进展困难。但这样的设计和实施过程会带来很多问题,其中最大的问题就是忽略了城市设计的公共性,从而忽略了使用者的要求,委托方和设计方只考虑满足自身利益和方案是否能结合,在单一利益的驱动下,对城市问题的解决会做出相对狭隘的解决方案,做出的方案和成果往往是带有极大主观性的。用控制论原理来分析,就是作为输入的控制信息的城市设计思想,本身就具有一定程度的缺陷和弊端,未必是有助于控制目标实现的信文,在这种单一城市设计的事件里,缺乏反馈机制将会使得整个系统失去自我调整和适应环境的功能,从而很难做出真正有助于城市整体环境和公共价值域提升的城市设计。

从欧美、日本等发达国家的城市设计发展来看,扩大公众参与已经是各国实施城市设计的一个重要步骤,并成为法定程序。英国在 1967 年的《城市公共景物法》(*Civic Amenities Act*)中就严格规定了公众参与的控制过程,其在全国范围内实行的控制标准尤其是对历史保护地区的控制,已经形成了较为成熟的公众参与的民主决策过程。美国更多地关注连续决策的过程,不是构想一个成型的方案,而是制定出一系列使得城市成型的运行规划和重要原则,在这个过程中纳入公众参与。在日本,城市设计的理论和实践得到全国的认可,其成功的要点在于依赖市民的参与,如市民自组织的建筑协会等,实际上就是充分发掘了产权激励的积极作用。但公众参与仍然是一个比较难以迅速完善的机制,例如英国的城市设计政策的基础是地域特征评价和公众意象调查,公众参与城市设计是地方发展规划编制过程中的法定环节,但并不要求在地域特征评价中进行工作调查,而是取决于主持研究的专业人员是否重视公众对于城市景观的关注,这在很大程度上降低了对公众诉求的保障。实践表明,在城市设计政策的地域特征分析中,很少有表达出对公众感受的足够重视,这将影响到城市设计政策的公众认同①。

当前我国城市设计控制系统存在着一个普遍现象:管理者关心开发的控制与引导;设计者关心项目的实施;开发商关注工程的建造和后续利益。不同参与者的目光通常都聚焦在与自身利益相关的局部环节,忽视了具有多层次和多阶段的城市设计控制系统的全貌,在现

---

① 唐子来,李明. 英国的城市设计控制[J]. 国外城市规划,2001(2):3-5.

有的运行机制中,公众所具有的往往只有决策结果的知情权,决策过程完全是一个神秘的"暗箱"操作。虽然行政许可法规定了公众的听证制,但落实到实际中,往往是在决策后才实行听证,而非决策过程。因此,就我国的实际情况而言,最重要的是要加强决策机制的开放性。

决策机制的开放性首先是社会民主的基本需求,政策的公共性决定了城市决策应该是一系列决策叠加和综合作用的结果,公众作为城市设计最终体验者和使用者,理所应当地参与城市设计决策过程。开放性的决策过程有利于培养公众的参与意识,增加公众了解与规划和设计相关的技术性知识的机会,同时也使得决策者或一些企图获得私利的参与者在民众的监督中更为谨慎地行使权力,有利于决策的科学性。从控制论系统的角度来认识,开放性的决策机制也有利于反馈机制对系统的作用。由于公众、专家或其他社会人士在决策机构中的参与,有利于在决策过程中实时收集反馈信息,尤其是在较低的空间层次中,公众参与表现出相对均质和集中的特点,因此,在该层次的控制系统中,应该加强公众反馈机制,除了象征性的告知程序,还应采用更加深入社会的形式,如在设计过程中,提高与公众的互动讨论、会议交流,从而可以及时地修订政策或方案。政策和方案作为城市设计控制系统中的传输信息,如果在输入到系统各个机构之前就能使得信息的质量趋向于完善,无疑有助于整个系统的实施结果更加靠近控制目标。相反,决策过程的暗箱操作导致的信息不透明性和相对主观性,即使在决策过后会收到来自公众的反馈,但此时的反馈效率已经较低,对系统的作用微乎其微,决策者只能在下一次的信息输入之前采纳公众意见从而优化系统。因此,开放性的决策机制和公众参与,可优化反馈信息的质量,从而更好地作用于整个城市设计控制系统,有利于更理想、更有机的城市空间环境的形成。关于具体的决策机制开放性方法,笔者认为可以有以下几种实施途径:

(1) 政务公开。规划部门的"一书两证"的开发控制,特别是作为技术审查的设计评审和行政决策的规划委员会应对决策做出相应的解释,并接受公众的监督。对于重大的城市设计项目,或是具有重要历史文化价值地区的城市设计,应组织市民代表参与有关听证会,或对普通公众开放,普通公众有随时能旁听的权利。

(2) 专家咨询。如前文所论述过的总设计师负责制,作为政府规划师的总设计师,除了要沟通各个部门和各个专业,还应担负起将规划管理中的设计决策的内容公开,以及普及公众知识的工作。对于公众来说,相对于对政府部门具有潜在排斥感,对于设计师或专家则相对更信任,因此,总设计师或专家除了担任获取城市设计控制系统反馈信息的职责,还需通过顾问的方式架起各级管理部门和公众之间沟通的桥梁,避免公众参与的信息不对等。因此,建立起日常而稳定的专家咨询制度,对公众参与机制的建立也是有益的。

(3) 充分利用媒体、网络等平台。应当优化规划管理部门的公共网站的建设,不仅应将决策的结果在网站上及时公布,还应对各级规划的规划成果、条文等文件及时更新,方便公众随时查阅,同时也是对城市设计思想、原则和目标的宣传和推广。规划部门应当主动和媒体进行互动,通过广播、报纸、电视等媒体加强舆论引导,提高市民的参与性和社会性意识。媒体和网络也会对城市重要项目或敏感地区进行追踪报道,这是公众监督的另一种有效方式。

(4) 增加上诉机构。上诉机构是公众意见反馈的集中渠道,上诉机制赋予公民话语权。规划部门对公民参与活动不能只停留在调查、征询和告知的层面。

公众参与带有较强的政治意义。随着社会朝着更加民主和开放的趋势演进,公众参与的社会意义更为突出。依照佩特曼·卡罗勒(Pateman Carole)的总结,民主有 3 种定义①:第一,有代表性的或者是现代民主;第二,和 18 世纪政治哲学家著作关联的古典民主;第三,基于对琼·雅克·鲁索关注工业化社会著作的重新解释的、工人分享的民主。梁鹤年指出,公众参与有各种不同的作用:①满足市民自治的要求,进而促进民主的理想;②在不改变现存体制的原则下,鼓励市民去支持政府,以保社会安定;③通过参与,使市民更能接受政府的决定,不做"非分之想",以稳定民心;④市民做政府的监察,确保政府维护"公共利益",不受"特别利益"(Special Interest)影响;⑤增加市民的信任,对抗市民的离心倾向(Alien Action)。

① Carole P. Participation and Democratic Theory[M]. Cambridge: Cambridge University Press,1970.

结　语

长期以来,城市设计一直被认为是一种技术性专业行为的理想化图示表达。这种习惯性误解主要来自目前社会大环境背景之下对物质形态和技术手段的盲目追求,导致对城市和城市设计浮于现象和表面的肤浅理解。如果要从根本上解决社会问题、美化城市空间景观,必须要认识到城市是一个包含着复杂的元素相互联系着的巨系统,城市设计处于社会、经济、政治背景和过程之中,其独立性和实施过程必然会受到所处环境维度的限制,这个过程交织了大量的技术、管理、行政、利益协调和公众参与等因素。

因此,我们对城市设计的认识应该要从物质形式的"结果"转移到控制发展的"过程",是越来越趋向于综合性和整体控制性的城市设计行为。在全球空间资源日益受到重视的今天,对城市设计控制系统这样一个基于整体性和系统性城市设计运作管理工具进行的探讨和研究,旨在以系统性思维重新认识城市设计,给予和还原城市设计作用的有效空间。本书采取从实践到理论的研究路线,首先从各个历史时期国内外的建城历史和城市设计经验出发,提炼出控制性思想一直是城市建设最为本质的内容,反映在城市形态和设计建设过程中,进而以控制论的视角深入挖掘"控制"这一核心思想在城市设计运作过程中的逻辑体现,同时建构较为完整、较为理想化的城市设计控制系统概念模型,并预测模型的实践价值与专业价值。最后,在进一步针对模型的各个结构性要素进行专项阐述的基础上,对我国目前城市设计运作机制提出优化策略。

基于前文所论述,本书的研究结论主要如下:

(1) 以整体性和过程性思维梳理城市设计基本认知,明确以实践为主的城市设计,是通过连续的决策过程,直接面向实施的物化工程设计,并根据现实中的政治、经济、人文等相关因素,结合现实问题,形成对上传承上位规划成果、对下启动开发项目的设计,是对城市形态和环境进行研究和设计并转移成控制准则,从而影响城市社会空间和物质空间形成全过程的社会实践。

（2）通过分析城市设计控制的实践情况，明确"控制"是贯彻建城历史中城市建设的核心思想。历史上各国城市建设的背后都存在某种秩序，这些秩序是在过去的使用情况、地形特征、长期形成的社会契约中的惯例以及个人权利和公众愿望之间的矛盾张力的基础上建立起来的，并以一种隐形的方式成为城市建设过程中的控制和规则，并碎片化地整合在城市长期而漫长的建设过程中。而控制环境和控制机制又总是因为朝代的更迭，随着各个时代统治阶级深层价值观的改变而演化，并或多或少地仍存在于或影响着现今的城市形态和肌理，因此我们今天所看到的许多城市尤其是历史悠久的大城市，已经是经过了历史上无数次"控制"积累的结果，而且这个结果是无法复制的。

（3）基于控制论视角以系统性和整体性思维认识城市设计控制系统。城市设计控制系统是对城市或地区空间发展的空间关系和行动关系进行的整体性和系统性"谋划"，同时基于控制论的视角对城市设计控制系统进行理想模型的建构，便于逻辑而理性地分析和描述其内在机理，其目标就是利用和整合现有资源，输入全局资源，求得最有效的运作效能，从而体现在城市设计成果和成果实施保障两个方面。而从输入到输出的过程，则是城市设计控制系统内部的不断控制与反控制的动态过程。

（4）基于系统原理的控制论概念和方法，进一步得出循环往复的城市设计控制系统模型。任何良性运作的城市设计本身就是一个动态的可持续的城市设计控制系统，一个循环往复、螺旋上升的自控制过程。城市设计运作又涉及区域、城市、街区、地段等多个城市设计层级控制系统，不同层级系统相互依赖、相互影响，上一层级运作程序的结束往往意味着下一层级运作阶段的开始。

参考文献

中文文献

［1］齐康. 城市建筑［M］. 南京:东南大学出版社,2001.

［2］齐康. 城市环境规划设计与方法［M］. 北京:中国建筑工业出版社,1997.

［3］金广君. 图解城市设计［M］.北京:中国建筑工业出版社,2010.

［4］王建国. 现代城市设计理论和方法［M］. 南京:东南大学出版社,2001.

［5］王建国. 城市设计［M］. 南京:东南大学出版社,1999.

［6］唐燕. 城市设计运作的制度与制度环境［M］. 北京:中国建筑工业出版社,2012.

［7］刘宛. 都市设计实践论［M］. 北京:中国建筑工业出版社,2006.

［8］李少云. 城市设计的本土化［M］. 北京:中国建筑工业出版社,2005.

［9］王富臣. 形态完整:城市设计的意义［M］. 北京:中国建筑工业出版社,2005.

［10］陈纪凯. 适应性城市设计:一种时效的城市设计理论及应用［M］. 北京:中国建筑工业出版社,2004.

［11］苏海龙. 设计控制的理论与实践［M］. 北京:中国建筑工业出版社,2009.

［12］周进. 城市公共空间建设的规划控制与引导［M］. 北京:中国建筑工业出版社,2003.

［13］段进. 城市空间发展论［M］. 南京:江苏科学技术出版社,2006.

［14］王世福. 面向实施的城市设计［M］. 北京:中国建筑工业出版社,2005.

［15］张京祥. 西方城市规划思想史纲［M］. 南京:东南大学出版社,2005.

［16］孙施文. 现代城市规划理论［M］. 北京:中国建筑工业出版社,2006.

［17］雷翔. 走向制度化的城市规划决策［M］. 北京:中国建筑工业出版社,2003.

［18］李允鉌. 华夏意匠［M］. 天津:天津大学出版社,2005.

［19］包亚明. 现代性与空间生产［M］. 上海:上海教育出版社,2003.

［20］王根蓓. 市场秩序论［M］. 上海:上海财经大学出版社,1997.

[21] 张光直. 中国青铜时代[M]. 北京:生活·读书·新知三联书店,1983.

[22] 郑召利. 哈贝马斯的交往行为理论:兼论与马克思学说的相互关联[M]. 上海:复旦大学出版社,2002.

[23] 宋承先. 现代西方经济学[M]. 上海:复旦大学出版社,1997.

[24] 李砚祖. 艺术设计概论[M]. 武汉:湖北美术出版社,2002.

[25] 彭德琳. 新制度经济学[M]. 武汉:湖北人民出版社,2002.

[26] 高振荣,陈以新. 信息论、系统论、控制论120题[M]. 北京:解放军出版社,1987.

[27] 俞可平. 治理与善治[M]. 北京:社会科学文献出版社,2000.

[28] 陈振明. 公共政策分析[M]. 北京:中国人民大学出版社,2003.

[29] 杨帆. 城市规划政治学[M]. 南京:东南大学出版社,2008.

[30] 鲁品越. 社会组织学原理与中国体制改革[M]. 北京:中国人民大学出版社,1992.

[31] 金炳华,张梦孝. 现代世界的哲学沉思[M]. 上海:复旦大学出版社,1990.

[32] 童明. 政府视角的城市规划[M]. 北京:中国建筑工业出版社,2005.

[33] 王一. 认识、价值与方法:城市发展与城市设计思想演变[D]. 上海:同济大学,2002.

[34] 刘宛. 作为社会实践的城市设计:理论·实践·评价[D]. 北京:清华大学,2006.

[35] 张文辉. 城市建筑的设计控制机制研究[D]. 南京:东南大学,2009.

[36] 吴良镛. 城市设计是提高城市规划和建筑设计质量的主要途径[M]. 北京:燕山出版社,1988.

[37] 《国外城市规划》编辑部. 关于美国的"城市设计"、日本的"城市创造"和中国的"城市规划设计"的探索[J]. 国外城市规划,1993(4):51-56.

[38] 司马晓,杨华. 城市设计的地方化、整体化与规范化、法制化[J]. 城市规划,2003(3):63-66.

[39] 张钦楠. 现在与未来:城市中的建筑学[J]. 建筑学报,1996(10):6-11.

[40] 张剑涛. 简析当代西方城市设计理论[J]. 城市规划学刊,2005(02):6-12.

[41] 徐苏斌. 中国古建筑归类的文化研究[J]. 城市环境设计,2005(1):80-84.

[42] 唐子来,李明. 英国的城市设计控制[J]. 国外城市规划,2001(2):3-5.

[43] 夏铸九. 空间,历史与社会[J]. 台湾社会研究,1993(3).

[44] 李凯欣. 参与式社区规划:城市规划世界里的童话国度[J]. 城市规划,2014,38(s1):121-124.

[45] 金广君,张昌娟,戴冬晖. 深圳市龙岗区城市风貌特色研究框架初探[J]. 城市建筑,2004(2):66-70.

[46] 刘武君. 从"硬件"到"软件"——日本城市设计的发展、现状与问题[J]. 国外城市规划,1991(1):2-11.

[47] 李步新. 对控制论反馈原理的哲学和科学分析[J]. 社会科学,1983(6):35-39.

[48] 唐子来. 西方城市空间结构研究的理论和方法[J]. 城市规划汇刊,1997(6):1-11.

[49] 段进. 关于我国城市规划体系结构的思考[J]. 规划师, 1999,15(4):13-18.

[50] 王世福.理解城市设计的完整意义——《城市空间设计:探究社会—空间过程》读后感[J]. 城市规划汇刊,2000(03):76-77.

[51] 张庭伟.超越设计:从两个实例看当前美国规划设计的趋势[J].城市规划汇刊,2002(2):4-9,79.

[52] 于立. 城市规划的不确定性分析与规划效能理论[J]. 城市规划会刊,2004(2):37-42,95.

[53] 孙施文. 城市中心与城市公共空间——上海浦东陆家嘴地区建设的规划评论[J]. 城市规划,2006(8):71-79.

[54] 王科,张晓莉. 北京城市设计导则运作机制健全思路与对策[J]. 规划师,2012(8):55-58.

[55] 刘苑. 城市设计概念发展评述[J]. 城市规划,2000(12):16-22.

[56] 朱自煊. 中外城市设计理论与实践[J]. 国外城市规划,1990(3):2-7.

[57] 吴良镛. 历史文化名城的规划结构、旧城更新与城市设计[J]. 城市规划,1983(6):2-12.

[58] 陈秉钊. 试谈城市设计的可操作性[J]. 同济大学学报(自然科学版),1992(02):21.

[59] 阳建强. 美国区划技术的发展(上)[J]. 城市规划,1992(6):49-52.

[60] 陈为邦. 积极开展城市设计、精心塑造城市形象[J]. 城市规划,1998(1):13-14.

[61] 李晓江. 战略规划[J]. 城市规划,2007(1):44-56.

[62] 包亚明. 现代性与空间生产. 上海:上海教育出版社,2003.

[63] 理查德·马歇尔. 美国城市设计案例[M]. 沙永杰,译. 北京:中国建筑工业出版社,2004.

[64] 麦茨·林德格伦,班德霍尔德.情景规划:未来与战略之间的整合[M]. 郭小英,郭金林,译.北京:经济管理出版社,2003.

[65] 亚历山大·R.卡斯伯特. 新城市设计:建筑学的社会理论?[J]. 文隽逸,译.新建筑,2013(6):4-11.

[66] 西村幸夫,张松. 城市设计思潮备忘录[J]. 新建筑,1999(6):7-10.

[67] Ball W. 城市的发展过程[M]. 倪文彦,译. 北京:中国建筑工业出版社,1981.

[68] Barnett J. 开放的都市设计程序[M]. 舒达恩,译.台北:尚林出版社,1983.

[69] George R V. 当代城市设计诠释[J]. 金广君,译. 规划师,2000(6):4-11.

[70] 雪瓦尼. 都市设计程序[M]. 谢庆达,译. 台北:创兴出版社,1990.

[71] Carmona M, Heath T, Tiesdell S. 城市设计的维度[M]. 冯江,等译. 南京:江苏科学技术出版社,2005.

[72] 保罗·A.萨巴蒂尔. 政策过程理论[M]. 彭宗超,等译. 北京:生活·读书·新知三联书店,2004.

[73] 吉伯德 F,等. 市镇设计[M]. 程里尧,译.北京:中国建筑工业出版社,1983.

[74] 简·雅各布斯.美国大城市的死与生[M].金衡山,译.南京：译林出版社,2006.

[75] 亚历山大·R.卡斯伯特.设计城市:城市设计的批判性导读[M].韩冬青,王正,韩晓峰,等译.北京：中国建筑工业出版社,2011.

[76] 斯皮罗·科斯托夫.城市的形成[M].单皓,译.北京：中国建筑工业出版社,2005.

[77] 斯皮罗·科斯托夫.城市的组合[M].邓东,译.北京：中国建筑工业出版社,2008.

[78] 亚历山大 C.俄勒冈实验[M].赵冰,刘小虎,译.北京：知识产权出版社,2002.

[79] 刘易斯·芒福德.城市发展史:起源、演变和前景[M].宋俊岭,倪文彦,译.北京:中国建筑工业出版社,2004.

[80] 约翰·M.列维.现代城市规划[M].孙景秋,等译.北京：中国人民大学出版社,2003.

[81] 大卫·沃尔特斯.设计先行:基于设计的社区规划[M].张倩,等译.北京：中国建筑工业出版社,2006.

[82] 斯科特·拉什,约翰·厄里.组织化资本主义的终结[M].征庚圣,袁志田,等译.南京:江苏人民出版社,2001.

[83] Hall P.城市与区域规划[M].邹德慈,译.北京:中国建筑工业出版社,1985.

[84] 克里夫·芒福汀.街道与广场[M].张永刚,等译.北京:中国建筑工业出版社,2004.

[85] 道格拉斯·C.诺思.制度、制度变迁与经济绩效[M].杭行,译.上海:上海三联书店,2014.

[86] 戴维斯 L E,道格拉斯·C.诺斯.制度变迁的理论:概念与原因[M].刘守英,译.上海:上海人民出版社,2003.(注:诺思与诺斯为同一人,出版社翻译不同)

[87] 康芒斯.制度经济学[M].于树生,译.北京:商务印书馆,2009.

[88] 凯文·林奇.城市形态[M].林庆怡,陈朝辉,邓华,译.北京:华夏出版社,2001.

[89] Citte C,Stewart C T.城市建设艺术:遵循艺术原则进行城市建设[M].仲德崑,译.南京:东南大学出版社,1990.

[90] 班杜拉.思想和行动的社会基础:社会认知论[M].胡谊,等译.上海:华东师范大学出版社,2001.

[91] 维纳 N.控制论:或关于在动物和机器中控制和通讯的科学[M].郝季仁,译.北京:北京大学出版社,2007.

[92] 维纳 N.人有人的用处:控制论与社会[M].陈步,译.北京:北京大学出版社,2010.

[93] 劳克斯 G.从哲学看控制论[M].北京:中国社会科学出版社,1981.

[94] 尼格尔·泰勒.1945年后西方城市规划理论的流变[M].李白玉,陈贞,译.北京:中国建筑工业出版社,2006.

[95] 麦克劳林 J B.系统方法在城市和区域规划中的应用[M].王凤武,译.北京:中国建筑工业出版

社,1988.

[96] Salat S. 城市与形态:关于可持续城市化的研究[M]. 陆阳,张艳,译.北京:中国建筑工业出版
社,2012.

[97] 克林·格雷,威尔·休斯. 建筑设计管理[M]. 黄慧文,译. 北京:中国建筑工业出版社,2006.

[98] 埃德蒙·N. 培根. 城市设计[M]. 黄富厢,等译.北京:中国建筑工业出版社,2003.

[99] 帕特里克·格迪斯. 进化中的城市:城市规划与城市研究导论[M]. 李浩,等译. 北京:中国建筑工业
出版社,2012.

[100] 罗斯科·庞德.通过法律的社会控制[M]. 沈宗灵,译.北京:商务印书馆,1984.

[101] 保罗·C.纳特,罗伯特·W.巴可夫. 公共和第三部门组织的战略管理:领导手册[M].陈振明,等
译. 北京:中国人民大学出版社,2002.

[102] 美国规划师协会. 地方政府规划实践[M]. 张永刚,等译.北京:中国建筑工业出版社,2006.

[103] 约翰·彭特. 美国城市设计指南:西海岸五城市的设计策略与指导[M]. 庞玥,译. 北京:中国建筑
工业出版社,2006.

[104] Handy C. 非理性时代[M]. 王凯丽,译.北京:华夏出版社,2000.

[105] Morin E. 方法:天然之天性[M]. 冯学俊,吴泓渺,译.北京:北京大学出版社,2002.

[106] 拉斐尔·奎斯塔,克里斯蒂娜·萨丽斯. 城市设计方法与技术[M]. 杨志德 ,译.北京:中国建筑工
业出版社,2006.

[107] 凯文·林奇,加里·海克.总体设计[M]. 黄富厢,等译.北京:中国建筑工业出版社,1999.

[108] 赫伯特·A.西蒙. 管理行为:管理组织决策过程的研究[M]. 杨砾,译.北京:北京经济学院出版
社,1988.

[109] 阿莫斯·拉普卜特.建成环境的意义:非言语表达方法[M]. 黄兰谷,译.北京:中国建筑工业出版
社,2003.

[110] 盖伊·彼得斯.官僚政治[M]. 聂露,等译.北京:中国人民大学出版社,2006.

[111] 克里夫·芒福汀. 街道与广场[M]. 张永刚,等译. 北京:中国建筑工业出版社,2004.

英文文献

[1] Cullen G. The Concise Townscape[M]. London:Routledge,1971.

[2] Eliel Saarinen. The City—Its Growth, Its Decay, Its Future[M]. New York:Reinhold Publishing
Corporation,1943.

[3] Lang J. Urban Design:The American Experience[M]. New York:Van Nostrand Reinhold,1994.

［4］Christopher A，Neis H，Anninou A. A New Theory of Urban Design［M］. Oxford：Oxford University Press，1987.

［5］Madanipour A. Design of Urban Space：An Inquiry into a Socio-spatial Process［M］. New York：John Wiley and Sons，1996.

［6］Rapoport A. Human Aspects of Urban Form：Towards a Man—Environment Approach to Urban Form and Design［M］. New York：Pergamon Press，1977.

［7］Cowan R. Arm Yourself with a Placecheck：A User's Guide［M］. Urban Design Alliance，2001.

［8］Scott A J，Roweis S T. Urban Planning in Theory and Practice：A Reappraisal［J］. Environment and Planning A，1977(9)：1097-1119.

［9］Moughtin J C，Cuesta R，Sarris C. Urban Design：Method and Techniques［M］. Oxford：Architectural Press，1999.

［10］Gummer J. The Way to Achieve 'Quality' in Urban Design［N］. Environment News Release,1995.

［11］Spreiregen P D，AIA. Urban Design：The Architecture of Towns and Cities［M］. New York：McGraw Hill Book Company，1965.

［12］Carmona M. Design Control：Bridging the Professional Divide，Part1：A New Framework ［J］. Journal of Urban Design，1998,3(2)：175-200.

［13］Castagnoli F. Orthogonal Town Planning in Antiquity［M］. Cambridge，Mass：MIT Press，1971.

［14］Booth P. Planning by Consent The Origins and Nature of British Development Control［M］. London：Routledge Press.

［15］Barnett J. Redesigning Cities：Principles，Practice，Implementation ［M］. Chicago：Planners Press，2003.

［16］Duany A. Smart Code & Manual［M］. New Urban Publication Inc，2004

［17］Searle J R. The Construction of Social Reality［M］. New York：Simon and Schuster，1995.

［18］Sennett R. Community Becomes Uncivilized［J］. Metropolis：Center and Symbol of Our Times，Macmillan，1994.

［19］Sitte C. City Planning According to Artistic Principles［M］. New York：Rizzoli，1986.

［20］Ball M. Institutions in British Property Research：A Review［J］. Urban Study，1998(9).

［21］Carole P. Participation and Democratic Theory［M］. Cambridge：Cambridge University Press，1970.

［22］Shotter A. The Economic Theory of Social Institutions ［M］. Cambridge：Cambridge University Press,1980.

［23］ Urban Design Group, Billingham J. Urban Design SourceBook［M］. London：Urban Design Group，1994.

［24］Lynch K. What Time is this Place?［M］. Cambridge，Mass：MIT Press，1972.

［25］Greenstreet R C，Lai T Y. Law in Urban Design and Planning：The Invisible Web［J］. Journal of Architectural Education，1989，43(1)：55-57.

［26］Lang J. Urban Design：The American Experience［M］. New York：Van Nostrand Reinhold，1994.

［27］Madanipour A. Design of Urban Space：An Inquiry into a Socio-spatial Process［M］. London：John Wiley and Sons，1996.

［28］GrahamS，Healey P. Relational Concepts of Space and Place：Issue for Planning Theory and Practice ［J］. European Planning Studies，1999.

［29］Beer S. Cybernetics and Management［M］. London：English University Press，1959.

［30］Beer S. Platform for Change［M］. London：John Wiley，1978.

［31］Taylor N. Urban Planning Theory Since 1945［M］. London：Sage Publication，1998.

［32］Batty M，Hutchinson B. Systems Analysis in Policy Making and Planning［M］. New York：Plenum Press，1983.

［33］Broadbent G. Emerging Concept in Urban Space Design［M］. London：E&FN Spon，1990.

［34］Faludi A. Planning Theory［M］. Oxford：Pergamon Press，1973.

［35］Mugavin D. Urban Design and the Physical Environment：the Planning Agenda in Australia［J］. The Town Planning Review，1992,63(4)：403.

［36］Heyck H C. Herbert A. Simon：The Bounds of Reason in Modern America ［M］. Baltimore：Johns Hopkins University Press，2005.

［37］Chapin F S，Kaiser E J. Urban Land Use Planning ［M］. Champaign：University of Illinois Press，1995.

内容提要

本书以控制论的视角具体剖析城市设计控制系统中的各结构性要素,从而建立城市设计运作过程的控制系统,并从我国城市规划设计的运作和体制特点出发,提出了基于控制论原理控制系统的机制重构,并对各个结构性要素进行专项论述。

本书适用于城市设计、建筑学以及环境相关学科领域的研究者及爱好者阅读参考。

图书在版编目(CIP)数据

中国城市设计控制研究 / 周妍琳著. —南京:东南大学出版社,2019.12

(可持续发展的中国生态宜居城镇/齐康主编)

ISBN 978-7-5641-8765-1

Ⅰ. ①中… Ⅱ. ①周… Ⅲ. ①城市规划-建筑设计-研究-中国 Ⅳ. ①TU984.2

中国版本图书馆 CIP 数据核字(2019)第 283223 号

中国城市设计控制研究
Zhongguo Chengshi Sheji Kongzhi Yanjiu

著　　者:周妍琳
出版发行:东南大学出版社
社　　址:南京市四牌楼 2 号　　邮编:210096
出 版 人:江建中
网　　址:http://www.seupress.com
责任编辑:戴　丽　贺玮玮
文字编辑:唐红慈
责任印制:周荣虎
经　　销:全国各地新华书店
印　　刷:上海雅昌艺术印刷有限公司
版　　次:2019 年 12 月第 1 版
印　　次:2019 年 12 月第 1 次印刷
开　　本:787 mm×1092 mm　1/16
印　　张:15.75
字　　数:275 千字
书　　号:ISBN 978-7-5641-8765-1
定　　价:78.00 元

本社图书若有印装质量问题,请直接与营销部联系。电话(传真):025-83791830